Python图像处理与分析实战

陈思遥　陈兵旗　编著

化学工业出版社

·北京·

内容简介

本书涵盖图像处理与分析的基础知识和实操内容，详细介绍了 PyCharm 的下载安装、多种第三方库的导入、基于 Tkinter 和 PyQt5 的界面开发、Visual Studio 2010 的下载安装以及 DLL 函数库的开发方法等内容。通过丰富的实例，指导读者利用 Python 软件进行多种图像处理与分析的编程实践，包括灰度图像二值化处理、直方图处理、微分与细线化处理、去噪声处理、特征提取、彩色变换、彩色分割、图像合成、几何变换、Hough 变换直线检测、傅里叶变换、小波变换、模式识别等。

本书可供计算机科学与技术、人工智能、数据科学、电子工程等领域的工程技术人员参考，也可作为相关专业的本科生和研究生的教材。

图书在版编目（CIP）数据

Python 图像处理与分析实战 / 陈思遥，陈兵旗编著. 北京 ：化学工业出版社，2025. 8. -- ISBN 978-7-122-48944-9

Ⅰ. TP391.413

中国国家版本馆 CIP 数据核字第 2025RQ9989 号

责任编辑：贾　娜　　文字编辑：郑云海
责任校对：宋　玮　　装帧设计：王晓宇

出版发行：化学工业出版社
（北京市东城区青年湖南街 13 号　邮政编码 100011）
印　　装：北京云浩印刷有限责任公司
787mm×1092mm　1/16　印张 16½　字数 402 千字
2025 年 9 月北京第 1 版第 1 次印刷

购书咨询：010-64518888　　售后服务：010-64518899
网　　址：http://www.cip.com.cn
凡购买本书，如有缺损质量问题，本社销售中心负责调换。

定　　价：98.00 元

前言

PREFACE

图像处理与分析技术作为现代信息技术的重要组成部分，其应用范围广泛，涵盖了从科研探索到工业生产的各个领域。随着技术的不断进步，对于图像处理技术的需求也日益增长，这就要求有更多具备图像处理与分析能力的人才。Python 以其简洁的语法和丰富的第三方库，能够迅速实现各种图像处理任务，成为快速原型开发和算法验证的首选软件。

本书涵盖图像处理与分析的基础知识和实操内容，包括灰度图像二值化处理、直方图处理、微分与细线化处理、去噪声处理、特征提取、彩色变换、彩色分割、图像合成、几何变换、Hough 变换直线检测、傅里叶变换、小波变换、模式识别等，确保读者能够全面掌握图像处理与分析的技术体系。无论是理工农医类大学生、研究生还是一般读者，均可通过学习本书，完成自己的相关研究课题或解决实际工程问题。

本书主要结构如下。

第 1 章：介绍 Python 开发工具 PyCharm 的功能及下载安装方法，以及 GUI 开发工具 PyQt5 和数据分析工具 SciPy 的功能和在线安装方法。

第 2 章：介绍 VC++2010 的下载、安装和 C 函数 DLL 库的开发方法，并给出本书图像处理 C 函数列表。

第 3 章：指导创建 Python 新工程、虚拟环境、扩展库添加，以及 PyCharm 配置 PyQt5 的方法，并实现基于 Tkinter 主界面的图像文件读入显示、彩色图像转灰度图像等功能，同时给出工程源代码。

第 4～16 章：分别介绍灰度图像二值化处理、直方图处理、微分与细线化处理、去噪声处理、特征提取、彩色变换、彩色分割、图像合成、几何变换、Hough 变换、傅里叶变换、小波变换、模式识别等内容。各章首先介绍相关算法理论，然后说明界面功能并实现，同时列出 C 语言函数和对话框的 Python 源代码。其中，第 4 章和第 13 章基于 Tkinter 开发 GUI，其他章节基于 PyQt5 开发 GUI。

本书具有以下特点。

1. 利用 Python 生态优势：充分展示 Python 在图像处理领域的强大生态，介绍如何使用 OpenCV、PIL、scikit-image 等流行库进行图像处理与分析，降低学习成本，提高开发效率。

2. 强调快速原型开发：利用 Python 的简洁语法和高效库，指导读者快速实现图像处理算法，并进行算法验证和优化，适合科研探索和快速迭代开发。

3. 跨平台兼容性：Python 具有良好的跨平台性，本书将介绍如何在不同操作系统上搭建图像处理环境，方便读者在不同平台上进行学习和开发。

4. 注重实践与应用：强调实践应用，通过大量的实例和案例，指导读者将理论知识转化为实际操作能力。同时，结合理、工、农、医等不同领域的实际应用场景，增强学习的实用性和针对性。

5. 配套资源丰富：提供丰富的代码示例和注释，帮助读者更好地理解算法和代码实现。

由于笔者水平所限，书中难免有不妥与疏漏之处，敬请读者批评指正。在使用本书过程中如遇问题，可通过电子邮箱 fbcbq@163.com 与编著者联系。

编著者

目录

CONTENTS

第 1 章　Python 图像处理与分析的编程准备 ······ 001

1.1　Python 的介绍与安装 ······ 001

1.1.1　功能介绍 ······ 001

1.1.2　获取与安装 ······ 001

1.2　PyQt5 的介绍与安装 ······ 004

1.2.1　功能介绍 ······ 004

1.2.2　在线安装 ······ 004

1.3　SciPy 的介绍与安装 ······ 005

1.3.1　功能介绍 ······ 005

1.3.2　在线安装 ······ 006

1.4　图像下载 ······ 006

第 2 章　C 函数 DLL 创建与配套函数 ······ 007

2.1　Visual Studio 2010 的下载与安装 ······ 007

2.2　图像处理 C 函数库 DLL 创建 ······ 009

2.3　配套函数一览 ······ 014

第 3 章　Python 工程创建与设定 ······ 021

3.1　工程创建 ······ 021

3.2　系统设置 ······ 023

3.2.1　创建虚拟环境 ······ 023

3.2.2　手动添加扩展库 ······ 024

3.2.3　自动添加扩展库 ······ 025

3.3 PyCharm 配置 PyQt5 …… 028
3.4 PyQt5 界面功能说明 …… 030
3.5 C 函数 DLL 配置 …… 031
3.6 主界面功能源代码 …… 032
3.6.1 主界面初始功能源代码 …… 032
3.6.2 主界面全功能源代码 …… 034

第 4 章 灰度图像二值化处理 …… 044

4.1 二值化处理原理 …… 044
4.1.1 一般二值化处理 …… 044
4.1.2 双阈值二值化处理 …… 044
4.1.3 大津法自动二值化处理 …… 044
4.2 对话框功能说明 …… 045
4.3 对话框功能实现 …… 046
4.4 C 语言函数源代码 …… 047
4.5 对话框类源代码 …… 051

第 5 章 直方图处理 …… 054

5.1 直方图概念 …… 054
5.2 直方图处理 …… 054
5.2.1 对比度增强 …… 054
5.2.2 自动扩展亮度范围 …… 054
5.2.3 直方图均衡化 …… 056
5.3 直方图对话框功能说明 …… 057
5.4 对话框功能实现 …… 058
5.4.1 PyQt5 对话框 HistDlg.ui 的创建步骤 …… 058
5.4.2 HistDlg.ui 转换 HistDlg.py 与配置 …… 060
5.5 C 语言函数源代码 …… 061
5.6 对话框类源代码 …… 069

第 6 章 微分与细线化处理 …… 074

6.1 基本概念 …… 074

6.1.1 一阶微分 …… 074
6.1.2 二阶微分 …… 074
6.1.3 模板匹配（Prewitt） …… 074
6.1.4 细线化处理 …… 075
6.2 功能说明 …… 075
6.3 功能实现 …… 077
6.3.1 PyQt5 对话框 DifferenDlg.ui 的创建步骤 …… 077
6.3.2 DifferenDlg.ui 转换 DifferenDlg.py 与配置 …… 077
6.3.3 细线化处理菜单函数 …… 078
6.4 C 语言函数源代码 …… 079
6.5 对话框类源代码 …… 083

第 7 章 去噪声处理 …… 086
7.1 基本概念 …… 086
7.1.1 移动平均法和中值滤波法 …… 086
7.1.2 膨胀与腐蚀 …… 086
7.2 菜单函数功能实现 …… 087
7.3 C 语言函数源代码 …… 088

第 8 章 特征提取 …… 092
8.1 二值图像的特征参数 …… 092
8.2 区域标记 …… 094
8.3 基于特征参数提取物体 …… 095
8.4 基于特征参数消除噪声 …… 096
8.5 对话框功能说明 …… 096
8.6 对话框功能实现 …… 098
8.6.1 PyQt5 对话框 CAbstractDlg.ui 的创建步骤 …… 098
8.6.2 CAbstractDlg.ui 转换 CAbstractDlg.py 与配置 …… 098
8.7 C 语言函数源代码 …… 099
8.8 对话框类源代码 …… 106

第 9 章 彩色变换 …… 114
9.1 基本概念 …… 114

9.1.1 HSI 变换……114
9.1.2 亮度、色调、饱和度的更改……115
9.2 对话框功能说明……115
9.3 对话框功能实现……117
9.3.1 PyQt5 对话框 ColorDlg.ui 的创建步骤……117
9.3.2 ColorDlg.ui 转换 ColorDlg.py 与配置……118
9.4 C 语言函数源代码……119
9.5 对话框类源代码……125

第 10 章 彩色分割……132
10.1 基本概念……132
10.1.1 颜色分布……132
10.1.2 基于颜色分布提取物体……133
10.2 对话框功能说明……134
10.3 对话框功能实现……135
10.3.1 PyQt5 对话框 ColAbstractDlg.ui 的创建步骤……135
10.3.2 ColAbstractDlg.ui 转换 ColAbstractDlg.py 与配置……136
10.4 C 语言函数源代码……137
10.5 对话框类源代码……140

第 11 章 图像合成……145
11.1 基本概念……145
11.2 对话框功能说明……147
11.3 对话框功能实现……149
11.3.1 PyQt5 对话框 SynthDlg.ui 的创建步骤……149
11.3.2 SynthDlg.ui 转换 SynthDlg.py 与配置……150
11.4 C 语言函数源代码……151
11.5 对话框类源代码……154

第 12 章 几何变换……162
12.1 基本概念……162
12.1.1 放大缩小……162

12.1.2 平移……164
12.1.3 旋转……164
12.1.4 仿射变换……165
12.1.5 透视变换……166
12.2 对话框功能说明……167
12.3 对话框功能实现……169
12.3.1 PyQt5 对话框 DistortionDlg.ui 的创建步骤……169
12.3.2 DistortionDlg.ui 转换 DistortionDlg.py 与配置……171
12.4 C 语言函数源代码……172
12.5 对话框类源代码……180

第 13 章 Hough 变换……187

13.1 基本概念……187
13.1.1 一般 Hough 变换……187
13.1.2 过已知点 Hough 变换……188
13.2 对话框功能说明……189
13.3 对话框功能实现……190
13.4 C 语言函数源代码……191
13.5 对话框类源代码……196

第 14 章 傅里叶变换……198

14.1 基本概念……198
14.1.1 一维傅里叶变换……198
14.1.2 图像的二维傅里叶变换……200
14.1.3 滤波处理……200
14.2 对话框功能说明……202
14.3 对话框功能实现……203
14.3.1 PyQt5 对话框 FftDlg.ui 的创建步骤……203
14.3.2 FftDlg.ui 转换 FftDlg.py 与配置……204
14.4 C 语言函数源代码……205
14.5 对话框类源代码……214

第 15 章　小波变换……218
15.1　基本概念……218
15.1.1　小波与小波变换……218
15.1.2　离散小波变换……219
15.1.3　小波族……219
15.1.4　信号的分解与重构……220
15.1.5　二维离散小波变换……222
15.1.6　图像的小波变换编程……223
15.2　对话框功能说明……224
15.3　对话框功能实现……225
15.3.1　PyQt5 对话框 WaveletDlg.ui 的创建步骤……225
15.3.2　WaveletDlg.ui 转换 WaveletDlg.py 与配置……226
15.4　C 语言函数源代码……227
15.5　对话框类源代码……234

第 16 章　模式识别……239
16.1　基本概念……239
16.2　对话框功能说明……241
16.3　对话框功能实现……242
16.3.1　PyQt5 对话框 PatternRecogDlg.ui 的创建步骤……242
16.3.2　PatternRecogDlg.ui 转换 PatternRecogDlg.py 与配置……242
16.4　C 语言函数源代码……244
16.5　对话框类源代码……246

第 1 章

Python 图像处理与分析的编程准备

1.1 Python 的介绍与安装

1.1.1 功能介绍

Python 由荷兰数学和计算机科学研究学会的 Guido van Rossum 于 1990 年代初设计，作为 ABC 语言的替代品。Python 提供了高效的高级数据结构，还能简单有效地面向对象编程。Python 的语法和动态类型，以及解释型语言的本质，使它成为多数平台上编写脚本和快速开发应用的编程语言。随着版本的不断更新和语言新功能的添加，Python 逐渐被用于独立的、大型项目的开发。主要可以应用于以下领域：Web 和 Internet 开发、科学计算和统计、人工智能、桌面界面开发和后端开发等。

Python 解释器易于扩展，可以使用 C 或 C++（或者其他可以通过 C 调用的语言）扩展新的功能和数据类型。Python 也可用于定制化软件中的扩展程序语言。Python 拥有丰富的标准库，这些库提供了适用于各个主要系统平台的源码或二进制码。

在 Python 的学习过程中，必然不可缺少 IDE(Integrated Drive Electronics)、代码编辑器，或者集成的开发编辑器。实用的 Python 开发工具能帮助开发者加快使用 Python 开发的速度，提高编程效率。高效的代码编辑器或者 IDE 能提供插件、工具等，帮助开发者高效开发。常用的开发工具有 PyCharm、VSCode 和 Spyder 等。PyCharm 作为一款针对 Python 的编辑器，配置简单、功能强大，使用起来省时省心，对初学者友好，因此本书使用的开发工具为 PyCharm。

1.1.2 获取与安装

PyCharm 是一个用于计算机编程的集成开发环境，主要用于 Python 语言开发，由捷克公司 JetBrains 开发，提供代码分析、图形化调试器，集成测试器、集成版本控制系统，并支持使用 Django 进行网页开发。

PyCharm 是一个跨平台开发环境，拥有 Microsoft Windows、macOS 和 Linux 版本。社区版在 Apache 许可证下发布，另外还有专业版在专用许可证下发布，其拥有许多额外功能。社区版可免费使用且能够满足正常使用的需求，因此选择安装社区版。

打开 PyCharm 官网，选择 Windows→Community 版本下载，如图 1.1 所示。

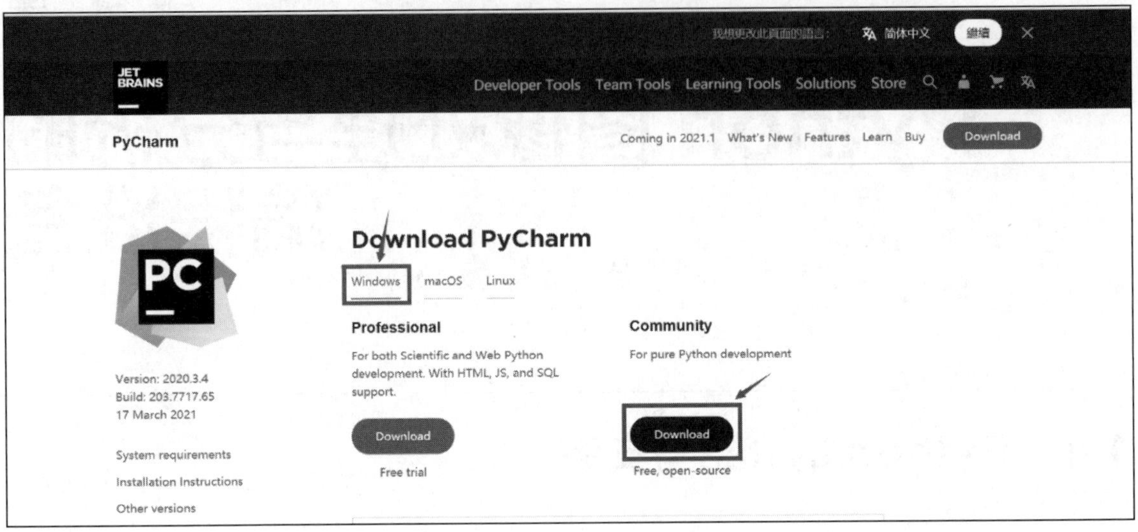

图 1.1　PyCharm 下载网站

① 双击下载好的 exe 文件，开始安装，出现如图 1.2 界面，点击“Next”。

图 1.2　PyCharm 安装

② 选择安装路径，建议安装在 D 盘，选好后点击“Next”，如图 1.3 所示。

③ 勾选“Create Desktop Shortcut”创建桌面快捷方式，在 Create Associations 中勾选“.py”，创建.py 文件关联，如图 1.4 所示。

④ 默认选择“JetBrain”，然后点击“Install”开始安装，如图 1.5 所示。

⑤ 安装成功，点击“Finish”。

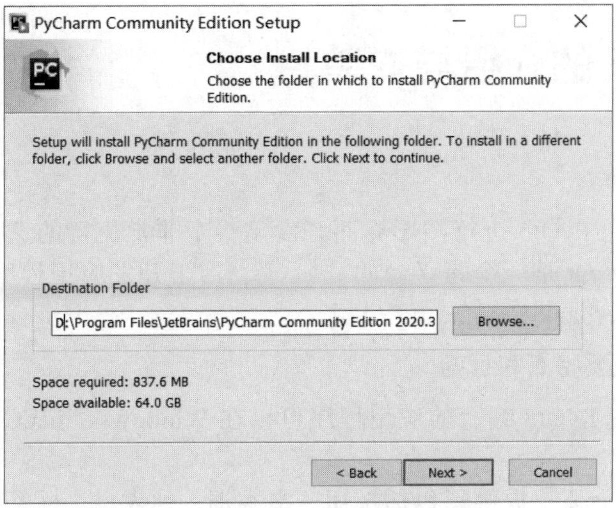

图 1.3　PyCharm 安装路径选择

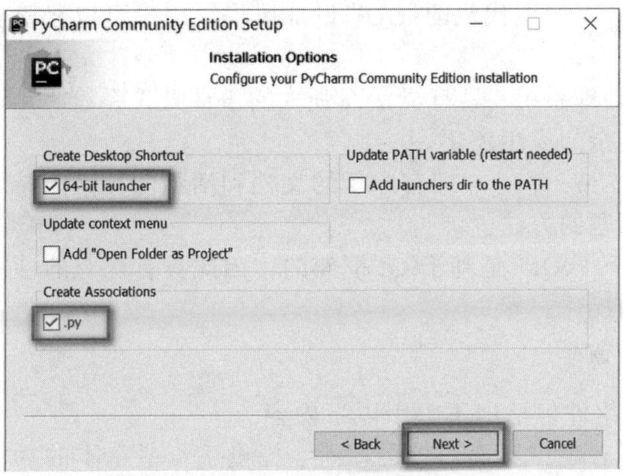

图 1.4　PyCharm 创建快捷方式

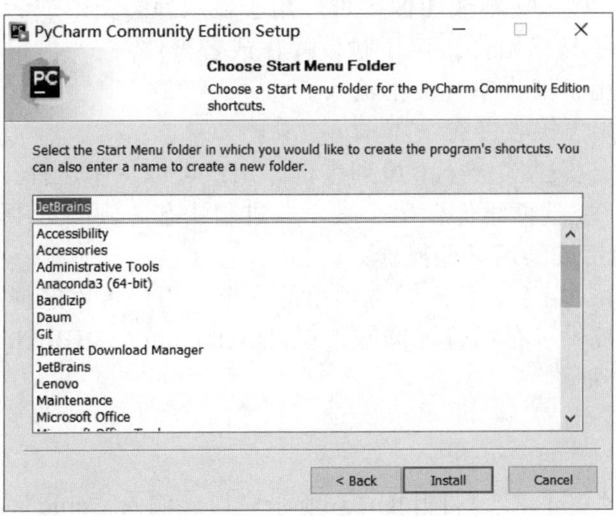

图 1.5　选择 JetBrain

1.2 PyQt5 的介绍与安装

1.2.1 功能介绍

在 Python 中使用 PyQt5 进行图形界面开发是一个非常流行的选择。PyQt5 是 Python 和 Qt 的结合体，其中 Qt 是一个跨平台的 C++ 库，用于开发应用程序的图形界面。PyQt5 的开发者是英国 Riverbank Computing 公司。

（1）PyQt5 的主要特点和优势

① 跨平台支持：PyQt5 编写的应用程序可以在 Windows、macOS 和 Linux 等主流操作系统上运行。

② 丰富的 GUI 元素：提供了包括按钮、文本框、列表框、标签等丰富的 GUI 元素，以及强大的布局管理器，使得用户可以轻松创建各种类型的界面。

③ 现代化风格：支持现代化的 GUI 设计风格，用户可以轻松创建具有吸引力和专业外观的应用程序界面。

④ 强大的事件处理系统：具有灵活而强大的事件处理系统，允许开发者对用户交互作出响应，并实现复杂的应用逻辑。

⑤ 社区和文档支持：PyQt5 拥有广泛的文档和活跃的社区支持，开发者可以轻松找到学习资源和解决问题的方法。

⑥ 高性能：由于 PyQt5 是基于 Qt 框架的，因此具有优秀的性能表现，能够处理大规模的数据和复杂的操作。

（2）常用组件和功能

PyQt5 中的常用组件包括但不限于以下内容。

① QWidget：所有用户界面对象的基类，提供了一些基本的功能，比如事件处理和绘图。

② QLabel：用于显示文本或图像，可以用于显示静态文本或者图片。

③ QPushButton：按钮组件，用于触发操作或者事件。

④ QLineEdit：用于接收单行文本输入。

⑤ QTextEdit：用于接收多行文本输入。

⑥ QComboBox：提供了一个下拉列表框，用户可以从中选择一个选项。

⑦ QCheckBox：复选框组件，用于表示二进制状态（例如选中/未选中），可以与其他组件一起使用来启用或禁用某些操作。

⑧ QRadioButton：用于表示一组选项中的一个，用户可以选择其中之一。

此外，PyQt5 还提供了布局管理器（如 QVBoxLayout、QHBoxLayout 等），用于管理界面元素的布局和排列。

1.2.2 在线安装

① 运行快捷键“Win+R”，打开图 1.6 所示窗口，输入“cmd”，点击“确定”，打开“运行”对话框。

② 在图 1.7 的“运行”对话框中输入“pip install pyqt5 -i https://pypi.tuna.tsinghua.edu.cn/simple”，点击回车键安装。

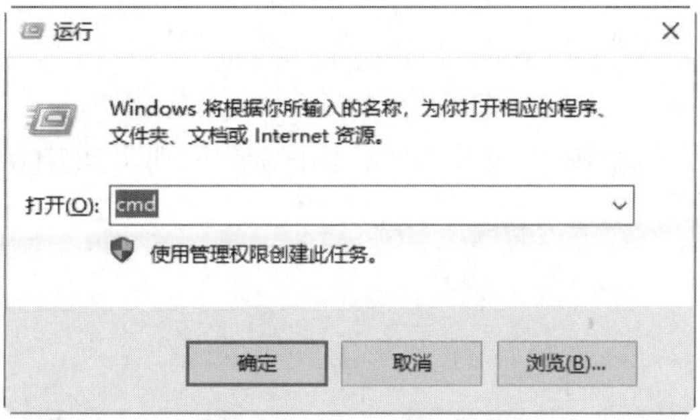

图 1.6　输入 cmd 命令

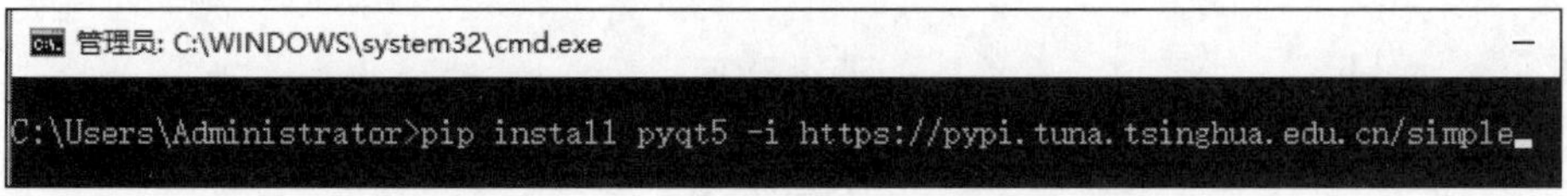

图 1.7　“运行”对话框

也可以从阿里云、中国科技大学、豆瓣的官网上搜索安装文件进行安装。

③ 安装 pyqt5-tools。同样使用 pip 命令安装 pyqt5-tools：

```
pip install pyqt5-tools -i https://pypi.tsinghuaedu.cn/simple
```

1.3　SciPy 的介绍与安装

1.3.1　功能介绍

SciPy 是一个开源的 Python 库，主要用于科学计算和数据分析。它扩展了 NumPy 的功能，提供了许多高级的算法和便利的接口。SciPy 主要包括以下功能。

① 数值积分和微分：提供了多种数值积分和微分方法，如积分方程、微分方程和常微分方程的数值求解。

② 优化：包括非线性优化、线性规划、曲线拟合和最小二乘法等优化方法。

③ 插值：提供了各种插值方法，如线性插值、样条插值和拉格朗日插值等。

④ 信号处理：包括滤波、谱分析、傅里叶变换、相关和卷积等信号处理方法。

⑤ 线性代数：提供了线性代数的常用功能，如矩阵求解、特征值和特征向量计算、广义逆和矩阵分解等。

⑥ 图像处理：包括图像滤波、形态学操作、图像变换和图像分割等图像处理方法。

⑦ 概率和统计：提供了多种概率和统计分析的方法，如概率分布、统计假设检验、回归分析和方差分析等。

⑧ 稀疏矩阵：提供了对稀疏矩阵进行操作和计算的功能，例如矩阵乘法、矩阵求解和矩阵分解等。

⑨ 信号和图像处理工具：提供了一些常用的信号和图像处理工具，如滤波器设计、频谱估计和图像转换等。

⑩ 数据拟合和统计分析：提供了数据拟合、统计分析和回归分析等功能。

1.3.2 在线安装

参考图 1.6 和图 1.7，运行以下命令进行安装：

```
pip install scipy
```

在中国，为了提高下载速度，可以更改 pip 源，例如使用清华大学的镜像源，也可以设置为默认全局 pip 源。

1.4 图像下载

本书各章用到的图像，可以在北京现代富博科技有限公司官网下载或者用手机扫描二维码下载。

二维码 1 下载 Image

第 **2** 章

C 函数 DLL 创建与配套函数

2.1 Visual Studio 2010 的下载与安装

（1）下载安装包

打开 Visual Studio 官方网站下载 Visual Studio 2010 Utimate 安装包。

（2）安装 Visual Studio 2010

① 解压安装包文件，在解压文件中找到“setup.exe”文件，如图 2.1 所示，对其双击，弹出如图 2.2 所示的(2)Visual Studio 2010（简称 VS2010）软件安装对话框。

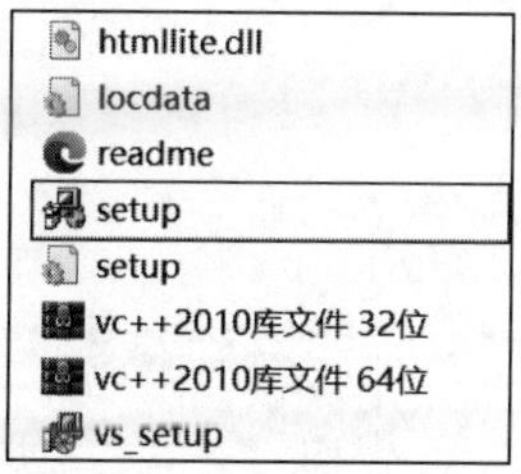

图 2.1 双击 setup.exe

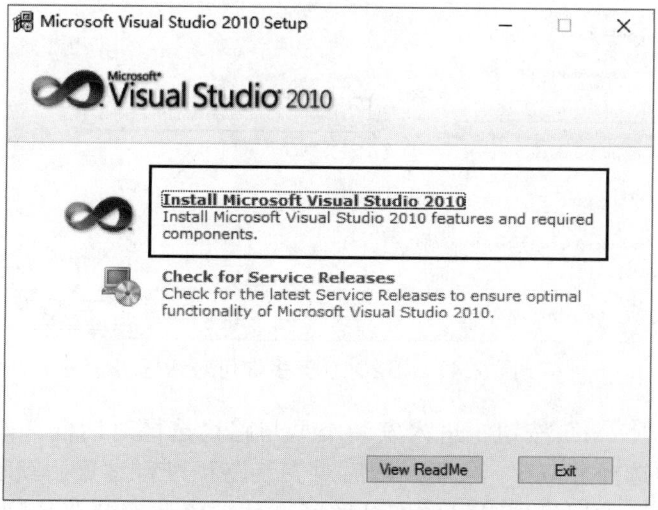

图 2.2 VS2010 软件安装对话框

② 单击“Install Microsoft Visual Studio 2010”，弹出对话框如图 2.3 所示。单击“Next”，进入软件接受安装许可对话框，如图 2.4 所示，勾选“I have read and accept the license terms”选项。

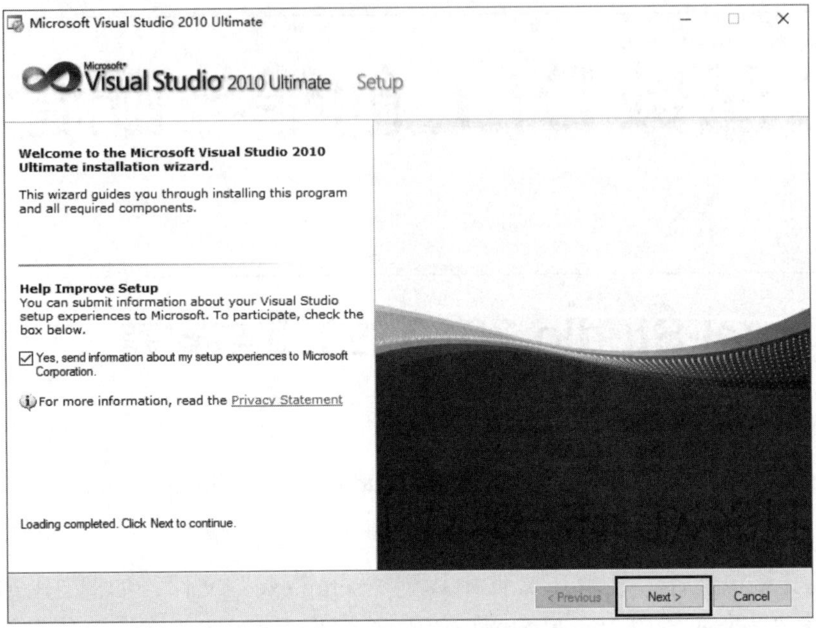

图 2.3　VS2010 安装初始化

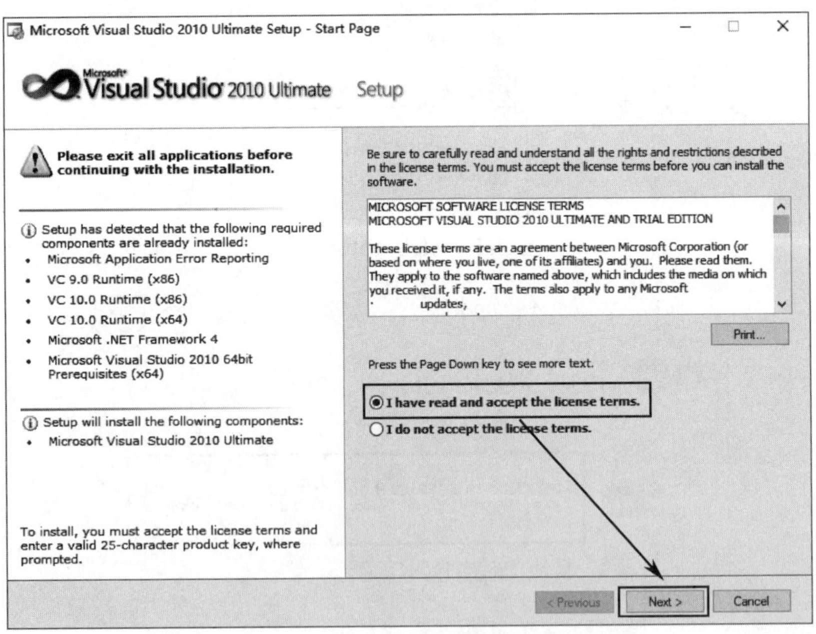

图 2.4　VS2010 安装许可对话框

③ 继续单击“Next”按钮，进入安装类型与路径选择对话框，如图 2.5 所示。首先在安装类型选项中选择“Full”选项，然后对安装路径进行设置。默认路径在 C 盘，也可以单击“Browse”按钮设置自己的安装路径，建议修改安装路径到 D 盘。

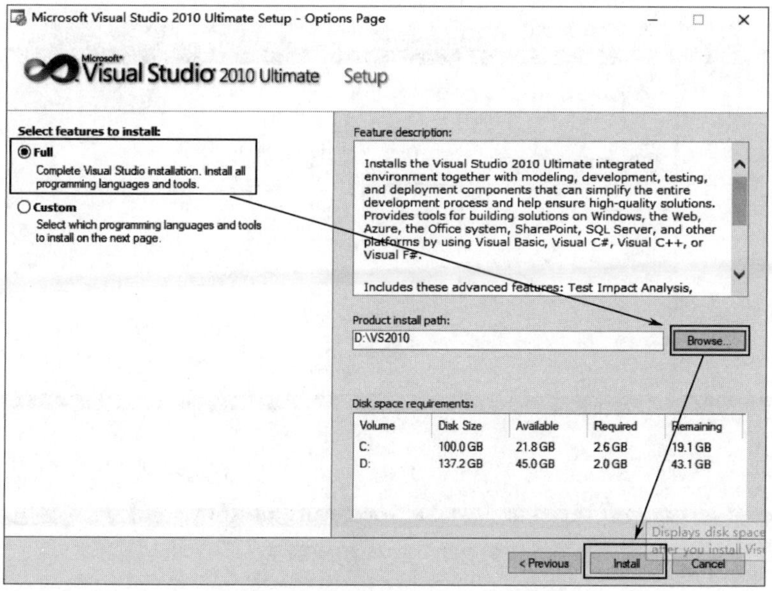

图 2.5　安装类型与路径选项对话框

④ 选择了安装路径后，单击“Install”便可对 VS2010 进行安装，整个安装过程在 30min 左右，安装完成后点击“Finish”按钮即结束对 VS2010 的安装。

2.2　图像处理 C 函数库 DLL 创建

（1）打开软件

如果电脑桌面上有快捷图标，双击该图标打开软件；也可以使用桌面左下角的搜索框搜索 2010，在最佳匹配中双击应用 Microsoft Visual Studio 2010，即可打开软件，如图 2.6 所示。

图 2.6　打开 Visual Studio 2010

弹出如图 2.7 所示的软件初始界面。

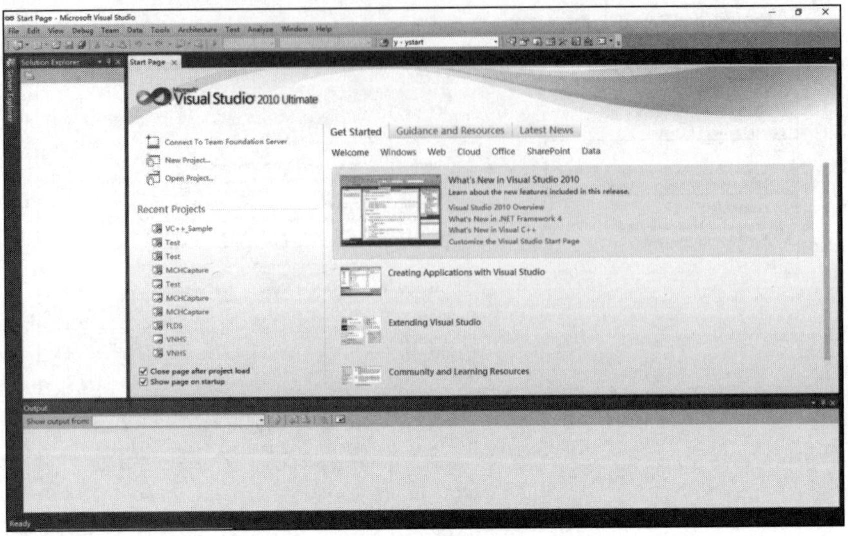

图 2.7　软件初始界面

（2）新建项目

在 Visual Studio 2010 中，点击“File”菜单，选择“New”，然后选择“Project”，如图 2.8 所示。

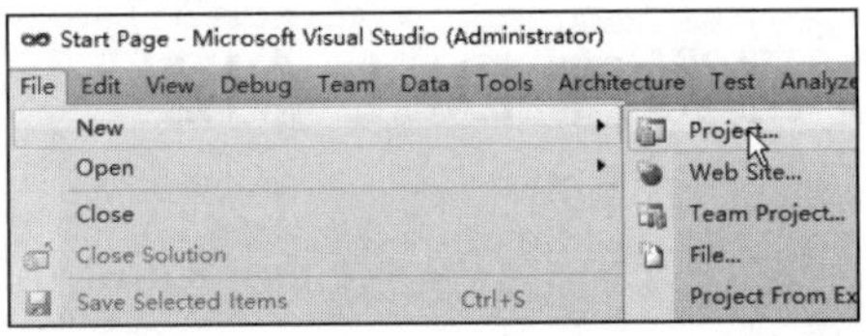

图 2.8　新建项目

在打开的窗口中选择 Win32 Project，输入工程名称“DIPAFuntion”，选择文件夹，如图 2.9 所示。

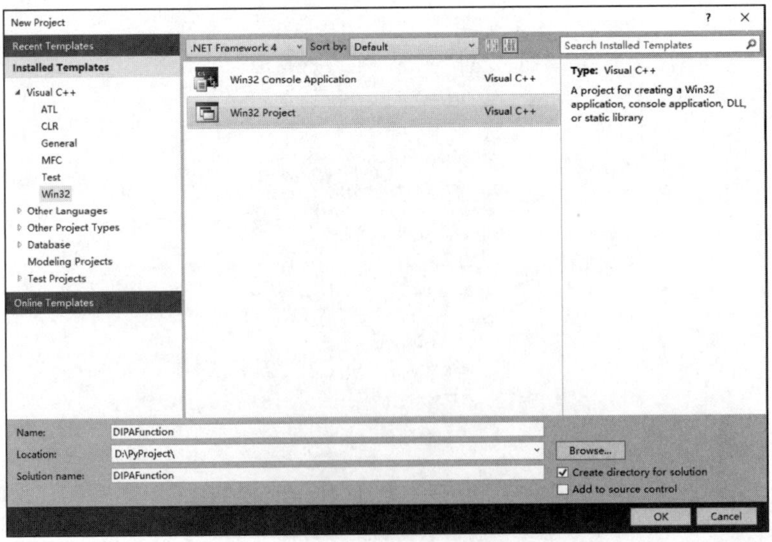

图 2.9　创建 DIPAFuntion 工程

在图 2.9 点击“OK”，在弹出的窗口中，选择“Nest”，弹出图 2.10 窗口。选择“DLL”后，点击“Finish”。

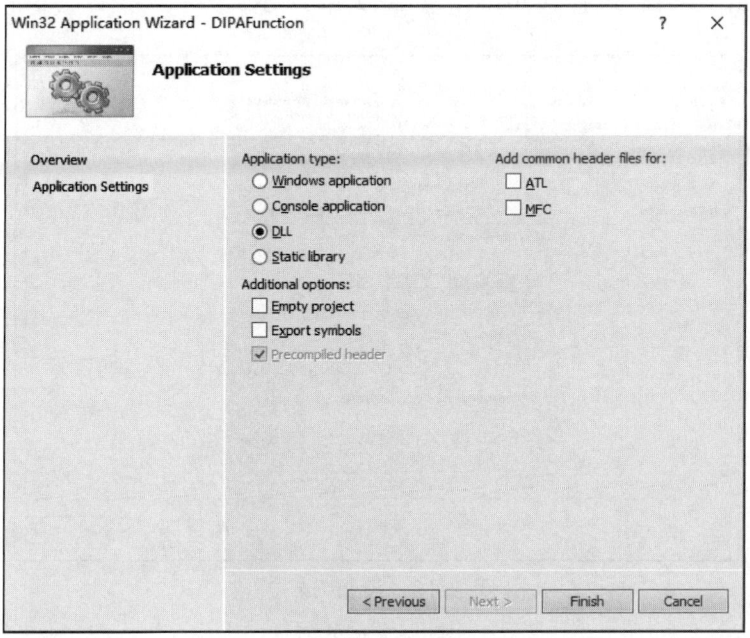

图 2.10　DLL 窗口

（3）配置为 64 位 DLL

在解决方案资源管理器中，右键点击项目名 DIPAFuntion，选择“Property”。

在弹出的属性窗口中，选择“Configuration Manager”，进行工程属性设置，如图 2.11 所示。

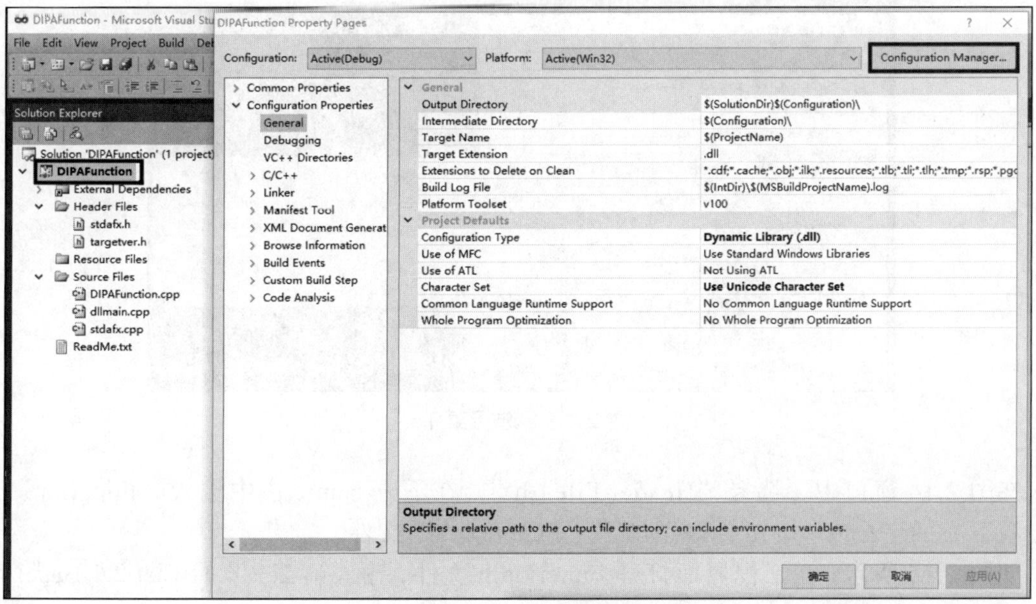

图 2.11　工程属性设置

在“Active solution platform”下，选择“New”，然后在弹出的对话框中选择“x64”作为新平台。确认“Active solution configuration”选择为“Debug”或“Release”。点击“OK”。然后点击上层窗口的“Close”，如图 2.12 所示。

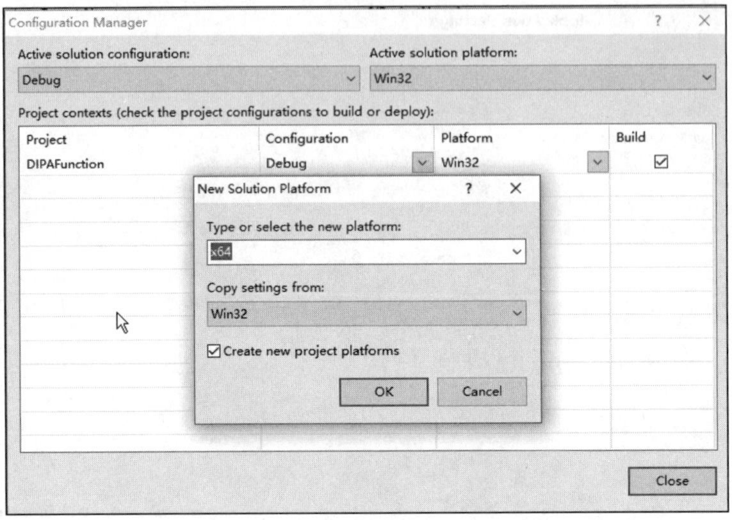

图 2.12　设置 64 位

（4）编写代码

① 添加头文件。鼠标右击“Header Files”，选择“Add→New Item”，如图 2.13 所示，打开图 2.14 所示的添加头文件窗口。

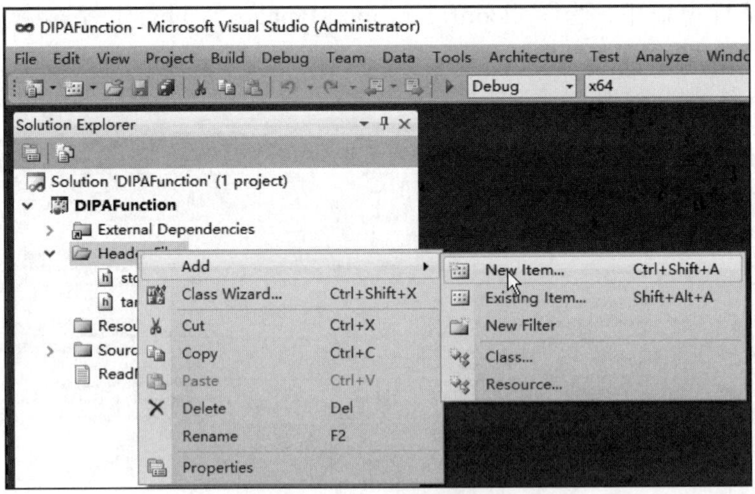

图 2.13　选择菜单

在图 2.14 窗口中，选择“Header File (.h)”，在下方 Name 栏中输入“Function”后，点击右下方的“Add”按钮，即添加了“Function.h”文件。

如图 2.15 所示，在工程界面打开 Function.h 文件，输入第 2.3 节的 List 2.1 BaseList.h 内容。

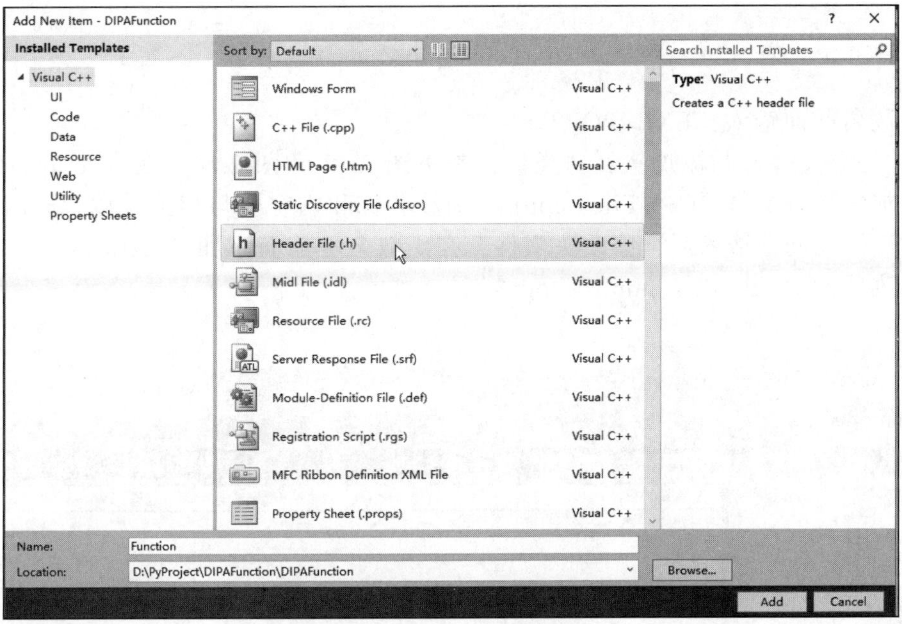

图 2.14　添加头文件窗口

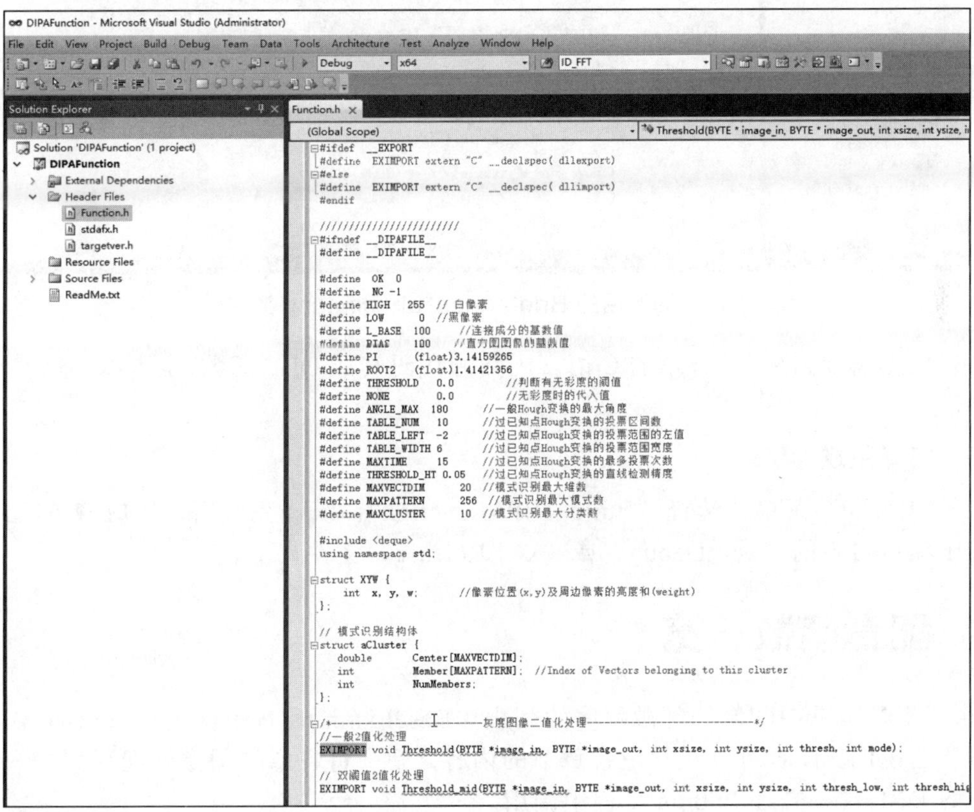

图 2.15　函数头文件

在 Function.h 的头部，输入以下代码：

```
#ifdef    __EXPORT
#define    EXIMPORT extern "C" __declspec( dllexport)
```

```
#else
#define    EXIMPORT extern "C" __declspec( dllimport)
#endif
```

在函数名前面输入：EXIMPORT。

② 添加源文件。与添加头文件类似，参考图 2.13 和图 2.14，在“Source Files”文件夹中添加函数源文件“C++ File (.cpp)”。函数名称和内容要与相关各章后面的“C 语言函数源代码”相同，输入后，修改头文件，在函数名称前面添加“EXIMPORT”。图 2.16 是完成修改后的 Brightness_amplify.cpp 文件。

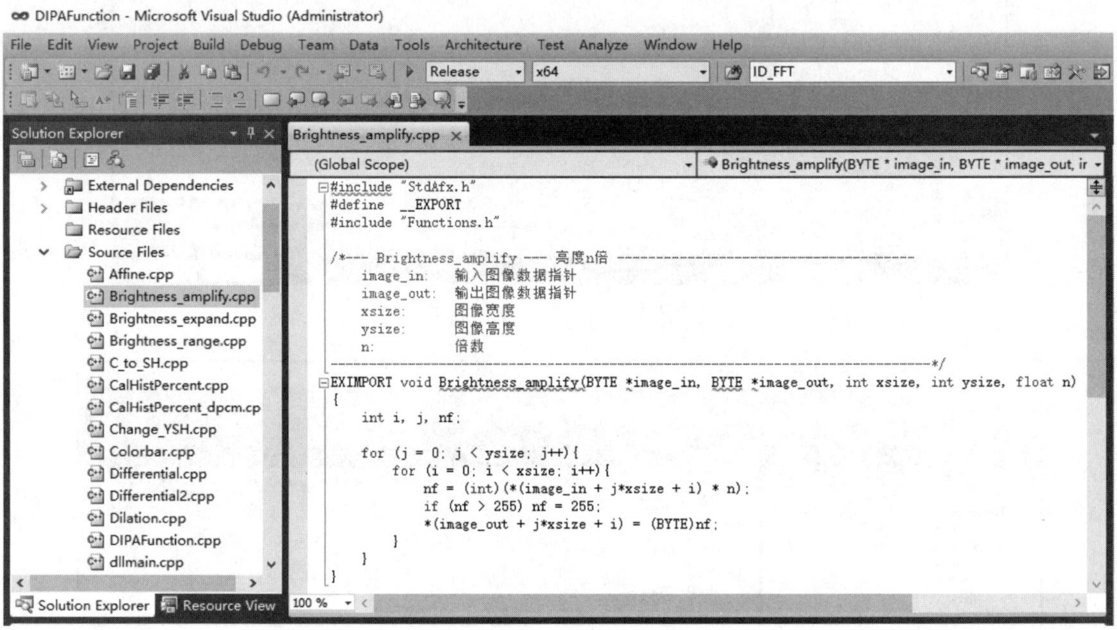

图 2.16　修改后的 Brightness_amplify.cpp 源文件

可以根据需要，将相关各章的 C 语言函数源代码转成 DLL 函数，也可以调用 OpenCV 相关函数。

（5）编译生成 DLL

点击“Build”菜单，选择“Build DIPAFunction”。编译完成后，生成的 64 位 DLL 文件位于项目目录的“x64\Debug”或“x64\Release”文件夹下。

2.3 配套函数一览

List 2.1 是本书中图像处理源程序的列表（BaseList.h），各个函数中参数的含义可以参看各章的说明。读者可以在学习各章节的内容之后，将各章的图像处理函数加入到 2.2 节创建的 DLL 中，并在 Python 工程中调用。

List 2.1　BaseList.h

```
#ifndef    __IMGCHEADERFILE__
#define    __IMGCHEADERFILE__
```

```
#define      OK   0
#define      NG  -1
#define HIGH     255                        // 白像素
#define LOW        0                        //黑像素
#define    L_BASE   100                     //连接成分的基数值
#define BIAS     128                        //直方图图像的基数值
#define    PI          (float)3.14159265
#define    ROOT2       (float)1.41421356
#define    THRESHOLD    0.0                 //判断有无彩度的阈值
#define    NONE         0.0                 //无彩度时的代入值
#define   B_VAL   128                       //图像区域以外时的像素值
#define    BYTESIZE      8                  //一个字节的位数
#define    LEN           4                  //可变单位（2 或 4 位）
#define ANGLE_MAX   180                     //一般 Hough 变换的最大角度
#define TABLE_NUM     10                    //过已知点 Hough 变换的投票区间数
#define TABLE_LEFT   -2                     //过已知点 Hough 变换的投票范围的左值
#define TABLE_WIDTH 6                       //过已知点 Hough 变换的投票范围宽度
#define MAXTIME        15                   //过已知点 Hough 变换的最多投票次数
#define THRESHOLD_HT 0.05                   //过已知点 Hough 变换的直线检测精度
#define MAXVECTDIM          20              //模式识别最大维数
#define MAXPATTERN          256             //模式识别最大模式数
#define MAXCLUSTER          10              //模式识别最大分类数

using namespace std;

struct XYW {
  int    x, y, w;                           //像素位置(x,y)及周边像素的亮度和 weight
};

// 模式识别结构体
struct aCluster {
    double          Center[MAXVECTDIM];
    int             Member[MAXPATTERN];   //Index of Vectors belonging to this cluster
    int             NumMembers;
};
/*--------------------------灰度图像二值化处理-----------------------------*/
//一般二值化处理
void Threshold(BYTE *image_in, BYTE *image_out, int xsize, int ysize, int thresh, int mode);

// 双阈值二值化处理
void Threshold_mid(BYTE *image_in, BYTE *image_out, int xsize, int ysize, int thresh_low, int
thresh_high);

// 大津法二值化处理
void Threshold_Otsu(BYTE *image_in, BYTE *image_out, int xsize, int ysize, int &thresh);

//反转图像
void Reverse_image(BYTE *image_in, BYTE *image_out, int xsize, int ysize);

/*-------------------------直方图处理-----------------------------*/
```

```
//像素分布直方图
void Histgram(BYTE *image, int xsize, int ysize, float hist[256]);

//计算直方图百分比
void CalHistPercent(float hist[], float hist_radio[], float &max_percent);

//直方图图像化（图像宽度大于等于 64）
void Hist_to_image(float hist[256], BYTE* image_hist, int xsize, int ysize);

//直方图平滑化
void Hist_smooth(float hist_in[256], float hist_out[256]);

//亮度 n 倍
void Brightness_amplify(BYTE *image_in, BYTE *image_out, int xsize, int ysize, float n);

//求亮度范围
void Brightness_range(BYTE *image_in, int xsize, int ysize, int *fmax, int *fmin);

//灰度值拉伸
void Brightness_expand(BYTE *image_in, BYTE *image_out, int xsize, int ysize,
                                int fmax, int fmin);

//直方图均衡化
void Hist_plane(BYTE *image_in, BYTE *image_out, int xsize, int ysize, float hist[256]);


/*-------------------------提取轮廓----------------------------*/

//1 阶微分边缘检出（梯度算子）
void Differential(BYTE *image_in, BYTE *image_out, int xsize, int ysize, float amp);

//2 阶微分边缘检出（拉普拉斯算子）
void Differential2(BYTE *image_in, BYTE *image_out, int xsize, int ysize, float amp);

//Prewitt 法边缘检出
void Prewitt(BYTE *image_in, BYTE *image_out, int xsize, int ysize, float amp);

//二值图像的细线化处理
void Thinning(BYTE *image_in, BYTE *image_out, int xsize, int ysize);

/*-------------------------去噪声处理----------------------------*/

//移动平均
void Image_smooth(BYTE *image_in, BYTE *image_out, int xsize, int ysize);

//中值滤波
void Median(BYTE *image_in, BYTE *image_out, int xsize, int ysize);

//腐蚀处理
```

```
void Erodible(BYTE *image_in, BYTE *image_out, int xsize, int ysize);

//膨胀处理
void Dilation(BYTE *image_in, BYTE *image_out, int xsize, int ysize);

/*-------------------------特征提取----------------------------*/

//区域标记
int Labeling(BYTE *image_in, BYTE *image_out, int xsize, int ysize, int *cnt);

//测算特征数据
void Features(BYTE *image_label_in, BYTE *image_label_out, int xsize, int ysize,
 int cnt, float size[], float length[], float ratio[], int center_x[], int center_y[]);

//根据圆形度抽出物体
void Ratio_extract(BYTE *image_label_in, BYTE *image_label_out, int xsize, int ysize,
      int cnt, float ratio[], float ratio_min, float ratio_max);

//根据面积提取对象物
void Size_extract(BYTE *image_label_in, BYTE *image_label_out, int xsize, int ysize,
 int cnt, float size[], float size_min, float size_max);

//复制掩模领域的原始图像
void Mask_copy(BYTE *image_in, BYTE *image_out, BYTE *image_mask, int xsize, int ysize);

/*-------------------------颜色变换----------------------------*/

//由 R、G、B 变换亮度、色差
void Rgb_to_yc(BYTE *image_r, BYTE *image_g, BYTE *image_b,
 int *y, int *c1, int *c2, int xsize, int ysize);

//将亮度或者色差数据变为图像数据
void Yc_to_image(int *data, BYTE *image, int xsize, int ysize);

//由亮度、色差变换 RGB
void Yc_to_rgb(int *y, int *c1, int *c2, BYTE *image_r, BYTE *image_g,
 BYTE *image_b, int xsize, int ysize);

//由色差变换色调 H、饱和度 S
void C_to_SH(int *c1, int *c2, int *sat, int *hue, int xsize, int ysize);

//由彩度和色相计算色差信号
void SH_to_C(int *sat, int *hue, int *c1, int *c2, int xsize, int ysize);

//色调、饱和度的图像化
int Sat_to_image(int *sat, BYTE *image_out, int xsize, int ysize);

//由某点的 RGB 值计算彩度和色相
void Rgb_to_SH(BYTE r, BYTE g, BYTE b, double *sat, double *hue);

//由色相数据变换灰度图像
```

```
void Hue_to_image(int *sat, int *hue, double stdhue,
                  BYTE *image_out, int xsize, int ysize);

//亮度、色调、饱和度的调整
void Change_YSH(int *in_y, int *in_sat, int *in_hue, int *out_y,
 int *out_sat, int *out_hue,  float ym, float sm, float hd, int xsize, int ysize);

/*------------------------彩色分割----------------------*/

//二维直方图
void Hist2_image(BYTE *image_in1, BYTE *image_in2, BYTE *image_hist, int xsize, int ysize);

//基于 R、G、B 的阈值处理
void Thresh_color(BYTE *image_in_r, BYTE *image_in_g, BYTE *image_in_b,
 BYTE *image_out_r, BYTE *image_out_g, BYTE *image_out_b,
 int thdrl, int thdrm, int thdgl, int thdgm, int thdbl, int thdbm,
 int xsize, int ysize);

/*------------------------图像合成----------------------*/

//硬键信号生成
void Hard_key(BYTE *image_in_r,       BYTE *image_in_g, BYTE *image_in_b,
 BYTE *image_key, int xsize, int ysize, int thresh);

//软键信号生成
void Soft_key(BYTE *image_in_r, BYTE *image_in_g, BYTE *image_in_b,
 BYTE *image_key, int xsize, int ysize, int thdh, int thdl);

// 图像硬合成
void Synth(BYTE *image_in1_r, BYTE *image_in1_g, BYTE *image_in1_b, BYTE *image_in2_r,
        BYTE *image_in2_g, BYTE *image_in2_b, BYTE *image_out_r, BYTE *image_out_g,
        BYTE *image_out_b, BYTE *image_key, int xsize, int ysize);

//图像合成（消除边界线）
void S_synth(BYTE *image_in1_r, BYTE *image_in1_g, BYTE *image_in1_b,
          BYTE *image_in2_r, BYTE *image_in2_g, BYTE *image_in2_b,
          BYTE *image_out_r, BYTE *image_out_g, BYTE *image_out_b,
           BYTE *image_key, int xsize, int ysize);

/*-------------------------几何变换---------------------------*/

//放大缩小（不正确的做法）
void Scale_NG(BYTE *image_in, BYTE *image_out, int xsize, int ysize, float zx, float zy);

//放大缩小（最近邻点法）
void Scale_near(BYTE *image_in, BYTE *image_out, int xsize, int ysize, float zx, float zy);

//放大缩小（双线性内插法）
void Scale(BYTE *image_in, BYTE *image_out, int xsize, int ysize, float zx, float zy);

//平移（双线性内插法）
```

```
void Shift(BYTE *image_in, BYTE *image_out, int xsize, int ysize, float px, float py);

//旋转（双线性内插法）
void Rotation(BYTE *image_in, BYTE *image_out, int xsize, int ysize, float deg);

//仿射变换（移动、旋转、放大缩小）（双线性内插法）
void Affine(BYTE *image_in,      BYTE *image_out, int xsize, int ysize, float deg,
              float zx, float zy, float px, float py);

//透视变换（双线性内插法）
void Perspective(BYTE *image_in, BYTE *image_out, int xsize, int ysize, float ax, float ay,
  float px, float py, float pz, float rz,
  float rx, float ry, float v, float s);

/*-------------------Hough 变换---------------------------------*/
//一般 Hough 变换
void Hough_general(BYTE *image_in, BYTE *image_out, int xsize, int ysize);

//过已知点 Hough 变换
void Hough_based_point(BYTE *image_in, BYTE *image_out, int xsize, int ysize, int px, int py);

/*---------------傅里叶变换程序---------------------------------*/
//一维 FFT
int FFT1(float a_rl[], float a_im[], int ex, int inv);

//一维 FFT 的主计算部分
void fft1core(float a_rl[], float a_im[], int length,
  int ex, float sin_tbl[], float cos_tbl[], float buf[]);

//二维 FFT
int FFT2 (float *a_rl, float *a_im, int inv, int xsize, int ysize);

//二维 FFT 结果图像化
int FFTImage(BYTE *image_in, BYTE *image_out, int xsize, int ysize);

//基于二维 FFT 的滤波处理
int FFTFilter(BYTE *image_in, BYTE *image_out, int xsize, int ysize, int a, int b);

//基于二维 FFT 的滤波处理、逆傅里叶变换
int FFTFilterImage(BYTE *image_in, BYTE *image_out, int xsize, int ysize, int a, int b);


/*------------------ 离散小波变换程序--------------------------------*/
//一维小波变换
void Wavelet1d (double *s0,int s_len,    double *p, double *q,
                  int sup, double *s1, double *w1);

//一维逆小波变换
void Iwavelet1d (double *s1, double *w1, int s_len, double *p,
                  double *q, int sup, double *s0);
```

```
//二维小波变换
void Wavelet2d (BYTE *image_in, int xsize, int ysize, double *s1, double *w1v,
                double *w1h, double *w1d);

//二维逆小波变换
void Iwavelet2d (double *s1, double *w1v, double *w1h, double *w1d,
                BYTE *image_out, int xsize, int ysize );

//二维小波信号图像化
void Wavelet2d_image (double *s1, double *w1v, double *w1h, double *w1d,
                      BYTE *image_out, int xsize, int ysize);


/*--------------------模式识别--------------------------------*/

//k 近邻法模式识别
void KMeans(double *Pattern, int NumPatterns, int SizeVector, int NumClusters, aCluster *Cluster);

#endif
```

第 3 章

Python 工程创建与设定

3.1 工程创建

如果电脑桌面上有快捷图标，双击该图标打开软件，也可以使用桌面左下角的搜索框搜索“PyCharm”，在最佳匹配中双击应用 PyCharm，即可打开软件，如图 3.1 所示。

图 3.1　打开软件 PyCharm

PyCharm 软件启动后，选择新建工程 New Project，如图 3.2 或图 3.3 所示。

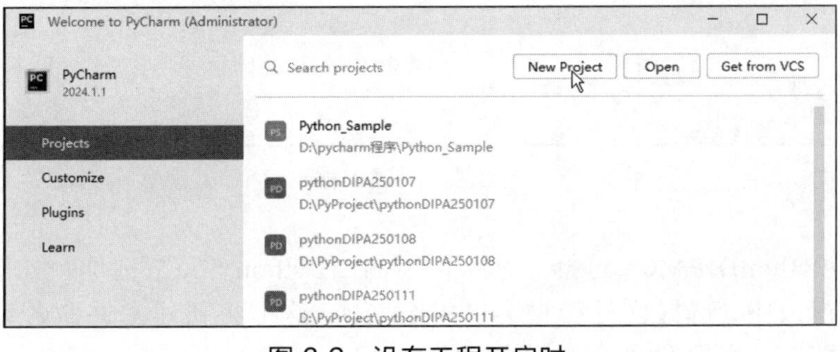

图 3.2　没有工程开启时

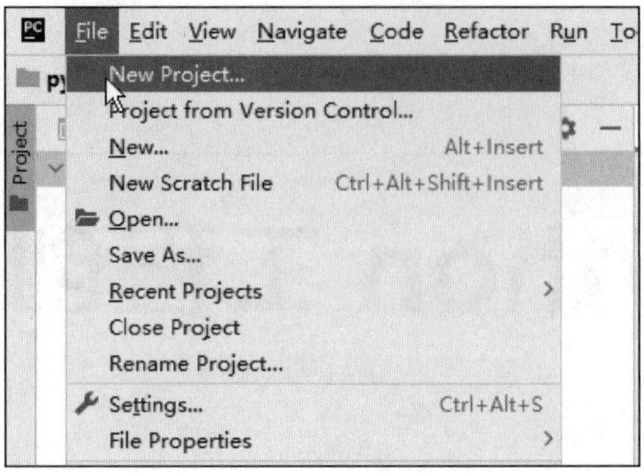

图 3.3　有工程开启时

选择新建工程类型为 Pure Python，选择新建工程的位置，读者可以使用默认路径或者自行选择，这里以“D:\PyPoject”为例，将项目名称命名为 pythonDIPAX，最后点击右下方的“Create”按钮，完成工程的创建，如图 3.4 所示。

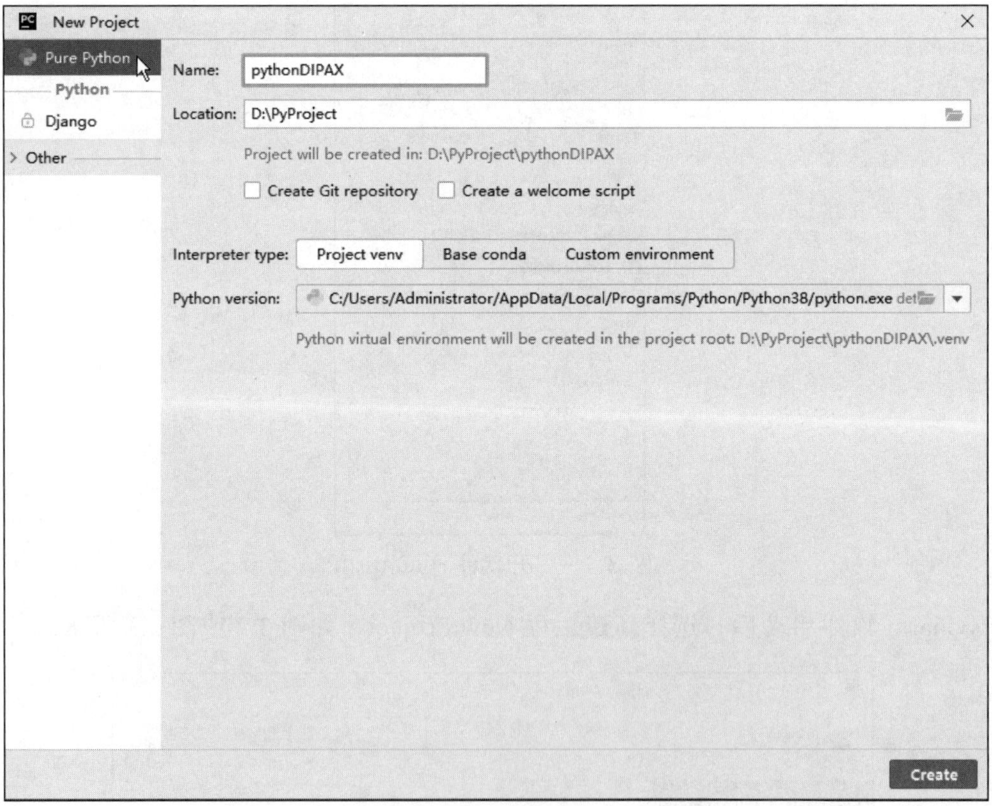

图 3.4　新建工程

鼠标右击 PythonDIPAX，选择“New”下的“Python File”选项，如图 3.5 所示。

在弹出的窗口中，选择文件类型为 Python file，这里将新建文件命名为“DIPAGUI”，最后按回车键即完成新文件的创建，如图 3.6 所示。

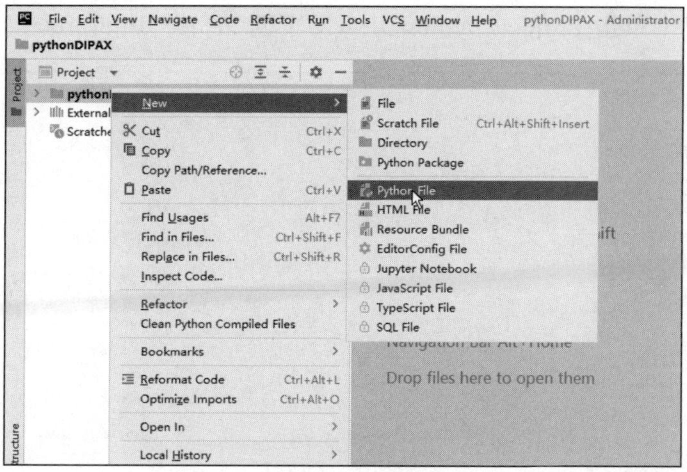

图 3.5　创建文件

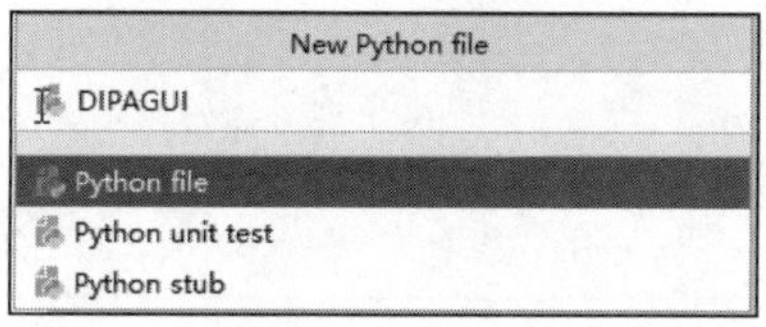

图 3.6　新建文件类型选择及命名

3.2　系统设置

3.2.1　创建虚拟环境

在实际项目开发中，通常会根据需要下载各种相应的扩展库，如 Scrapy、Beautiful Soup 等，但是可能每个项目使用的扩展库并不一样，或者使用框架的版本不一样，这就需要根据需求不断更新或卸载相应的库。直接改变 Python 环境操作，会给我们的开发环境和项目造成很多麻烦，管理不方便。因此，可以为当前工程创建新的环境来解决上述问题，依次点击“File”→“Settings”，如图 3.7 所示。

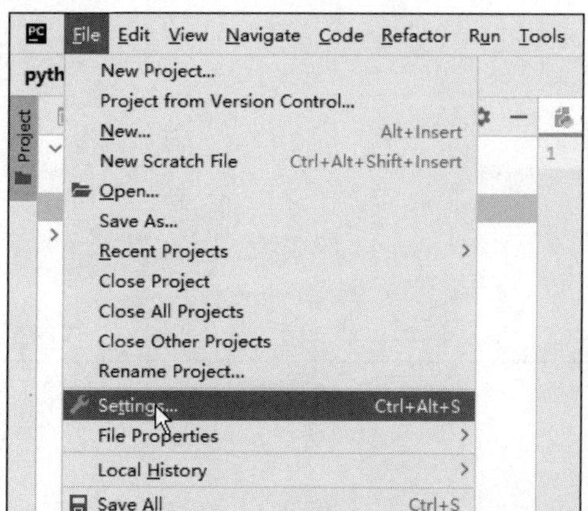

图 3.7　打开设置

在弹出的窗口中单击 Project: pythonDIPAX 下的 Project Interpreter，如图 3.8 所示。

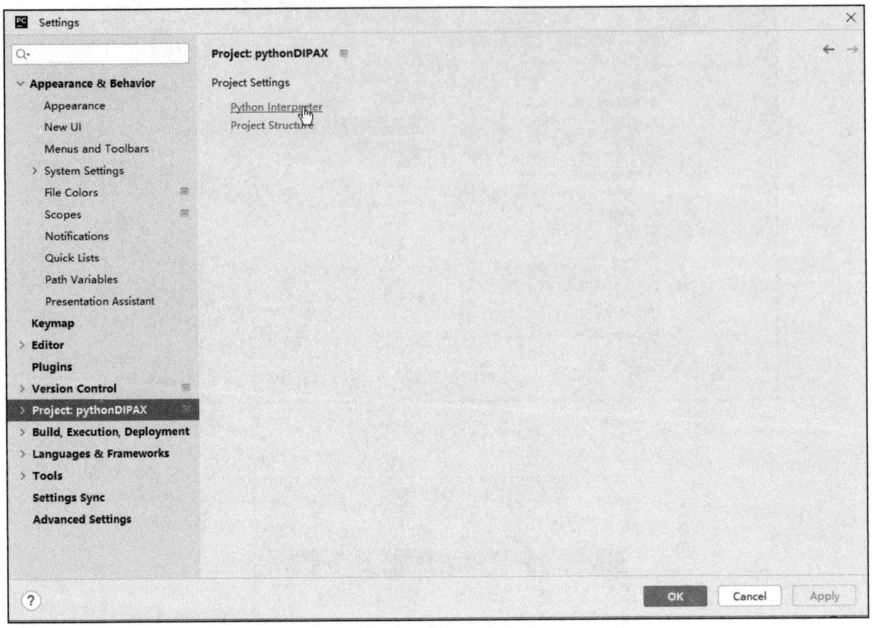

图 3.8 选择 Project Interpreter

在弹出的窗口中显示了 pythonDIPAX 的虚拟环境，不需要修改，点击窗口右下角的“OK”按钮，完成环境的创建，如图 3.9 所示。

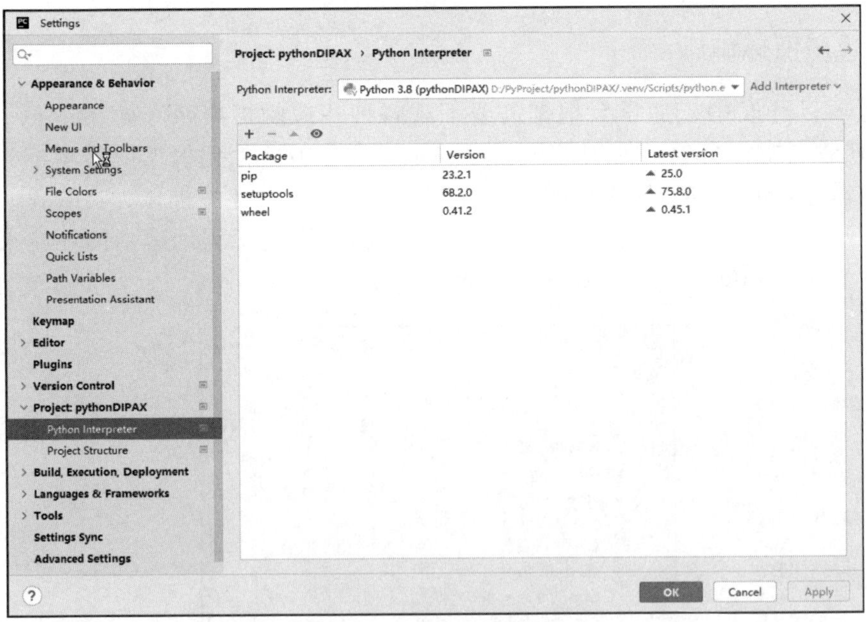

图 3.9 添加虚拟环境

3.2.2 手动添加扩展库

本节以 matplotlib 为例，说明手动添加扩展库的方法。

在图 3.9 的虚拟环境中，点击右侧窗口上的“+”号，弹出图 3.10 所示的扩展库列表。在搜索窗口输入“matplotlib”，定位到 matplotlib，然后点击图 3.10 右下方的“Install Package”即开始安装。这时可以点击“Close”关闭该窗口，在工程界面的下方显示安装进度，安装完成后有安装成功的提示。

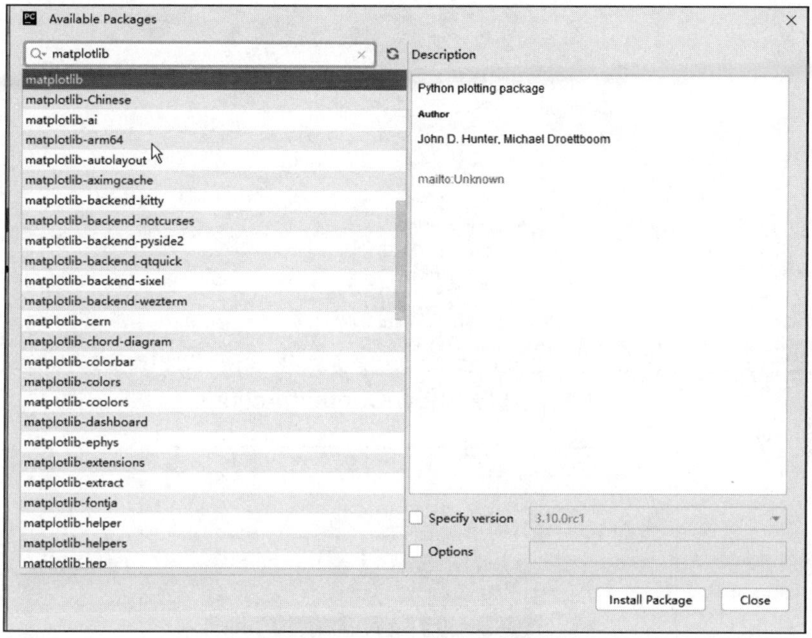

图 3.10　扩展库列表

3.2.3　自动添加扩展库

Python 和扩展库的版本很多，选择了不合适的版本，会出现添加失败的情况。为此，可以用以下方法进行扩展库的自动添加。

首先在主界面 DIPAGUI.py 文件中加入本工程需要的库，配置的虚拟环境中没有的扩展库下方会出现红色线，如图 3.11 所示。

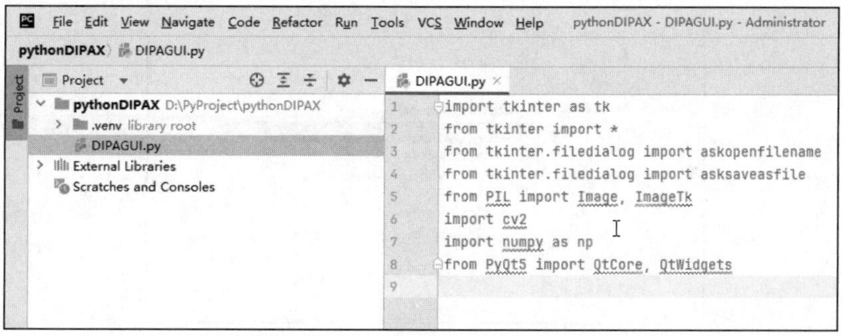

图 3.11　主窗口中的扩展库

鼠标右击画红线的库名，选择最上方一项“Show Context Actions”，如图 3.12 所示。

弹出图 3.13 所示的选择安装界面。根据需要安装 Pillow、opencv-python（图 3.14）等包。

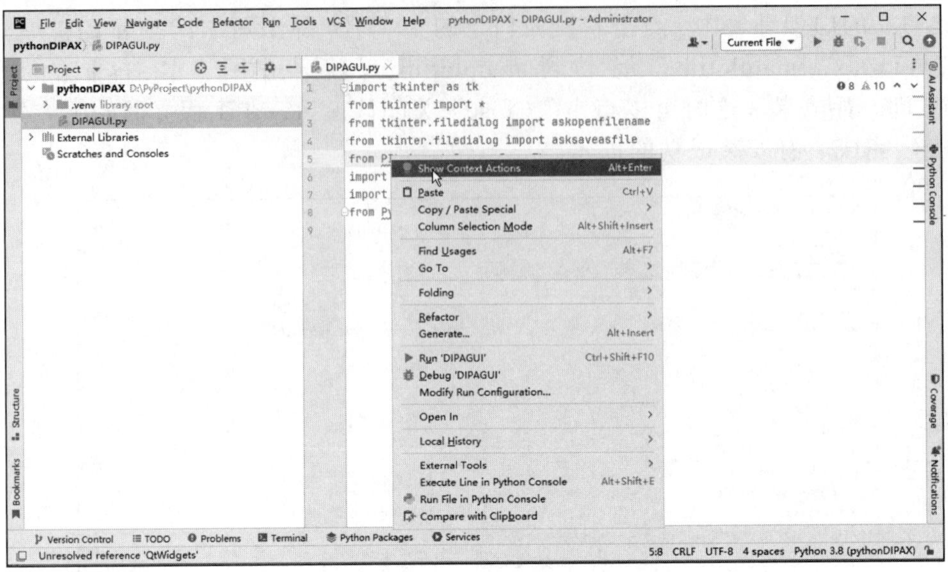

图 3.12　选择 Show Context Actions

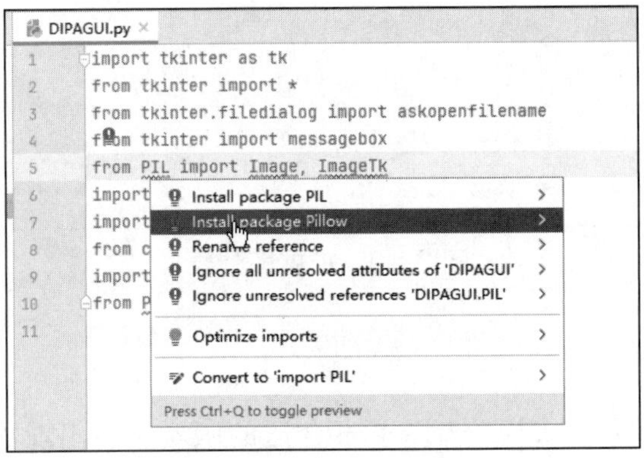

图 3.13　选择安装界面

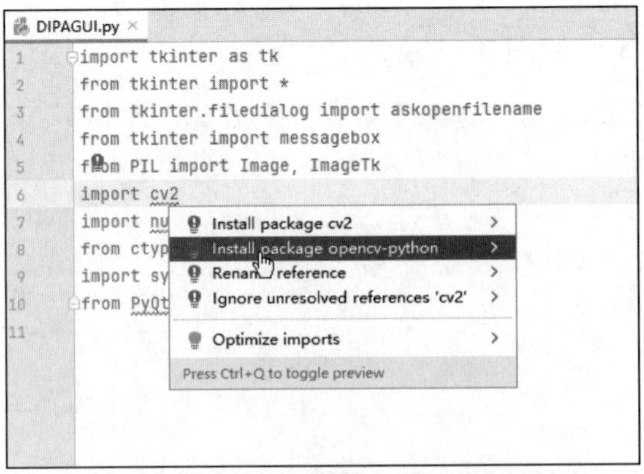

图 3.14　安装 opencv-python

然后，弹出图 3.15 窗口，点击“Yes”开始安装。

安装过程中，下方会显示进度条，安装成功后，会弹出安装成功的提示，如图 3.16 所示。

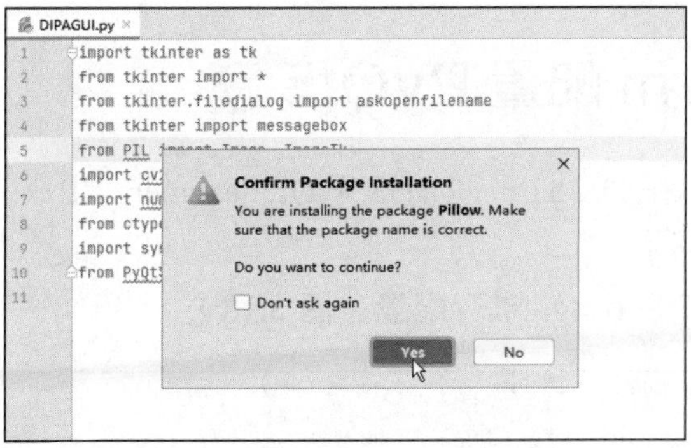

图 3.15　点击“Yes”开始安装

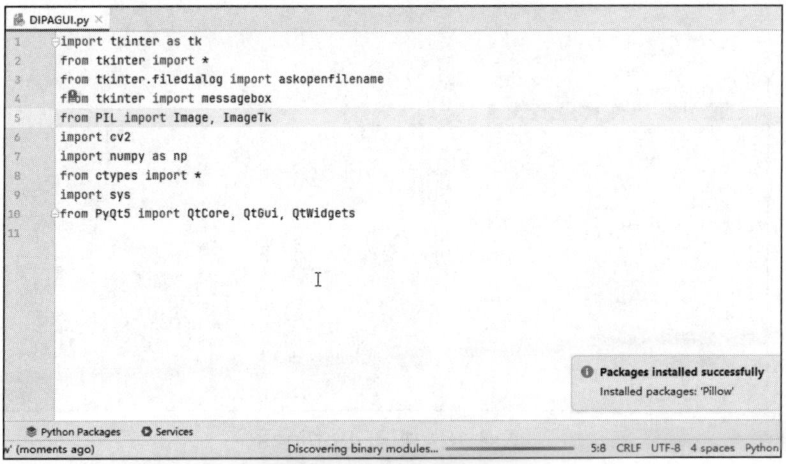

图 3.16　安装成功提示

全部安装成功后，打开虚拟环境文件，会出现新安装的扩展库，如图 3.17 所示。

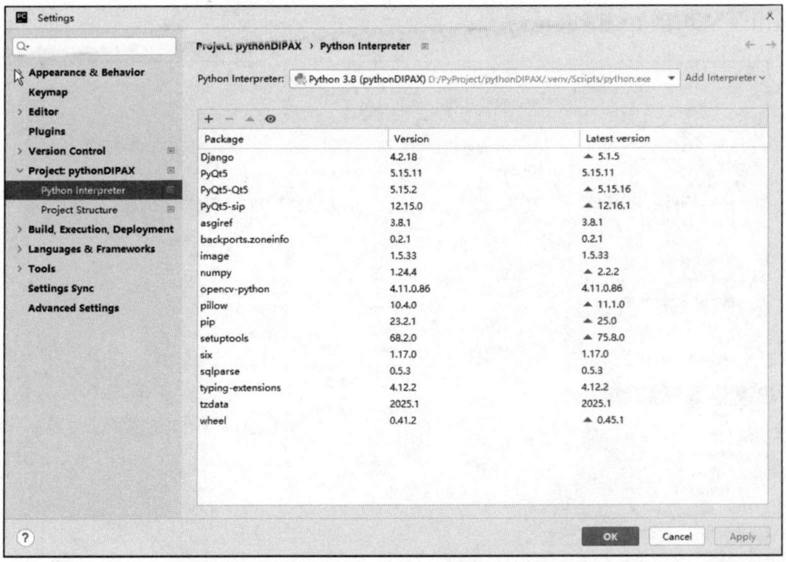

图 3.17　安装了扩展库的虚拟环境

在创建第 15 章的小波变换对话框时，也可以用上述方法自动添加 scipy 扩展库。

3.3 PyCharm 配置 PyQt5

配置 PyQt5 是为了在 PyCharm 里面打开 Qt designer，生成 Qt 文件.ui，然后转换成 Python 文件.py。步骤如下。

（1）点击 File 打开 Settings 进行配置（图 3.18）

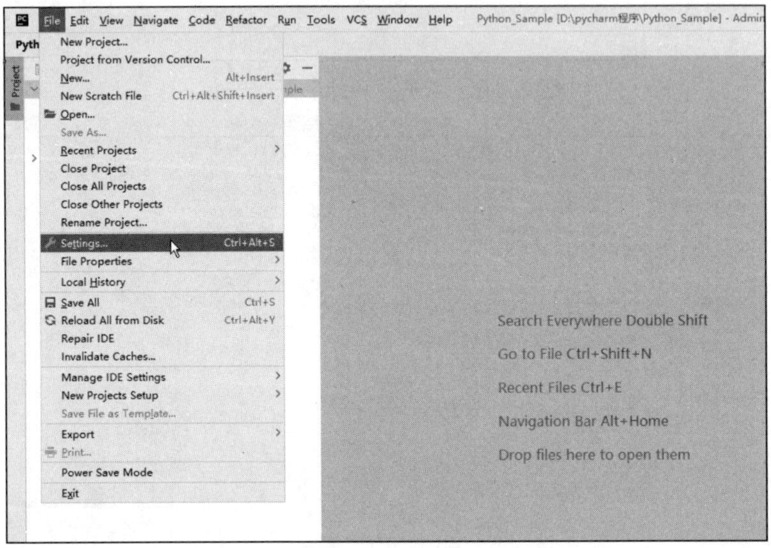

图 3.18　打开 Settings

（2）配置 PyQt5 designer

如图 3.19 所示，在设置窗口依次进行如下操作：Tools→External Tools→“+”→Name→Program→Working directory。

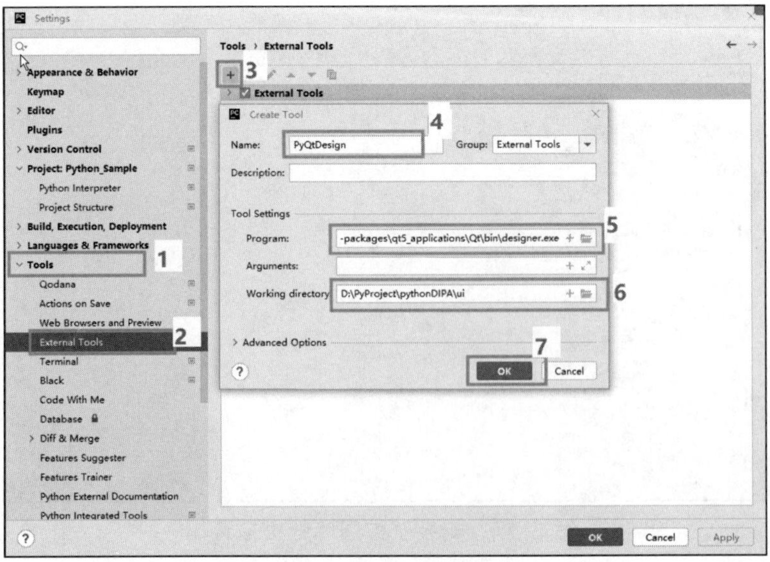

图 3.19　添加窗口设计工具

Name 和 Working directory 根据需要设置即可。Program 需要选择自己安装的 designer.exe 路径，笔者安装的路径如图 3.20 所示。需要注意的是，需要先取消 Administrator 文件夹的隐藏属性。

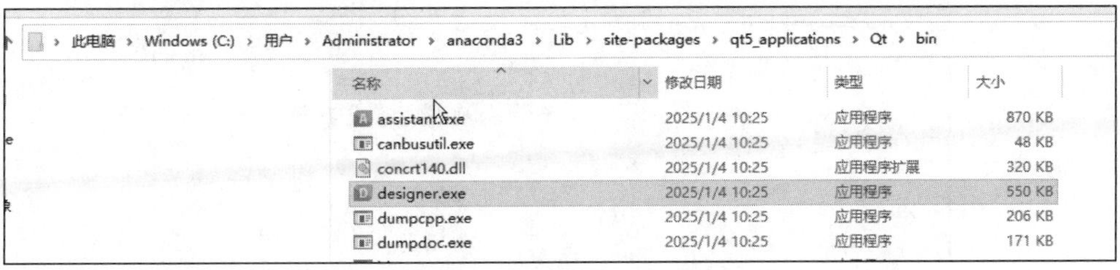

图 3.20　Designer 安装路径

（3）添加.ui 转成.py 工具

再新建一个“PyUIC”工具，用于将 Qt 的.ui 界面转换成 .py 代码，如图 3.21 所示。

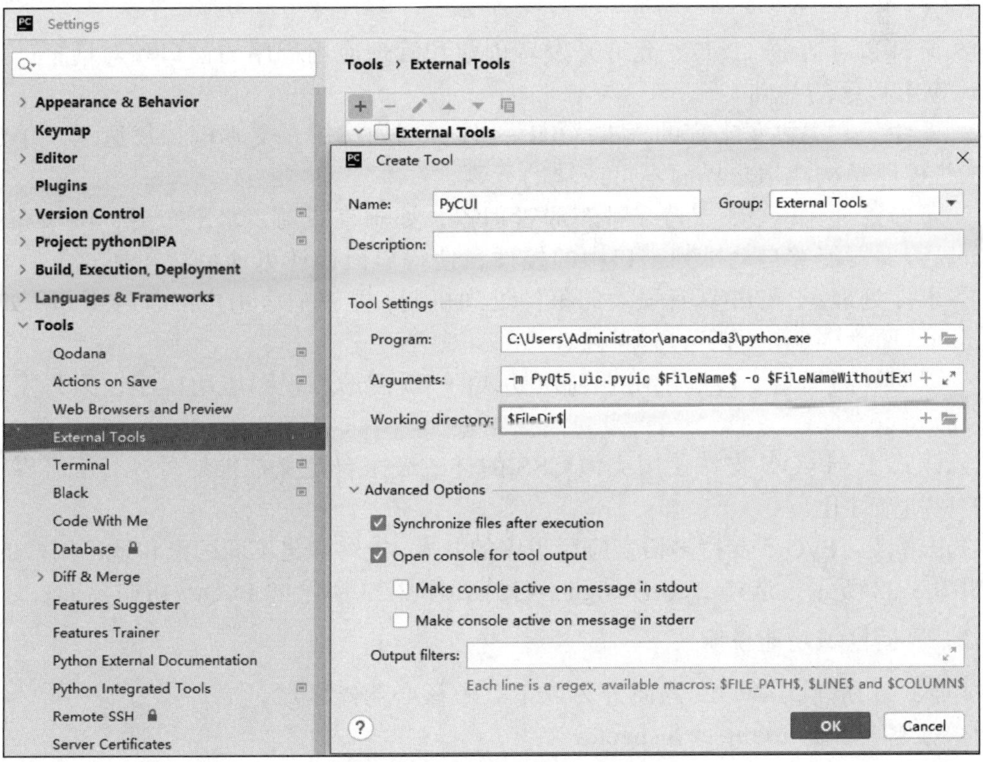

图 3.21　添加.ui 转.py 工具

Name：可以自己定义。

Program：指向上述虚拟环境中安装的 Python.exe。

Arguments：输入固定格式“-m PyQt5.uic.pyuic $FileName$ -o $FileNameWithout Extension$.py”。

Work directory：使用变量$FileDir$。

完成上述设置后，就可以在工具栏里看到相关工具，如图 3.22 所示。

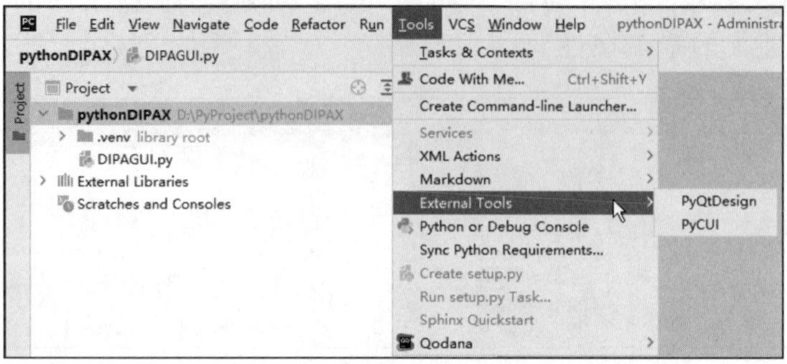

图 3.22　在工具栏中查看相关工具

3.4　PyQt5 界面功能说明

（1）PyQt5 的基本功能

① 窗口和对话框：PyQt5 允许开发者创建和管理应用程序的窗口和对话框，这是构建 GUI 应用程序的基础。

② 控件：它提供了丰富的标准 GUI 控件，例如按钮、文本框、复选框、单选按钮等，这些控件是构建用户界面不可或缺的元素。

③ 布局管理：PyQt5 支持多种布局管理器，如垂直布局、水平布局、网格布局等，这些布局管理器能够自动排列窗口中的控件，使得界面设计更加灵活和高效。

④ 事件处理：PyQt5 具有强大的事件处理机制，能够响应用户的各种操作，如点击、按键等，从而增强应用程序的交互性。

⑤ 图形视图框架：该框架用于创建复杂的 2D 图形和视图应用程序，为开发者提供了更多的创意空间。

⑥ 样式表：PyQt5 支持使用类似 CSS 的样式表来自定义控件的外观，使得界面设计更加美观和个性化。

⑦ 国际化：PyQt5 支持多语言应用程序的开发，能够满足不同国家和地区用户的需求。

如图 3.22 所示，选择 PyQtDesign，打开如图 3.23 所示的 PyQt5 初始界面。

（2）界面区域功能说明

如图 3.23 所示， PyQt5 界面分为以下三个核心功能区域。

① 对象查看器（Object Inspector）。

- 功能：展示当前窗口的控件层次结构（父子关系），例如按钮、文本框等组件的嵌套布局。
- 特点：
  - 树状结构。以树形列表显示所有控件，便于快速定位和管理。
  - Filter 搜索框。支持输入关键词过滤对象，快速找到目标控件。

② 主设计画布（Canvas）。

- 功能：可视化拖拽和布局控件的核心区域。

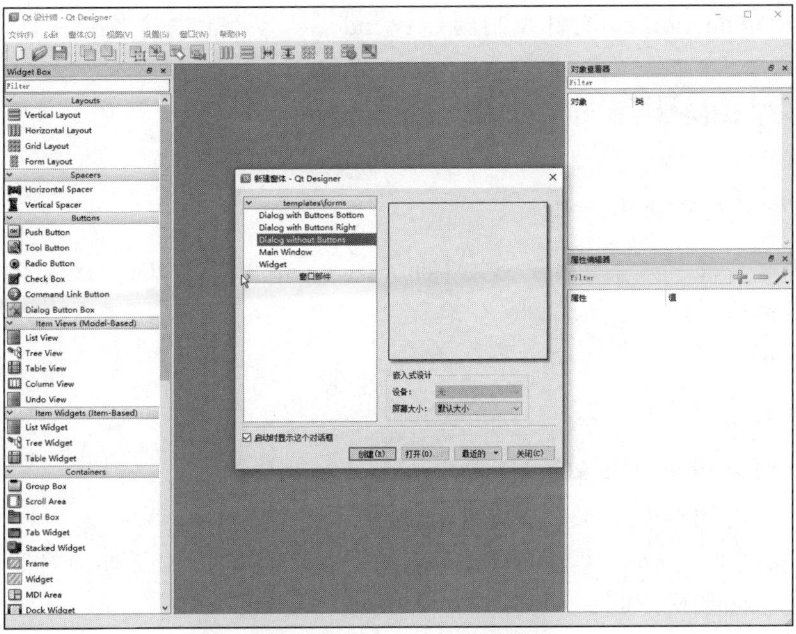

图 3.23　PyQt5 初始界面

- 特点：
  - 所见即所得。通过拖拽左侧工具箱的控件（如按钮、标签）到此区域，直接进入设计界面。
  - 布局工具。支持栅格布局（Grid）、水平/垂直布局（HBox/VBox）等，确保控件自适应窗口大小。
  - 辅助线对齐。自动显示对齐参考线，帮助精准定位控件。

③ 属性编辑器（Property Editor）。

- 功能：编辑选中控件的属性（如尺寸、文本、颜色、事件绑定等）。
- 特点：
  - 动态修改。属性值（如 objectName、geometry）可实时编辑，并同步到 .ui 文件。
  - 分类展示。属性按逻辑分组（如 QWidget 通用属性、样式表、信号槽等）。
  - Filter 搜索框。快速定位特定属性，提升配置效率。

3.5　C 函数 DLL 配置

配置步骤如下。

① 将第 2 章生成的 C 函数库文件 DIPAFunction.dll 和 DIPAFunction.lib 复制到工程文件夹下的.venv/Lib 文件夹中，如图 3.24 所示。DIPAFunction.dll 可以不复制。

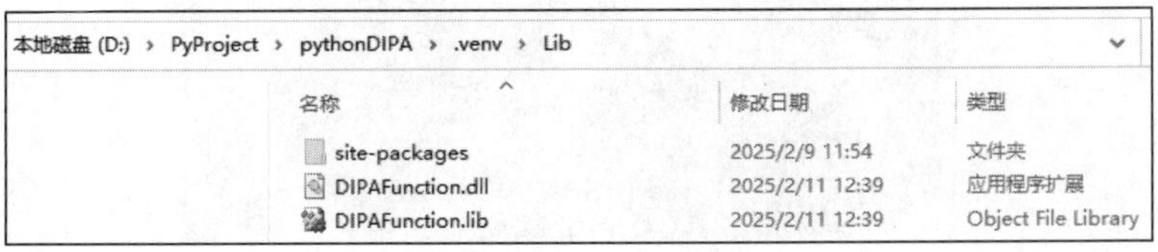

图 3.24　DLL 库配置

② 将 DIPAFunction.dll 文件复制到 C:\Windows\System32 文件夹中。

3.6 主界面功能源代码

3.6.1 主界面初始功能源代码

本工程的主界面是基于 Tkinter 编写的。List 3.1 给出了主界面 DIPAGUI.py 的初始代码，包括以下内容。

（1）头文件

导入必要的第三方库。

（2）主界面类 class DIPAGUI()

是程序的核心部分，主要包括以下内容。

① 初始化函数__init__，程序从该函数开始运行。后面图像处理对话框需要的全局变量，需要在该函数里声明。

② 菜单栏，目前配置有“文件”“读取图像”“彩色转灰度”和“帮助”菜单，后面各个图像处理窗口的菜单都要布置在“文件”和“帮助”这两个菜单之间。

③ 图像显示函数 tk_img_display，用于对话框调用显示图像。

④ 读入图像命令 command_open，用于显示菜单与菜单函数的链接方式，后面各个对话框也是以这种方式与菜单链接。

⑤ 彩色转灰度命令 command_ColtoMon，后面的图像处理多数是以灰度图像为对象的处理，读入彩色图像时，可以转换为灰度图像进行处理。

（3）主程序判断

其作用是，直接运行脚本时，如果当前文件是主程序入口，则条件成立，运行本程序。被导入为模块时，如果当前文件是被其他文件导入的模块，条件不成立，则跳过该代码块。

图 3.25 是 List 3.1 主界面 DIPAGUI.py 初始代码的运行结果。

图 3.25　初始界面运行结果

List 3.1 DIPAGUI.py 初始功能源代码

```
#---------------头文件-----------
import tkinter as tk
from tkinter import *
from tkinter.filedialog import askopenfilename
from tkinter import messagebox
from PIL import Image, ImageTk
import cv2
import numpy as np
from ctypes import *
import sys
from PyQt5 import QtCore, QtGui, QtWidgets

class DIPAGUI():
    def __init__(self, w=720, h=640):
        # ---------------主界面--------------------
        self.width = w
        self.height = h
        self.mygui = Tk(className="图像处理技术")
        self.mygui.geometry(str(w) + 'x' + str(h))
        self.mygui.resizable(False, False)  # 固定窗体大小
        self.mygui.grid()
        self.createWiget()

    def createWiget(self):
        # ---------------菜单栏--------------------
        self.mymenu = Menu(self.mygui)

        # 文件下拉菜单
        filemenu = Menu(self.mymenu, tearoff=0)
        filemenu.add_command(label='读入图像', command=self.command_open)
        self.mymenu.add_cascade(label="文件", menu=filemenu)
        # 彩色转灰度菜单
        self.mymenu.add_command(label="彩色转灰度", command=self.command_ColtoMon)
        self.mygui.config(menu=self.mymenu)

        # 帮助菜单
        self.mymenu.add_command(label='帮助')
        self.mygui.config(menu=self.mymenu)

        # ---------------图像控件-------------------
        self.label = Label(self.mygui, width=self.width, height=self.height)
        self.label.place(relx=0.01, rely=0.01)
    def tk_img_display(self,img):
        image1 = Image.fromarray(np.uint8(img))
        image1 = image1.resize((self.width, self.height), Image.Resampling.LANCZOS)

        img = ImageTk.PhotoImage(image1)
        self.label.config(image=img)  # 使用 config 方法设置标签的图片
```

```
            self.label.image = img   # 保存图片引用，防止被垃圾回收
            self.label.update()

    def command_open(self):
            filename = askopenfilename(initialdir='image/Sample.bmp')
            self.image = Image.open(filename)
            image1 = self.image.resize((self.width, self.height),
                                                    Image.Resampling.LANCZOS)
            img = ImageTk.PhotoImage(image1)
            self.label.config(image=img)  # 使用 config 方法设置标签的图片
            self.label.image = img   # 保存图片引用，防止被垃圾回收
    def command_ColtoMon(self):
            if self.ImgMode == "RGB":
                    self.gray_image = cv2.cvtColor(self.img1, cv2.COLOR_BGR2GRAY)
                    self.image1 = Image.fromarray(np.uint8(self.gray_image))
                    self.image1 = self.image1.resize((self.width, self.height), Image.Resampling.LANCZOS)
                    img = ImageTk.PhotoImage(self.image1)
                    self.label.config(image=img)  # 使用 config 方法设置标签的图片
                    self.label.image = img   # 保存图片引用，防止被垃圾回收

#-------------主程序运行判断----------------------
if __name__ == "__main__":
    root = DIPAGUI(720, 640)
    mainloop()
```

3.6.2 主界面全功能源代码

List 3.2 是本工程主界面 DIPAGUI.py 的全部代码，可作为后面各章的参考。

（1）主界面概述

DIPAGUI.py 是 PythonDIPA 工程的主界面程序，它提供了一个图形用户界面（GUI）用于图像处理技术的演示和应用。程序使用了 Tkinter 和 PyQt5 库来创建和管理界面元素，支持多种图像处理功能。

（2）主要功能

① 图像读入。

功能描述：允许用户通过文件对话框选择并读入图像文件。

实现方式：使用“askopenfilename”函数打开文件对话框，并使用“PIL.Image”打开图像文件。

② 彩色转灰度。

功能描述：将彩色图像转换为灰度图像。

实现方式：使用 OpenCV 的“cvtColor”函数将图像从 RGB 模式转换为灰度模式。

③ 二值化。

功能描述：将灰度图像转换为二值图像。

实现方式：通过 BinaryDlg 对话框让用户设置阈值，并使用该阈值进行二值化处理。

④ 直方图显示。

功能描述：显示图像的直方图。

实现方式：使用 HistDlg 对话框展示图像的直方图。

⑤ 微分处理。

功能描述：对图像进行微分处理，突出边缘细节。

实现方式：通过 DifferenDlg 对话框执行微分处理并显示结果。

⑥ 细线化。

功能描述：将图像中的线条细化为单像素宽度。

实现方式：调用 DIPAFunction.dll 中的 “Thinning”函数进行细线化处理。

⑦ 去噪声。

功能描述：提供多种去噪声方法，如移动平均、中值滤波、二值图像膨胀和腐蚀。

实现方式：通过调用 DIPAFunction.dll 中的相应函数实现去噪声处理。

⑧ 特征提取。

功能描述：从图像中提取特征，如轮廓等。

实现方式：通过 CAbstractDlg 对话框执行特征提取操作。

⑨ 彩色处理。

功能描述：提供彩色变换、彩色分割和图像合成等功能。

实现方式：通过 ColorDlg、ColAbstractDlg 和 SynthDlg 对话框执行相应的彩色处理操作。

⑩ 几何变换。

功能描述：对图像进行几何变换，如旋转、移动、缩放、透视变换等。

实现方式：通过 DistortionDlg 对话框执行几何变换操作。

⑪ Hough 变换。

功能描述：检测图像中的直线。

实现方式：通过 HoughDlg 对话框执行 Hough 变换，并允许用户通过鼠标点击选择已知点。

⑫ 傅里叶变换。

功能描述：对图像进行傅里叶变换，分析其频率成分。

实现方式：通过 FftDlg 对话框执行傅里叶变换，要求输入图像的尺寸是 2 的幂。

⑬ 小波变换。

功能描述：对图像进行小波变换，用于多尺度分析。

实现方式：通过 WaveletDlg 对话框执行小波变换。

⑭ 模式识别。

功能描述：使用 k 近邻法进行简单的图像模式识别。

实现方式：通过 PatternRecogDlg 对话框执行模式识别操作。

（3）用户界面元素

菜单栏：包含文件、彩色转灰度、二值化、直方图、微分处理、细线化、去噪声、特征提取、彩色处理、几何变换、Hough 变换、傅里叶变换、小波变换和模式识别等菜单项。

图像控件：用于显示原始图像和处理后的图像。

对话框：多个自定义对话框用于执行复杂的图像处理操作，并允许用户进行交互。

（4）全局变量

用于存储当前图像、图像尺寸、图像模式等全局信息，以便在图像处理过程中使用。

（5）事件处理

绑定鼠标点击事件，用于在 Hough 变换中选择已知点。

（6）程序入口

当作为主程序运行时，创建 DIPAGUI 实例并启动主事件循环。

List 3.2 DIPAGUI.py 全功能源代码

```
import tkinter as tk
from tkinter import *
from tkinter.filedialog import askopenfilename
from tkinter import messagebox
from PIL import Image, ImageTk
import cv2
import numpy as np
from ctypes import *
import sys
from PyQt5 import QtWidgets
import BinaryDlg as bd
import HistDlg as hd
import DifferenDlg as dd
import CAbstractDlg as cd
import ColorDlg as cod
import ColAbstractDlg as cad
import SynthDlg as sd
import DistortionDlg as dtd
import HoughDlg as htd
import    FftDlg as ffd
import WaveletDlg as wd
import    PatternRecogDlg as prd


class DIPAGUI():
    def __init__(self, w=720, h=640):
        # ---------------主界面--------------------
        self.width = w
        self.height = h
        self.mygui = Tk(className="图像处理技术")
        self.mygui.geometry(str(w) + 'x' + str(h))
        self.mygui.resizable(False, False)   # 固定窗体大小
        self.mygui.grid()
        self.createWiget()
        # ---------------全局变量--------------------
        self.img1 = None
        self.img2 = None
        self.imgW = 0
```

```
        self.imgH = 0
        self.ImgMode = "L"
        self.filename = ""
        # 全局变量，用于过已知点 Hough 变换
        self.click_dialog = 0

    def createWiget(self):
        # ---------------菜单栏--------------------
        self.mymenu = Menu(self.mygui)

        # 文件下拉菜单
        filemenu = Menu(self.mymenu, tearoff=0)
        filemenu.add_command(label='读入图像', command=self.command_open)
        self.mymenu.add_cascade(label="文件", menu=filemenu)
        # 彩色转灰度菜单
        self.mymenu.add_command(label="彩色转灰度", command=self.command_ColtoMon)
        self.mygui.config(menu=self.mymenu)
        # 二值化菜单
        self.mymenu.add_command(label="二值化", command=self.command_threshold)
        self.mygui.config(menu=self.mymenu)
        # 直方图菜单
        self.mymenu.add_command(label="直方图", command=self.command_histogram)
        self.mygui.config(menu=self.mymenu)
        # 微分处理图菜单
        self.mymenu.add_command(label="微分处理", command=self.command_Differen)
        self.mygui.config(menu=self.mymenu)
        # 细线化菜单
        self.mymenu.add_command(label="细线化", command=self.command_Thinning)
        self.mygui.config(menu=self.mymenu)
        # 去噪声下拉菜单
        filemenu = Menu(self.mymenu, tearoff=0)
        filemenu.add_command(label='移动平均', command=self.command_Image_smooth)
        filemenu.add_command(label='中值滤波', command=self.command_Median)
        filemenu.add_command(label='二值图像膨胀', command=self.command_Dilation)
        filemenu.add_command(label='二值图像腐蚀', command=self.command_Erodible)
        self.mymenu.add_cascade(label="去噪声", menu=filemenu)
        # 特征提取菜单
        self.mymenu.add_command(label="特征提取", command=self.command_CAbstract)
        self.mygui.config(menu=self.mymenu)
        # 彩色处理下拉菜单
        filemenu = Menu(self.mymenu, tearoff=0)
        filemenu.add_command(label='彩色变换', command=self.command_ColorTransform)
        filemenu.add_command(label='彩色分割', command=self.command_ColAbstract)
        filemenu.add_command(label='图像合成', command=self.command_Synth)
        self.mymenu.add_cascade(label="彩色处理", menu=filemenu)
        # 几何变换菜单
        self.mymenu.add_command(label="几何变换", command=self.command_Distortion)
        self.mygui.config(menu=self.mymenu)
        # Hough 变换菜单
        self.mymenu.add_command(label="Hough 变换", command=self.command_Hough)
```

```
        self.mygui.config(menu=self.mymenu)
        # 傅里叶变换菜单
        self.mymenu.add_command(label="傅里叶变换", command=self.command_FFT)
        self.mygui.config(menu=self.mymenu)
        # 小波变换菜单
        self.mymenu.add_command(label="小波变换", command=self.command_Wavelet)
        self.mygui.config(menu=self.mymenu)
        # 模式识别菜单
        self.mymenu.add_command(label="模式识别", command=self.command_KMeans)
        self.mygui.config(menu=self.mymenu)

        # 帮助菜单
        self.mymenu.add_command(label='帮助')
        self.mygui.config(menu=self.mymenu)

        # ---------------图像控件-------------------
        self.label = tk.Label(self.mygui, width=self.width, height=self.height)
        self.label.place(relx=0.01, rely=0.01)
        self.label.bind("<Button-1>", self.on_mouse_click)  # 绑定鼠标移动事件

    def tk_img_display(self,img):
        image1 = Image.fromarray(np.uint8(img))
        image1 = image1.resize((self.width, self.height), Image.Resampling.LANCZOS)

        img = ImageTk.PhotoImage(image1)
        self.label.config(image=img)  # 使用 config 方法设置标签的图像
        self.label.image = img  # 保存图像引用，防止被垃圾回收
        self.label.update()
    def command_open(self):
        filename = askopenfilename(initialdir='image/Sample.bmp')
        self.filename = filename
        self.image = Image.open(filename)
        self.ImgMode = self.image.mode
        #将图像对象转换为 NumPy 数组
        self.img1 = np.array(self.image)
        self.img2 = np.zeros_like(self.img1)

        self.imgW,self.imgH = self.image.size
        #image1 = self.image.resize((self.width, self.height), Image.ANTIALIAS)
        self.image1 = self.image.resize((self.width, self.height), Image.Resampling.LANCZOS)
        img = ImageTk.PhotoImage(self.image1)
        self.label.config(image=img)  # 使用 config 方法设置标签的图像
        self.label.image = img  # 保存图像引用，防止被垃圾回收

    def command_ColtoMon(self):
        if self.ImgMode == "RGB":
            self.gray_image = cv2.cvtColor(self.img1, cv2.COLOR_BGR2GRAY)
            self.ImgMode = "L"
            # 复制原始图像到新图像
            self.image2 = self.gray_image.copy()
```

```
            # 将图像对象转换为 NumPy 数组
            self.img1 = np.array(self.gray_image)
            self.img2 = np.array(self.image2)
            self.image1 = Image.fromarray(np.uint8(self.gray_image))
            self.image1 = self.image1.resize((self.width, self.height), Image.Resampling.LANCZOS)
            img = ImageTk.PhotoImage(self.image1)
            self.label.config(image=img)  # 使用 config 方法设置标签的图像
            self.label.image = img  # 保存图像引用，防止被垃圾回收
        else:
            messagebox.showinfo("提示：", "请读入彩色图像!")

    def command_threshold(self):
        if self.ImgMode == "L":
            bd.BinaryDlg(self)
            num_items = self.mymenu.index("帮助") + 1
            for item in range(num_items):
                self.mymenu.entryconfig(item, state='disabled')
        else:
            messagebox.showinfo("提示：", "请读入灰度图像!")
    def command_histogram(self):
        if self.ImgMode == "L":
            app = QtWidgets.QApplication(sys.argv)
            win = hd.HistDlg(self)
            num_items = self.mymenu.index("帮助") + 1
            for item in range(num_items):
                self.mymenu.entryconfig(item, state='disabled')
            win.show()
            app.exec_()
        else:
            messagebox.showinfo("提示：","请读入灰度图像!")

    def command_Differen(self):
        if self.ImgMode == "L":
            app = QtWidgets.QApplication(sys.argv)
            win = dd.DifferenDlg(self)
            num_items = self.mymenu.index("帮助") + 1
            for item in range(num_items):
                self.mymenu.entryconfig(item, state='disabled')
            win.show()
            app.exec_()
        else:
            messagebox.showinfo("提示：", "请读入灰度图像!")

    def command_Thinning(self):
        if self.ImgMode == "L":
            # 链接 dll
            dll = cdll.LoadLibrary("DIPAFunction.dll")
            # 图像处理
            dll.Thinning(self.img1.ctypes.data_as(POINTER(c_ubyte)),
self.img2.ctypes.data_as(POINTER(c_ubyte)),
                         self.imgW, self.imgH)
```

```
            # 显示图像
            image1 = Image.fromarray(np.uint8(self.img2))
            image1 = image1.resize((self.width, self.height), Image.Resampling.LANCZOS)
            img = ImageTk.PhotoImage(image1)
            self.label.config(image=img)  # 使用 config 方法设置标签的图像
            self.label.image = img  # 保存图像引用，防止被垃圾回收

        else:
            messagebox.showinfo("提示：", "请读入二值图像!")
    def command_Image_smooth(self):
        if self.ImgMode == "L":
            # 链接 dll
            dll = cdll.LoadLibrary("DIPAFunction.dll")
            # 图像处理
            dll.Image_smooth(self.img1.ctypes.data_as(POINTER(c_ubyte)),
self.img2.ctypes.data_as(POINTER(c_ubyte)),
                        self.imgW, self.imgH)
            # 显示图像
            image1 = Image.fromarray(np.uint8(self.img2))
            image1 = image1.resize((self.width, self.height), Image.Resampling.LANCZOS)
            img = ImageTk.PhotoImage(image1)
            self.label.config(image=img)  # 使用 config 方法设置标签的图像
            self.label.image = img  # 保存图像引用，防止被垃圾回收
            # 处理后图像复制到原图像
            self.img1 = self.img2.copy()
        else:
            messagebox.showinfo("提示：", "请读入灰度图像!")
    def command_Median(self):
        if self.ImgMode == "L":
            # 链接 dll
            dll = cdll.LoadLibrary("DIPAFunction.dll")
            # 图像处理
            dll.Median(self.img1.ctypes.data_as(POINTER(c_ubyte)),
self.img2.ctypes.data_as(POINTER(c_ubyte)),
                        self.imgW, self.imgH)
            # 显示图像
            image1 = Image.fromarray(np.uint8(self.img2))
            image1 = image1.resize((self.width, self.height), Image.Resampling.LANCZOS)
            img = ImageTk.PhotoImage(image1)
            self.label.config(image=img)  # 使用 config 方法设置标签的图像
            self.label.image = img  # 保存图像引用，防止被垃圾回收
            # 处理后图像复制到原图像
            self.img1 = self.img2.copy()
        else:
            messagebox.showinfo("提示：", "请读入灰度图像!")
    def command_Dilation(self):
        if self.ImgMode == "L":
            # 链接 dll
            dll = cdll.LoadLibrary("DIPAFunction.dll")
            # 图像处理
            dll.Dilation(self.img1.ctypes.data_as(POINTER(c_ubyte)),
```

```
self.img2.ctypes.data_as(POINTER(c_ubyte)),
                              self.imgW, self.imgH)
            # 显示图像
            image1 = Image.fromarray(np.uint8(self.img2))
            image1 = image1.resize((self.width, self.height), Image.Resampling.LANCZOS)
            img = ImageTk.PhotoImage(image1)
            self.label.config(image=img)  # 使用 config 方法设置标签的图像
            self.label.image = img  # 保存图像引用，防止被垃圾回收
            #处理后图像复制到原图像
            self.img1 = self.img2.copy()
        else:
            messagebox.showinfo("提示：", "请读入二值图像!")
    def command_Erodible(self):
        if self.ImgMode == "L":
            # 链接 dll
            dll = cdll.LoadLibrary("DIPAFunction.dll")
            # 图像处理
            dll.Erodible(self.img1.ctypes.data_as(POINTER(c_ubyte)),
self.img2.ctypes.data_as(POINTER(c_ubyte)),
                              self.imgW, self.imgH)
            # 显示图像
            image1 = Image.fromarray(np.uint8(self.img2))
            image1 = image1.resize((self.width, self.height), Image.Resampling.LANCZOS)
            img = ImageTk.PhotoImage(image1)
            self.label.config(image=img)  # 使用 config 方法设置标签的图片
            self.label.image = img  # 保存图片引用，防止被垃圾回收
            # 处理后图像复制到原图像
            self.img1 = self.img2.copy()
        else:
            messagebox.showinfo("提示：", "请读入二值图像!")
    def command_CAbstract(self):
        if self.ImgMode == "L":
            app = QtWidgets.QApplication(sys.argv)
            win = cd.CAbstractDlg(self)
            num_items = self.mymenu.index("帮助") + 1
            for item in range(num_items):
                self.mymenu.entryconfig(item, state='disabled')
            win.show()
            app.exec_()
        else:
            messagebox.showinfo("提示：", "请读入二值图像!")
    def command_ColorTransform(self):
        if self.ImgMode == "RGB":
            app = QtWidgets.QApplication(sys.argv)
            win = cod.ColorDlg(self)
            num_items = self.mymenu.index("帮助") + 1
            for item in range(num_items):
                self.mymenu.entryconfig(item, state='disabled')
            win.show()
            app.exec_()
        else:
            messagebox.showinfo("提示：", "请读入彩色图像!")
```

```
def command_ColAbstract(self):
    if self.ImgMode == "RGB":
        app = QtWidgets.QApplication(sys.argv)
        win = cad.ColAbstractDlg(self)
        num_items = self.mymenu.index("帮助") + 1
        for item in range(num_items):
            self.mymenu.entryconfig(item, state='disabled')
        win.show()
        app.exec_()
    else:
        messagebox.showinfo("提示: ", "请读入彩色图像!")
def command_Synth(self):
    app = QtWidgets.QApplication(sys.argv)
    win = sd.SynthDlg(self)
    num_items = self.mymenu.index("帮助") + 1
    for item in range(num_items):
        self.mymenu.entryconfig(item, state='disabled')
    win.show()
    app.exec_()

def command_Distortion(self):
    if self.ImgMode == "L":
        app = QtWidgets.QApplication(sys.argv)
        win = dtd.DistortionDlg(self)
        num_items = self.mymenu.index("帮助") + 1
        for item in range(num_items):
            self.mymenu.entryconfig(item, state='disabled')
        win.show()
        app.exec_()
    else:
        messagebox.showinfo("提示: ", "请读入灰度图像!")

def on_mouse_click(self, event):
    if self.click_dialog.pointHough == True:
        # 计算缩放比例
        scale_x = self.imgW / self.width
        scale_y = self.imgH / self.height
        # 将坐标转换到原图像
        original_x = int(event.x * scale_x)
        original_y = int(event.y * scale_y)

        self.click_dialog.px, self.click_dialog.py = original_x, original_y # 获取鼠标点击位置
        self.click_dialog.update_coordinates()  # 更新 HoughDlg 对话框中的坐标
        self.click_dialog.pointHough = False
    else:
        return
def command_Hough(self):
    if self.ImgMode == "L":
        HtDlg = htd.HoughDlg(self)
        self.HoughDlgFlage = True
        self.click_dialog = HtDlg  # 将对话框对象存储到全局变量中
        num_items = self.mymenu.index("帮助") + 1
        for item in range(num_items):
```

```
                self.mymenu.entryconfig(item, state='disabled')
        else:
            messagebox.showinfo("提示：", "请读入二值图像!")

    def is_power_of_two(self,n): #判断一个数是否是 2 的次方
        return n > 0 and (n & (n - 1)) == 0

    def command_FFT(self):
        if self.ImgMode == "L":
            returnW = self.is_power_of_two(self.imgW)
            returnH = self.is_power_of_two(self.imgH)
            if (returnW == False) | (returnH== False) :
                messagebox.showinfo("提示：", "请读入长、宽都是 2 的次方的灰度图像!")
                return

            app = QtWidgets.QApplication(sys.argv)
            win = ffd.FftDlg(self)
            num_items = self.mymenu.index("帮助") + 1
            for item in range(num_items):
                self.mymenu.entryconfig(item, state='disabled')
            win.show()
            app.exec_()
        else:
            messagebox.showinfo("提示：", "请读入灰度图像!")
    def command_Wavelet(self):
        if self.ImgMode == "L":
            app = QtWidgets.QApplication(sys.argv)
            win = wd.WaveletDlg(self)
            num_items = self.mymenu.index("帮助") + 1
            for item in range(num_items):
                self.mymenu.entryconfig(item, state='disabled')
            win.show()
            app.exec_()
        else:
            messagebox.showinfo("提示：", "请读入灰度图像!")
    def command_KMeans(self):
        if self.ImgMode == "L":
            app = QtWidgets.QApplication(sys.argv)
            win = prd.PatternRecogDlg(self)
            num_items = self.mymenu.index("帮助") + 1
            for item in range(num_items):
                self.mymenu.entryconfig(item, state='disabled')
            win.show()
            app.exec_()
        else:
            messagebox.showinfo("提示：", "请读入灰度图像!")

#--------------是否主程序入口的判断--------------
if __name__ == "__main__":
    root = DIPAGUI(720, 640)

    mainloop()
```

第 4 章

灰度图像二值化处理

4.1 二值化处理原理

二值化处理的详细理论，可以参考其他相关书籍，这里只做简要说明。

4.1.1 一般二值化处理

对于灰度图像，最简单的二值化方法就是被称为阈值处理（thresholding）的方法。

阈值处理是对输入图像的各像素，灰度值在某定值（称为阈值，threshold）以上或以下时，赋予对应的输出图像的像素为白色（HIGH = 255）或黑色（LOW = 0）。可用式（4.1）或式（4.2）表示。

$$g(x,y)=\begin{cases}\text{HIGH} & f(x,y)\geqslant t\\ \text{LOW} & f(x,y)<t\end{cases} \tag{4.1}$$

$$g(x,y)=\begin{cases}\text{HIGH} & f(x,y)\leqslant t\\ \text{LOW} & f(x,y)>t\end{cases} \tag{4.2}$$

其中，$f(x,y)$、$g(x,y)$分别是处理前和处理后的图像在(x,y)处像素的灰度值，t 是阈值。由于通过上述的阈值处理得到只有两个灰度值的二值图像（binary image），所以也被称作一般二值化处理（binarization），处理程序见 List 4.1，其中当参数 mode=0 时选择式（4.1），当 mode 为其他值时选择式（4.2）。

4.1.2 双阈值二值化处理

另一种方法是提取两个阈值之间的部分，如式（4.3）所示。

$$g(x,y)=\begin{cases}\text{HIGH} & t_1\leqslant f(x,y)\leqslant t_2\\ \text{LOW} & \text{其他}\end{cases} \tag{4.3}$$

式（4.3）的处理程序见 List 4.2，这种方法被称为双阈值二值化处理。

4.1.3 大津法自动二值化处理

大津法也叫最大类间方差法，是由日本学者大津于 1979 年提出的。它是按图像的灰度特性，将图像分成背景和目标两部分。背景和目标之间的类间方差越大，说明构成图像的两部分的差别越大。因此，使类间方差最大的分割意味着错分概率最小。以最大方差决定阈值不需要人为地设定其他参数，是一种自动选择阈值的方法。处理程序见 List 4.3。

根据需要可以对图像像素值进行反转处理，反转程序见 List 4.4。

4.2　对话框功能说明

图 4.1 是二值化处理的对话框功能界面。

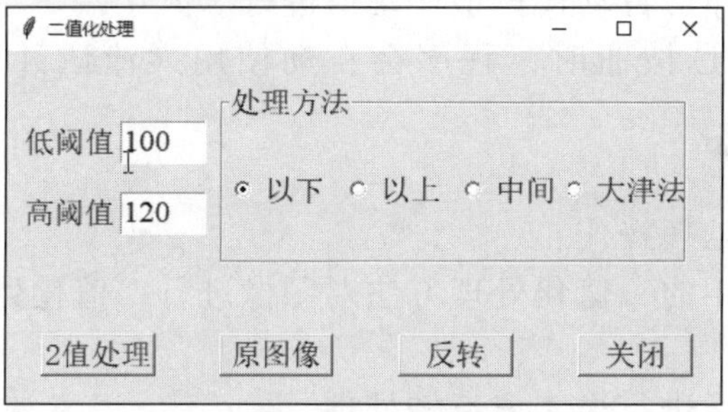

图 4.1　二值化处理对话框

（1）基本功能概述

BinaryDlg 是一个用于图像处理中二值化操作的对话框程序，它是 DIPAGUI 项目的一部分。灰度图像二值化处理对话框通过提供一系列功能按钮，允许用户设置不同的二值化处理方法（包括低阈值、高阈值、双阈值和大津法），执行二值化处理操作，查看处理结果，并进行像素值反转和显示原始图像，为用户提供了灵活且易用的灰度图像二值化处理工具。

（2）按钮功能介绍

① 低阈值。

功能：静态文字标签，提示用户输入低阈值。

② 低阈值设置（编辑框）。

功能：设置二值化处理中的低阈值。

操作：用户输入灰度图像二值化处理中的低阈值。

③ 高阈值。

功能：静态文字标签，提示用户输入高阈值（在双阈值处理中使用）。

④ 高阈值设置（编辑框）。

功能：设置二值化处理中的高阈值（仅在双阈值处理中使用）。

操作：用户输入灰度图像二值化处理中的高阈值。

⑤ 处理方法。

功能：组框标签，包含不同的二值化处理方法选项。

⑥ 以下。

功能：选择低阈值以下的像素并设为白色（二值化）。

操作：当选中此单选按钮时，仅低阈值以下的像素会被设置为白色。

⑦ 以上。

功能：选择高阈值以上的像素并设为白色（二值化）。

操作：当选中此单选按钮时，仅高阈值以上的像素会被设置为白色（通常与高阈值编辑框配合使用）。

⑧ 中间。

功能：选择介于低阈值和高阈值之间的像素并设为白色（双阈值二值化）。

操作：当选中此单选按钮时，介于低阈值和高阈值之间的像素会被设置为白色。

⑨ 大津法。

功能：选择使用大津法自动计算最佳阈值进行二值化。

操作：当选中此单选按钮时，程序会自动使用大津法计算最佳阈值进行二值化处理。

⑩ 2 值处理。

功能：执行二值化处理操作。

操作：根据当前选中的二值化处理方法对图像进行二值化处理，并显示结果。

⑪ 反转。

功能：对显示的图像进行像素值反转处理。

⑫ 原图像。

功能：显示未经二值化处理的原始灰度图像。

⑬ 关闭。

功能：关闭对话框，取消当前操作。关闭对话框并恢复主菜单项的可用性。

（3）使用流程

① 读入灰度原图像。

② 打开二值化处理对话框。

③ 选择不同二值化处理方法，设定低阈值和高阈值。

④ 点击“2 值处理”，利用选择的二值化方法进行二值化处理，并显示处理结果图像。

⑤ 点击“反转”，对显示的图像进行像素值反转处理。

⑥ 点击“原图像”，查看原图像。

⑦ 完成处理后，点击“关闭”，关闭对话框。

4.3 对话框功能实现

基于 Tkinter 创建 BinaryDlg 对话框，利用 Python 程序实现“以上、以下、中间”图像处理，利用 OpenCV 函数实现“大津法”和“反转”功能。

在 pythonDIPAX 工程上依次进行以下各步操作。

① 参考第 3 章的图 3.5 和图 3.6，新建 BinaryDlg.py 文件。

② 在 BinaryDlg.py 文件中输入 4.5 节的“List 4.5 BinaryDlg. py”内容。Tkinter 对话框的设计是通过文本实现的，执行后才能看到对话框界面，不太方便，所以一般采用 PyQt 等扩展工具进行操作界面设计。

③ 在主界面程序 DIPAGUI.py 的头部添加“import BinaryDlg as bd”。参考“List 3.2 DIPAGUI.py 全功能源代码”。

④ 在主界面 DIPAGUI.py 的 createWiget 函数中，添加二值化菜单函数定义：

```
self.mymenu.add_command(label="二值化", command=self.command_threshold)
self.mygui.config(menu=self.mymenu)
```

⑤ 在主界面 DIPAGUI.py 中添加二值化菜单函数实现内容：

```
def command_threshold(self):
        ……
```

⑥ 完成上述内容的添加，运行 DIPAGUI，结果如图 4.2 所示。

图 4.2　二值化处理功能

4.4　C 语言函数源代码

本节包含以下 C 语言函数源代码：List 4.1 一般二值化处理，List 4.2 双阈值二值化处理，List 4.3 大津法自动二值化处理，List 4.4 图像反转。

List 4.1　一般二值化处理

```
#include "StdAfx.h"
#include "BaseList.h"
/*--- Threshold ---二值化处理 -----------------------------------------
      image_in:  输入图像数据指针
      image_out: 输出图像数据指针
      xsize:     图像宽度
      ysize:     图像高度
      thresh:    阈值(0～255)
      mode:      处理方法
---------------------------------------------------------------------------*/
void Threshold(BYTE *image_in, BYTE *image_out, int xsize, int ysize, int thresh, int mode)
{
```

```
        int    i,j;

        for (j = 0; j < ysize; j++)
        {
            for ( i = 0; i < xsize; i++)
            {
                switch (mode)
                {
                    case 0:
                        if (*(image_in +j*xsize + i) >= thresh)
                                *(image_out +j*xsize + i) = HIGH;
                        else     *(image_out +j*xsize + i) =   LOW;
                        break;
                    default:
                        if (*(image_in +j*xsize + i) <= thresh)
                                *(image_out +j*xsize + i) = HIGH;
                        else     *(image_out +j*xsize + i) =   LOW;
                        break;
                }
            }
        }
}
```

List 4.2 双阈值二值化处理

```
#include "StdAfx.h"
#include "BaseList.h"
/*--- Threshold_mid --- 双阈值二值化处理 ---------------------------------------
    image_in:   输入图像数据指针
    image_out:  输出图像数据指针
    xsize:      图像宽度
    ysize:      图像高度
    thresh_low: 低阈值(0～255)
    thresh_high: 高阈值(0～255)
--------------------------------------------------------------------------*/
void Threshold_mid(BYTE *image_in, BYTE *image_out, int xsize,
                int ysize, int thresh_low, int thresh_high)
{
    int    i,j;

    for (j = 0; j < ysize; j++)
    {
        for ( i = 0; i < xsize; i++)
        {
            if (*(image_in +j*xsize + i) >= thresh_low &&
                *(image_in +j*xsize + i) <= thresh_high)
                *(image_out +j*xsize + i) = HIGH;
            else     *(image_out +j*xsize + i) =   LOW;
```

```
            }
        }
    }
```

List 4.3　大津法自动二值化处理

```
#include "StdAfx.h"
#include "BaseList.h"
/*--- Threshold_Otsu ---大津法二值化处理 ---------------------------------------
    image_in:   输入图像数据指针
    image_out:  输出图像数据指针
    xsize:      图像宽度
    ysize:      图像高度
    thresh:     输出计算的阈值
  ----------------------------------------------------------------------------*/
void Threshold_Otsu(BYTE *image_in, BYTE *image_out, int xsize, int ysize, int &thresh)
{
    int    i,j,p;

    double m0,m1,M0,M1,u,v,w[256],max;
    int *pHist;
    pHist = new int[256];

    //计算直方图
    for(i = 0 ; i < 256 ; i++ )
        pHist[i] = 0;
    for(j = 0;j < ysize;j++)
    {
        for(i = 0;i < xsize;i++)
        {
            pHist[*(image_in + j * xsize +i)]++;
        }
    }

    //计算阈值
    M0=M1=0;
    for (i=0;i<256;i++)
    {
        M0+=pHist[i];
        M1+=pHist[i]*i;
    }
    for (j = 0;j < 256;j++)
    {
        m0 = m1 = 0;
        for (i = 0; i <= j; i++)
        {
            m0 += pHist[i];
            m1 += pHist[i]*i;
        }
        if (m0)
            u = m1 / m0;
```

```
        else
            u = 0;
        if (M0 - m0)
            v = (M1 - m1) / (M0 - m0);
        else
            v=0;
        w[j] = m0 * (M0-m0) * (u-v)*(u-v);
    }

    delete [] pHist;
    double   max;
    int      p;
    p=128;
    max=w[128];
    for (i=0;i<256;i++) {
       if (w[i]>max) {
           max=w[i];
           p=i;
       }
    }
    thresh = p;

    //二值化处理
    for (j = 0; j < ysize; j++)
    {
        for ( i = 0; i < xsize; i++)
        {
            if (*(image_in +j*xsize + i) >= thresh)
                        *(image_out +j*xsize + i) = HIGH;
            else      *(image_out +j*xsize + i) =   LOW;
        }
    }
}
```

List 4.4　图像反转

```
#include "StdAfx.h"
#include "BaseList.h"
/*--- Reverse_image --- 反转图像数据 --------------------------------------
    image_in:    输入图像数据指针
    image_out:   输出图像数据指针
    xsize:       图像宽度
    ysize:       图像高度

-------------------------------------------------------------------------*/
void Reverse_image(BYTE *image_in, BYTE *image_out, int xsize, int ysize)
{
    int    i,j;
```

```
    for (j = 0; j < ysize; j++)
    {
        for ( i = 0; i < xsize; i++)
        {
            *(image_out +j*xsize + i) = HIGH - *(image_in +j*xsize + i);
        }
    }
}
```

4.5 对话框类源代码

List 4.5 列出了二值化对话框类的源文件 BinaryDlg.py 中的代码。

List 4.5　BinaryDlg. py

```
import tkinter as tk
from tkinter import *
import cv2

class BinaryDlg():
    def __init__(self, dipa_gui):
        self.dipa_gui = dipa_gui
        self.createWiget()
        self.img1 = self.dipa_gui.img1
        self.img2 = self.dipa_gui.img2
        self.flag = 1

    def Threshold(self):
        self.low = self.v1.get()
        self.choice = self.v2.get()
        self.high = self.v3.get()

        w = self.dipa_gui.imgW
        h = self.dipa_gui.imgH
        if (self.choice == 1):
            for j in range(h):
                for i in range(w):
                    if self.img1[j, i] < self.low:
                        self.img2[j, i] = 255
                    else:
                        self.img2[j, i] = 0
        elif (self.choice == 2):
            for j in range(h):
                for i in range(w):
                    if self.img1[j, i] < self.low:
                        self.img2[j, i] = 0
                    else:
                        self.img2[j, i] = 255
        elif (self.choice == 3):
            for j in range(h):
```

```
                for i in range(w):
                    if (self.img1[j, i] > self.low) & (self.img1[j, i] < self.high) :
                        self.img2[j, i] = 255
                    else:
                        self.img2[j, i] = 0
        elif (self.choice == 4):
            # 应用大津法进行二值化
            _, self.img2 = cv2.threshold(self.img1, 0, 255, cv2.THRESH_BINARY +
cv2.THRESH_OTSU)

        self.dipa_gui.img1 = self.img2
        # 图像显示
        self.dipa_gui.tk_img_display(self.img2)
        self.flag = 2
    def pic_origImage(self):
        # 图像显示
        self.dipa_gui.tk_img_display(self.img1)
        self.flag = 1
    def pic_bitwise(self):
        if self.flag == 1:
            img3 = cv2.bitwise_not(self.img1)
        elif self.flag == 2:
            img3 = cv2.bitwise_not(self.img2)
        # 图像显示
        self.dipa_gui.tk_img_display(img3)

    def pic_cancel(self):
        num_items = self.dipa_gui.mymenu.index("帮助") + 1
        for item in range(num_items):
            self.dipa_gui.mymenu.entryconfig(item, state='normal')
        self.top.destroy()


    def do_nothing(self):
        """空函数，用于禁用关闭按钮"""
        pass
    def createWiget(self):
        self.top = Toplevel(width=500, height=250)
        # 添加标题
        self.top.title('二值化处理')
        # 重写 WM_DELETE_WINDOW 协议
        self.top.protocol("WM_DELETE_WINDOW", self.do_nothing)
        # 添加按钮
        bottom1 = tk.Button(self.top, text='2 值处理', font=('宋体', 16), command=self.Threshold)
        bottom1.place(relx=0.05, rely=0.8, relwidth=0.16, relheight=0.12)
        bottom2 = tk.Button(self.top, text='原图像', font=('宋体', 16), command=self.pic_origImage)
        bottom2.place(relx=0.3, rely=0.8, relwidth=0.16, relheight=0.12)
        bottom3 = tk.Button(self.top, text='反转', font=('宋体', 16), command=self.pic_bitwise)
        bottom3.place(relx=0.55, rely=0.8, relwidth=0.16, relheight=0.12)
        bottom4 = tk.Button(self.top, text='关闭', font=('宋体', 16), command=self.pic_cancel)
        bottom4.place(relx=0.8, rely=0.8, relwidth=0.16, relheight=0.12)
```

```
        # 添加标签
        Label1 = tk.Label(self.top, text="低阈值", font=('宋体', 16))
        Label1.place(relx=0.01, rely=0.2, relwidth=0.16, relheight=0.12)
        Label2 = tk.Label(self.top, text="高阈值", font=('宋体', 16))
        Label2.place(relx=0.01, rely=0.4, relwidth=0.16, relheight=0.12)

        # 添加文本框
        self.v1 = IntVar()
        self.Entry1 = tk.Entry(self.top, textvariable=self.v1, font=('Times New Roman', 16))
        self.Entry1.place(relx=0.16, rely=0.2, relwidth=0.12, relheight=0.12)
        self.v1.set(100)

        # 添加单选按钮
        LabelFrame1 = tk.LabelFrame(self.top, text="处理方法", font=('宋体', 16))
        LabelFrame1.place(relx=0.3, rely=0.1, relwidth=0.65, relheight=0.5)

        self.v2 = IntVar()
        Radiobutton1 = tk.Radiobutton(LabelFrame1, text='以下', font=('宋体', 16), variable=self.v2,
value=1)
        Radiobutton1.place(relx=0.0, rely=0.4, relwidth=0.25, relheight=0.2)
        Radiobutton2 = tk.Radiobutton(LabelFrame1, text='以上', font=('宋体', 16), variable=self.v2,
value=2)
        Radiobutton2.place(relx=0.25, rely=0.4, relwidth=0.25, relheight=0.2)
        Radiobutton3 = tk.Radiobutton(LabelFrame1, text='中间', font=('宋体', 16), variable=self.v2,
value=3)
        Radiobutton3.place(relx=0.50, rely=0.4, relwidth=0.25, relheight=0.2)
        Radiobutton4 = tk.Radiobutton(LabelFrame1, text='大津法', font=('宋体', 16), variable=self.v2,
value=4)
        Radiobutton4.place(relx=0.75, rely=0.4, relwidth=0.25, relheight=0.2)
        self.v2.set(1)

        self.v3 = IntVar()
        self.Entry3 = tk.Entry(self.top, textvariable=self.v3, font=('Times New Roman', 16))
        self.Entry3.place(relx=0.16, rely=0.4, relwidth=0.12, relheight=0.12)
        self.v3.set(120)
```

第 5 章

直方图处理

5.1 直方图概念

直方图（histogram）是指图像中像素值的分布图，可以由 List 5.1 所示的程序来求得。

直方图的横坐标表示 0～255 的像素值，纵坐标表示各个像素值的个数（像素数）或占总像素比例，List 5.2 是将像素数转换为占总像素比例的函数。List 5.3 是将直方图做成图像的程序，可以通过该程序简单地显示直方图的图像。

原始图像的直方图一般凹凸激烈，为了比较容易地发现波谷，经常采取在直方图上对邻域点平均化的方法，以减少直方图的凹凸程度。List 5.4 列出了采用邻域 5 点对直方图进行平滑处理的程序。

5.2 直方图处理

5.2.1 对比度增强

画面的明亮部分与阴暗部分的灰度的比值称为对比度。对比度高的图像中被照物体的轮廓分明可见，为清晰图像；相反，对比度低的图像中物体轮廓模糊，为不清晰图像。对比度增强的一种处理方法是把图像中像素的灰度值都扩大 n 倍：

$$g(x,y) = nf(x,y) \tag{5.1}$$

在原始图像的(x,y)处的图像灰度值 $f(x,y)$乘以 n，处理图像在(x,y)的灰度值就变为$g(x,y)$。这个处理的程序见 List 5.5。因为图像数据范围是 0～255，所以如果计算的结果超过 255，则将其设定为 255，即把 255 作为限定的最大值。

图 5.1 是一个原始图像及其灰度直方图。图 5.2 是对于图 5.1 的图像改变 n 值的处理结果图像及其灰度直方图。对这个图像来说，可以看出 n=3 时图像最为清晰，其灰度直方图分布几乎遍布 0～255 的整个区域，图像的明暗分明，增强了其对比度。

5.2.2 自动扩展亮度范围

从上一节所得的结果可知，原始图像的灰度范围能够充满所允许的整个灰度范围的话，就可自动得到清晰图像。

(a)原始图像

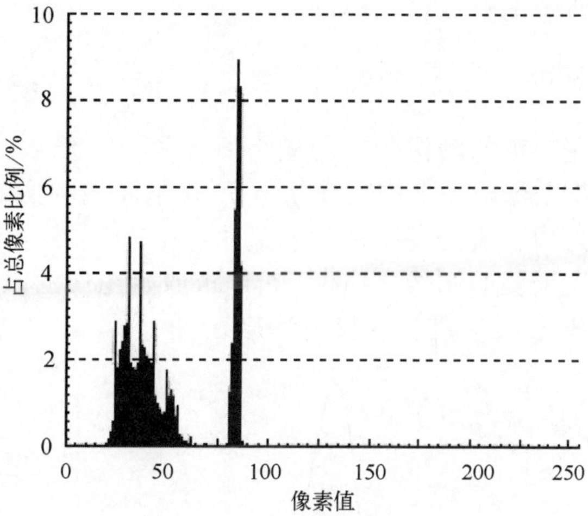

(b) 灰度直方图

图 5.1　原始图像及其灰度直方图

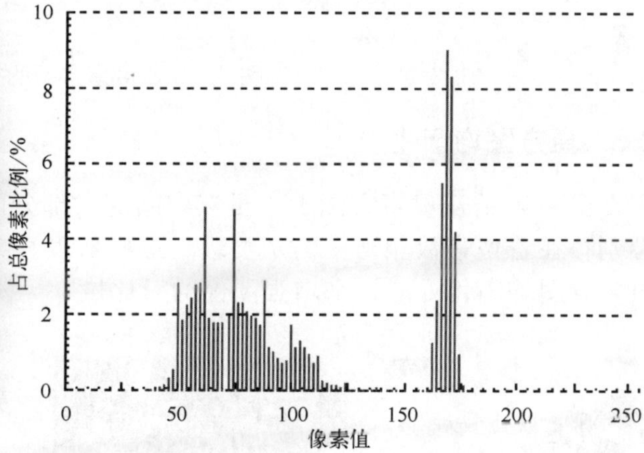

(a) n=2的处理结果图像及其灰度直方图

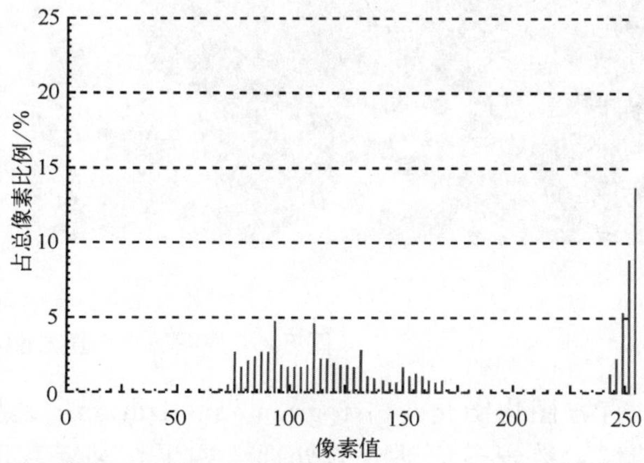

(b) n=3的处理结果图像及其灰度直方图

图 5.2　不同 n 取值时的处理结果图像及其直方图

对于灰度直方图，可以用式（5.2）将其范围从图 5.3（a）所示的$[a,b]$变换到图 5.3

（b）所示的$[a',b']$。

$$z' = \frac{b'-a'}{b-a} \times (z-a) + a' \tag{5.2}$$

变换前的图像灰度的最小值 a 和最大值 b 分别被变换为 a'和 b'，任意值 z 被变换为 z'。如果式（5.2）中的变量 a 和 b 是原始图像的灰度值的最小值和最大值，变量 a'和 b' 分别为内存所处理的灰度的最小值（0）和最大值（255），那么将自动得到从原始图像到对比度增强的图像。List 5.6 是求原始图像的灰度的最小值和最大值的程序，List 5.7 是通过式（5.2）进行变换的程序。

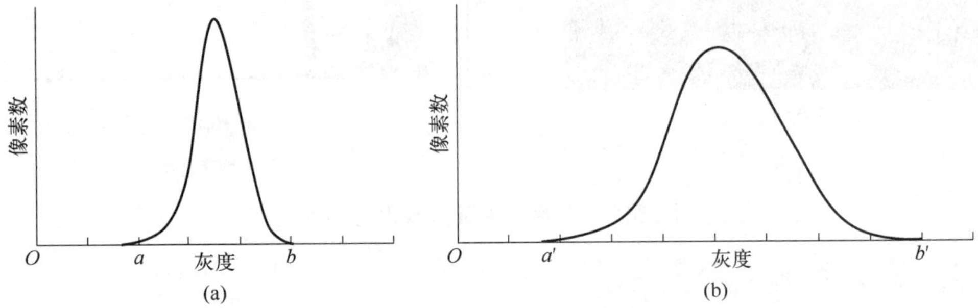

图 5.3　灰度直方图的拉伸

5.2.3　直方图均衡化

在图 5.4 的灰度直方图上，虽然中间的大部分区域像素点很少，但是它的低端和高端分别存在着像素数相当多的灰度级，这样灰度直方图无法拉伸。对于这类图像，可以通过直方图均衡化处理，来增强图像的对比度。

图 5.4　原图像及其直方图灰度变换结果

直方图均衡化（histogram equalization）是压缩原始图像中像素数较少的部分，拉伸像素数较多的部分的处理。如果在某一灰度范围内像素比较集中，因为被拉伸的部分的像素相对于被压缩的部分要多，所以整个图像的对比度获得增强，图像变得清晰。

List 5.8 给出了直方图均衡化程序，图 5.5 是利用这个程序对图 5.4 进行直方图均衡化处理的结果。可见，直方图均衡化对改善对比度是相当有效的。

(a)

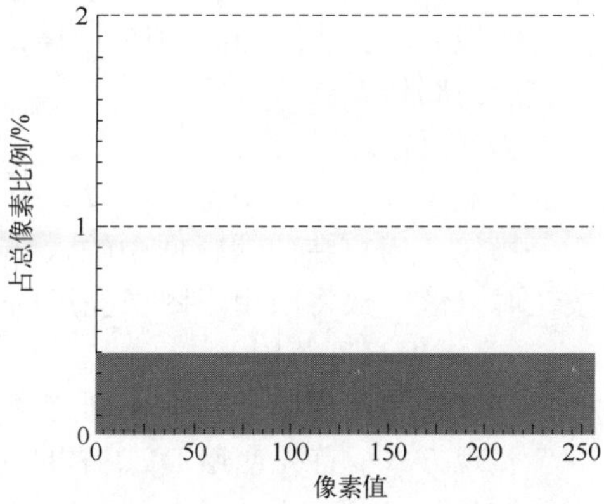

(b)

图 5.5　图 5.4 的灰度直方图均衡化结果

5.3　直方图对话框功能说明

图 5.6 为直方图对话框功能界面。

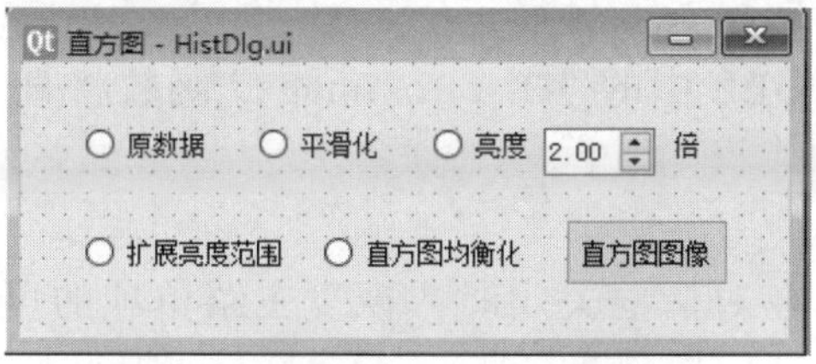

图 5.6　直方图对话框功能界面

（1）基本功能概述

HistDlg 是一个基于 PyQt5 框架的直方图处理对话框程序，作为 DIPAGUI 项目的一部分。直方图处理对话框提供了一系列功能按钮，允许用户对图像的直方图进行查看和处理。用户可以通过选择不同的按钮来显示原始直方图、进行平滑处理、调整亮度、扩展亮度范围、进行直方图均衡化以及将直方图数据转换为图像显示。

（2）按钮功能介绍

① 原数据。

功能：选择显示原始图像的直方图。

实现方式：使用 OpenCV 的“calcHist”函数计算图像的直方图，并使用 matplotlib 进行显示。

② 平滑化。

功能：对直方图进行平滑处理，以减少噪声和突出主要特征。

实现方式：通过调用 DLL 中的“Hist_smooth”函数对直方图数据进行平滑处理，并显示处理后的直方图。

③ 亮度。

功能：调整图像的亮度，允许用户通过界面设置亮度倍数。

实现方式：使用 DLL 中的“Brightness_amplify”函数对图像进行亮度调整，并显示调整后的图像及其直方图。

④ 倍数（编辑控件）。

功能：设置亮度调整的倍数。

操作：用户在此编辑框中输入一个浮点数，表示亮度调整的倍数。当点击“亮度”按钮时，该倍数将应用于图像亮度的调整。

⑤ 扩展亮度范围。

功能：将图像的亮度扩展到整个 0～255 范围，以增强对比度。

实现方式：首先使用 DLL 中的“Brightness_range”函数计算图像的像素最大值和最小值。然后使用“Brightness_expand”函数对图像进行亮度范围扩展处理，并显示处理后的图像及其直方图。

⑥ 直方图均衡化。

功能：对图像进行直方图均衡化处理，增强图像的对比度。

实现方式：使用 OpenCV 的“equalizeHist”函数对图像进行直方图均衡化处理，并显示处理后的图像及其直方图。

⑦ 直方图图像。

功能：将直方图数据转换为图像显示。

实现方式：通过调用 DLL 中的“Hist_to_image”函数将直方图数据转换为灰度图像，并显示该图像。

⑧ 右上角“×”。

功能：关闭对话框。在对话框关闭时，恢复主菜单项的可用性。

（3）使用流程

① 读入灰度原图像。

② 打开直方图处理对话框。

③ 选择不同直方图处理方法，直方图显示在 matplotlib 提供的界面上，除了“平滑化”之外，图像也对应变化。“平滑化”只对原图像直方图进行平滑处理，不对原图像进行处理。

④ 完成处理后，点击右上角“×”，关闭对话框。

5.4 对话框功能实现

5.4.1 PyQt5 对话框 HistDlg.ui 的创建步骤

HistDlg.ui 的创建步骤如下：

① 参考第 3 章图 3.22 所示方法，打开图 3.23 所示的 PyQt5 界面。

② 选择“新建窗体”上的“Dialog withoutButtons”，点击“创建”，打开如图 5.7 所示的新建对话框窗口。

③ 在“属性编辑器”上，编辑“windowTitle”为“直方图处理”，如图 5.7 所示。

④ 保存新建窗口为 HistDlg.ui 到指定文件夹。

⑤ 通过鼠标左键拖拽和布局 Radio Button、Double Spin Box、Label 和 Push Button 控件，获得图 5.8 所示的直方图界面设计图。在布局的控件的“属性编辑器”的“text”中添加名称。

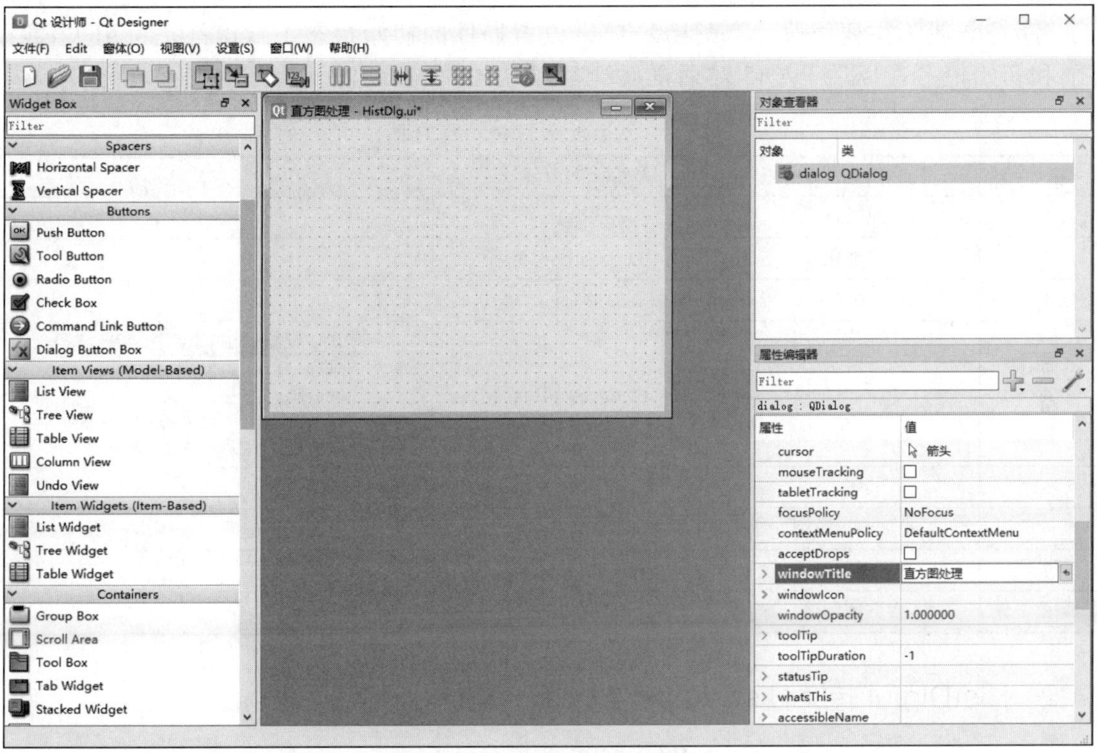

图 5.7　新建对话框窗口

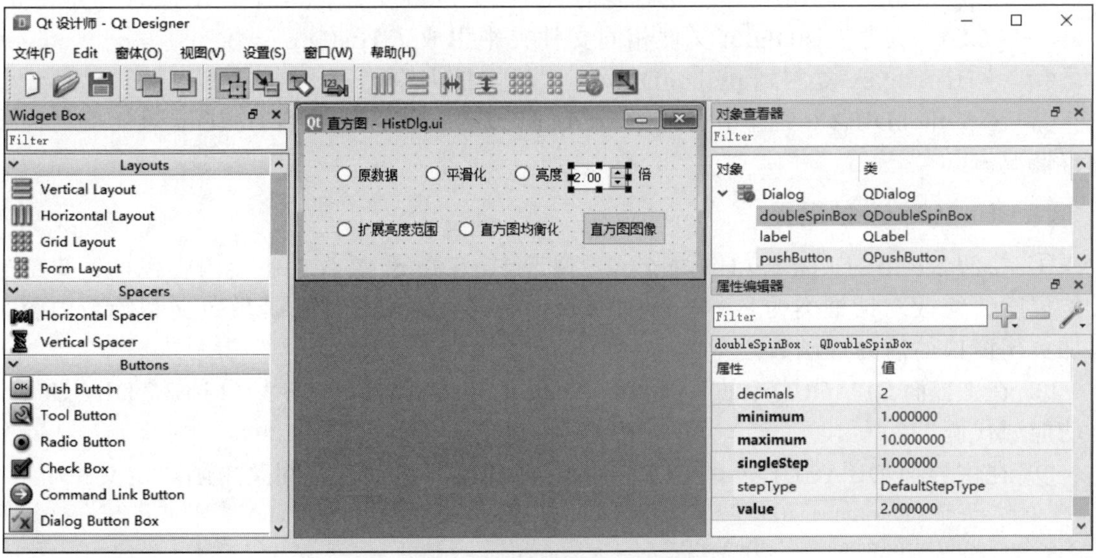

图 5.8　直方图界面设计图

⑥ 设置 Double Spin Box 的最大值、最小值和初始值，如图 5.8 右下方所示。

⑦ 保存界面设计图。

本书使用 PyQt5 创建对话框的过程都与上述步骤相同，只需修改 windowTitle、控件（添加名称）以及相应的数据范围和初始设定即可。

表 5.1 给出了图 5.6 所示直方图功能界面的属性。其中，表题是对话框名称“windowTitle：直方图”；“test”是界面上显示的控件名称；“objectName”是控件类型加序号（布控顺序），序号一般不需要修改；“属性设定”，设置控件的初始状态（默认都是可用）、数据范围和初始值等。以后 PyQt5 对话框属性都以这种模式给出。

表 5.1　windowTitle：直方图

序号	test	objectName	属性设定
1	原数据	radioButton	
2	平滑化	radioButton_2	
3	亮度	radioButton_3	
4		doubleSpinBox	minimum 1.000000 maximum 10.000000 singleStep 1.000000 stepType DefaultStepType value 2.000000
5	倍	label	
6	扩展亮度范围	radioButton_4	
7	直方图均衡化	radioButton_5	
8	直方图图像	pushButton	

5.4.2　HistDlg.ui 转换 HistDlg.py 与配置

（1）HistDlg.ui 转换 HistDlg.py

① 在 pythonDIPAX 工程中，选择保存的 HistDlg.ui 文件，然后点击 Tools→External Tools→PyCUI，在与 HistDlg.ui 文件相同文件夹中生成了 HistDlg.py 文件。

② 将 HistDlg.py 复制到 pythonDIPAX 工程文件夹中。

③ 在 pythonDIPAX 工程中打开 HistDlg.py 文件，就可以看到 HistDlg 对话框的控件配置情况。

（2）HistDlg.py 的配置

① 参照 5.6 节的 List 5.9 HistDlg.py，修改 HistDlg.py 文件。主要内容包括：头部导入扩展库，修改对话框类的名称，添加初始化函数，添加控件的函数定义和函数内容，添加关闭窗口的后处理函数。

② 在主界面 DIPAGUI.py 的头部添加“import HistDlg as hd”。参考“List 3.2 DIPAGUI.py 全功能源代码”。

③ 在主界面 DIPAGUI.py 的 createWiget 函数中，添加直方图菜单函数定义：

```
self.mymenu.add_command(label="直方图", command=self.command_histogram)
self.mygui.config(menu=self.mymenu)
```

④ 在主界面 DIPAGUI.py 中添加直方图菜单函数实现内容:

```
def command_histogram(self):
    ……
```

⑤ 完成上述内容后，运行 DIPAGUI，结果如图 5.9 所示。

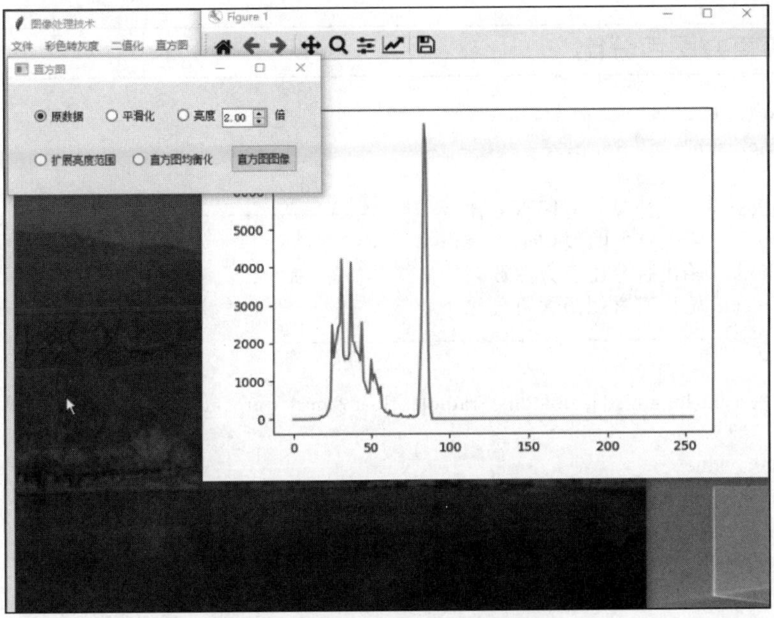

图 5.9 直方图功能运行结果

5.5 C 语言函数源代码

本节包含以下 C 语言函数源代码：List 5.1 直方图，List 5.2 计算直方图百分比，List 5.3 直方图图像化，List 5.4 直方图平滑化，List 5.5 灰度值 n 倍，List 5.6 求取灰度范围，List 5.7 灰度拉伸，List 5.8 直方图均衡化。

List 5.1 直方图

```
#include "StdAfx.h"
#include "BaseList.h"
/*--- Histgram --- 灰度分布直方图 ----------------------------------
    image:    图像数据指针
    xsize:  图像宽度
    ysize:  图像高度
    hist:  直方图数组
-----------------------------------------------------------------------*/
void Histgram(BYTE *image, int xsize, int ysize, long hist[256])
{
    int    i,j,n;

    for (n = 0; n < 256; n++) hist[n] = 0;
    for (j = 0; j < ysize; j++) {
        for ( i = 0; i < xsize; i++) {
            n = *(image +j*xsize + i);
```

```
                hist[n]++;
            }
        }
}
```

List 5.2　计算直方图百分比

```
#include "StdAfx.h"
#include "BaseList.h"

/*--- CalHistPercent --- 计算直方图百分比 ------------------------------------
        hist:           输入直方图数列
      hist_radio:     输出百分比直方图数列
      max_percent: 输出直方图最大百分比
--------------------------------------------------------------------------*/

void CalHistPercent(long hist[], float hist_radio[], float &max_percent)
{
        float max_value;
        short i;
        //初始化
float total = (float)0;
max_value = 0;

        //计算总像素数
        for( i=0 ; i<=255 ; i++ )
                total = total + (float)hist[i];

        for( i=0 ; i<=255 ; i++ ){
                //计算比例
                if(total > 0)
                hist_radio[i] = ((hist[i]/total)*(float)100);
                //求最大像素数
                if( max_value < hist[i] )
                        max_value = (float)hist[i];
        }

        //求最大比例值
        max_percent = ((max_value/total)*(float)100);
}
```

List 5.3　直方图图像化

```
#include "StdAfx.h"
#include "BaseList.h"
/*--- Hist_to_image --- 直方图图像化（xsize 大于等于 64）----
        hist:           直方图数据
        image_hist: 直方图图像
        xsize:          图像宽度
      ysize:          图像高度
--------------------------------------------------------------------------*/
```

```
void Hist_to_image(long hist[256], BYTE* image_hist, int xsize, int ysize)
{
	int	i, j, k, max, range;
	long	n;
	float d;

	if(xsize < 64) return;

	range = ysize - 5;
	for (j = 0; j < ysize; j++) {
		for (i = 0; i < xsize; i++) {
			*(image_hist + j*xsize +i) = LOW;
		}
	}
	if (xsize >= 256) {
		max = 0;
		for (i = 0; i < 256; i++) {
			n = hist[i];
			if (n > max) max = n;
		}
		for (i = 0; i < 256; i++) {
			d = (float)hist[i];
			n = (long)(d / (float)max * (float)range);
			for (j = 0; j <= n; j++) *(image_hist + (range -j)*xsize + i) = HIGH;
		}
		for (i= 0; i<= 4; i++) {
			k = 64 * i;
			if (k >= xsize) k = xsize - 1;
			for (j= range; j< ysize; j++) *(image_hist + j*xsize + k) = HIGH;
		}
	}
	else if (xsize >= 128) {
		max = 0;
		for (i = 0; i < 128; i++) {
			n = hist[2*i] + hist[2*i+1];
			if (n > max) max = n;
		}
		for (i = 0; i < 128; i++) {
			d = (float)(hist[2*i]+hist[2*i+1]);
			n = (long)(d / (float)max * (float)range);
			for (j = 0; j <= n; j++) *(image_hist + (range-j)*xsize + i) = HIGH;
		}
		for (i= 0; i<= 4; i++) {
			k = 32 * i;
			if (k >= xsize) k = xsize - 1;
			for (j= range; j< ysize; j++) *(image_hist + j*xsize +k) = HIGH;
		}
	}
	else if (xsize >= 64) {
		max = 0;
		for (i = 0; i < 64; i++) {
```

```
                n = hist[4*i] + hist[4*i+1] + hist[4*i+2] + hist[4*i+3];
                if (n > max) max = n;
            }
            for (i = 0; i < 64; i++) {
                d = (float)(hist[4*i] + hist[4*i+1] + hist[4*i+2] + hist[4*i+3]);
                n = (long)(d / (float)max * (float)range);
                for (j = 0; j <= n; j++) *(image_hist + (range-j)*xsize + i) = HIGH;
            }
            for (i= 0; i<= 4; i++) {
                k = 16 * i;
                if (k >= xsize) k = xsize - 1;
                for (j= range; j< ysize; j++) *(image_hist + j*xsize + k) = HIGH;
            }
        }
}
```

List 5.4　直方图平滑化

```
#include "StdAfx.h"
#include "BaseList.h"
/*--- Histsmooth --- 直方图平滑化 ---------------------------------
      hist_in:    输入直方图数组
      hist_out:   输出直方图数组
---------------------------------------------------------------------------*/
void Hist_smooth(long hist_in[256],long hist_out[256])
{
      int    m, n, i;
      long sum;

      for (n = 0; n < 256; n++) {
            sum = 0;
            for (m = -2; m <= 2; m++) {
                  i = n + m;
                  if (i <     0) i =     0;
                  if (i > 255) i = 255;
                  sum = sum + hist_in[i];
            }
            hist_out[n] = (long)((float)sum / 5.0 + 0.5);
      }
}
```

List 5.5　灰度值 *n* 倍

```
#include "StdAfx.h"
#include "BaseList.h"
/*--- Brightness_amplify --- 灰度 n 倍 -------------------------------------
       image_in:  输入图像数据指针
       image_out: 输出图像数据指针
      xsize:       图像宽度
      ysize:       图像高度
       n:          倍数
---------------------------------------------------------------------------*/
```

```
void Brightness_amplify(BYTE *image_in, BYTE *image_out, int xsize, int ysize, float n)
{
	int i, j, nf;

	for (j = 0; j < ysize; j++){
	for (i = 0; i < xsize; i++){
			nf = (int)(*(image_in + j*xsize + i) * n);
			if (nf > 255) nf = 255;
			*(image_out + j*xsize + i) = (BYTE)nf;
		}
	}
}
```

List 5.6　求取灰度范围

```
#include "StdAfx.h"
#include "BaseList.h"
/*--- Brightness_range --- 求取灰度范围 ----------------------------------
	image_in:	输入图像数据指针
	xsize:		图像宽度
	ysize:		图像高度
	fmax:		求得的亮度最大值
	fmin:		求得的亮度最小值
-------------------------------------------------------------------------*/
void Brightness_range(BYTE *image_in, int xsize, int ysize, int *fmax, int *fmin)
{
	int i, j, nf;

	*fmax = 0;
	*fmin = 255;
	for (j = 0; j < ysize; j++){
		for (i = 0; i < xsize; i++){
			nf = (int)(*(image_in + j*xsize + i));
			if (nf > *fmax) *fmax = nf;
			if (nf < *fmin) *fmin = nf;
		}
	}
}
```

List 5.7　灰度拉伸

```
#include "StdAfx.h"
#include "BaseList.h"
/*--- Brightness_expand --- 灰度范围拉伸 --------------------------
	image_in:	输入图像数据指针
	image_out:	输出图像数据指针
	xsize:		图像宽度
	ysize:		图像高度
	fmax:		输入图像亮度最大值
	fmin:		输入图像亮度最小值
-------------------------------------------------------------------------*/
void Brightness_expand(BYTE *image_in, BYTE *image_out, int xsize, int ysize,
```

```
                                int fmax, int fmin)
{
    int i, j;
    float d;

    for (j = 0; j < ysize; j++) {
        for (i = 0; i < xsize; i++) {
            d = (float)255 / (float)(fmax - fmin)
                * ((int)(*(image_in + j*xsize + i)) - fmin);
            if (d > 255)
                *(image_out + j*xsize + i) = 255;
            else if (d < 0)
                *(image_out + j*xsize + i) = 0;
            else
                *(image_out + j*xsize + i) = (BYTE)d;
        }
    }
}
```

List 5.8　直方图均衡化

```
#include "StdAfx.h"
#include <math.h>
#include "BaseList.h"
void sort(BYTE *image_in, int xsize, int ysize, struct XYW *data,
    int level);
void weight(BYTE *image_in, int xsize, int ysize, int i, int j,int *wt);

/*--- Hist_plane --- 直方图均衡化 ---------------------------------
    image_in:  输入图像数据指针
    image_out: 输出图像数据指针
   xsize:      图像宽度
   ysize:      图像高度
    hist:      亮度直方图数组
---------------------------------- ------------------------------------------*/
void Hist_plane(BYTE *image_in, BYTE *image_out, int xsize, int ysize, long hist[256])
{
    int i, j, jy, ix, sum;
    int delt;                   //根据周围像素值选择的像素数
    int low, high;              //处理灰度范围
    int av;                     //均衡化后的亮度值
    BYTE *image_buf;            //作业图像数据指针
    int max_number;
    XYW *buf;                   //像素位置(x,y)及周边像素的亮度和(weight)

    if( (image_buf = new BYTE[xsize*ysize]) == NULL ) return;

    max_number = 0;
    for(i=0; i<256; i++) max_number = max(hist[i], max_number);

    if( (buf = new XYW[max_number]) == NULL ) return;
```

```
    av = (int)((ysize) * (xsize) / 256);
    high = 255;
    low = 255;
    for (j = 0; j < ysize; j++){
        for (i = 0; i < xsize; i++){
            *(image_out + j*xsize + i) = 0;
            *(image_buf + j*xsize + i) = *(image_in + j*xsize + i);
        }
    }

    for (i = 255; i > 0; i--){
        for (sum = 0; sum < av; low--) sum = sum + hist[low];
        low++;
        delt = hist[low] - (sum - av);
        sort(image_buf, xsize, ysize, buf, low);
        if (low < high){
            for (jy = 0; jy < ysize; jy++){
                for (ix = 0; ix < xsize; ix++){
                    if (((int)(*(image_buf + jy*xsize + ix)) >= low + 1 ) &&
                        ((int)(*(image_buf + jy*xsize + ix)) <= high))
                    *(image_out + jy*xsize + ix) = (BYTE)i;
                }
            }
        }
        for (j = 0; j < delt; j++){
            *(image_out + buf[j].y*xsize + buf[j].x) =(BYTE)i;
            *(image_buf + buf[j].y*xsize + buf[j].x) =(BYTE)0;
        }
        hist[low] = hist[low] - delt;
        high = low;
    }

    delete image_buf;
    delete buf;
}

/*--- sort --- 将周围像素按灰度由高到低排列 ---------------------------
    image_in:  输入图像数据指针
    xsize:     图像宽度
    ysize:     图像高度
    data:      位置及周围像素灰度和数组
    level:     排序像素的灰度
---------------------------------------------------------------------*/
void sort(BYTE *image_in, int xsize, int ysize, struct XYW *data, int level)
{
    int i, j, inum, wt;
    struct XYW temp;

    inum = 0;
    for (j = 0; j < ysize; j++ ){
        for (i = 0; i < xsize; i++ ){
```

```
                    if ((int)(*(image_in + j*xsize + i)) == level){
                        weight(image_in, xsize, ysize, i, j, &wt);   //计算周围像素的亮度和
                        data[inum].y = j;
                        data[inum].x = i;
                        data[inum].w = wt;
                        inum++;
                    }
                }
            }

            for (j = 0; j < inum - 1; j++ ){                  //排序
                for (i = j + 1; i < inum; i++){
                    if (data[j].w <= data[i].w){
                        temp.y = data[j].y;
                        temp.x = data[j].x;
                        temp.w = data[j].w;
                        data[j].y = data[i].y;
                        data[j].x = data[i].x;
                        data[j].w = data[i].w;
                        data[i].y = temp.y;
                        data[i].x = temp.x;
                        data[i].w = temp.w;
                    }
                }
            }
        }

/*--- weight --- 计算周围像素的灰度和 ---------------------------------
        image_in:   输入图像数据指针
        xsize:      图像宽度
        ysize:      图像高度
        i, j:       像素位置
        wt:         灰度和
---------------------------------------------------------------------------*/
void weight(BYTE *image_in, int xsize, int ysize, int i, int j, int *wt)
{
        int dim, djm;
        int dip, djp;
        int k, d[8];

        dim = i - 1;
        djm = j - 1;
        dip = i + 1;
        djp = j + 1;
        if (dim < 0) dim = i;
        if (djm < 0) djm = j;
        if (dip > xsize-1) dip = i;
        if (djp > ysize-1) djp = j;

        d[0] = (int)(*(image_in + djm*xsize + dim));
        d[1] = (int)(*(image_in + djm*xsize + i));
```

```
        d[2] = (int)(*(image_in + djm*xsize + dip));
        d[3] = (int)(*(image_in + j*xsize + dim));
        d[4] = (int)(*(image_in + j*xsize + dip));
        d[5] = (int)(*(image_in + djp*xsize + dim));
        d[6] = (int)(*(image_in + djp*xsize + i));
        d[7] = (int)(*(image_in + djp*xsize + dip));

        *wt = 0;
        for (k = 0; k < 8; k++) *wt = *wt + d[i];
    }
```

5.6 对话框类源代码

List 5.9 列出了直方图对话框类的源文件 HistDlg.py。

List 5.9　HistDlg.py

```
from DIPAGUI import *
import numpy as np
import cv2
import matplotlib.pyplot as plt
from ctypes import cdll, c_float
from PyQt5 import QtCore, QtWidgets

class HistDlg(QtWidgets.QMainWindow):
    def __init__(self, dipa_gui):
        super(HistDlg, self).__init__()
        self.dipa_gui = dipa_gui
        self.setupUi(self)
        self.retranslateUi(self)
        self.img1 = self.dipa_gui.img1
        self.img2 = self.dipa_gui.img2
    def Original_hist_show(self):
        #显示图像
        self.dipa_gui.tk_img_display(self.dipa_gui.img1)
        #直方图生成与显示
        img = self.dipa_gui.img1
        hist = cv2.calcHist([img],[0],None,[256],[0,255])
        plt.close('all')
        plt.plot(hist)
        plt.show()

    def Smooth_hist_show(self):
        # 链接 dll
        dll = cdll.LoadLibrary("DIPAFunction.dll")
        # 显示图像
        self.dipa_gui.tk_img_display(self.dipa_gui.img1)
        #直方图平滑处理与显示
        img = self.dipa_gui.img1
        hist = cv2.calcHist([img], [0], None, [256], [0, 255])
        hist2 = [0] * 256   # 一个包含 256 个元素的数组，初始化为 0
```

```
        # 将 numpy 数据转换为 c_float 数据
        hist_c_float = (c_float * 256)(*hist)
        hist2_c_float = (c_float * 256)(*hist2)
        # 调用函数
        dll.Hist_smooth(hist_c_float, hist2_c_float)
        # 将 c_float 数据转换为 numpy 数据
        hist2 = np.array(hist2_c_float, dtype=np.float32)
        plt.close('all')
        plt.plot(hist2)
        plt.show()

    def Brightness_n_times_show(self):
        #链接 dll
        dll = cdll.LoadLibrary("DIPAFunction.dll")
        #图像处理
        img1 = self.dipa_gui.img1
        img2 = self.dipa_gui.img2
        w = self.dipa_gui.imgW
        h = self.dipa_gui.imgH
        value = self.doubleSpinBox.value()
        dll.Brightness_amplify(img1.ctypes.data_as(POINTER(c_ubyte)), img2.ctypes.data_as(POINTER
(c_ubyte)),
                               w, h, c_float(value))
        #图像显示
        self.dipa_gui.tk_img_display(img2)

        #直方图生成并显示
        hist = cv2.calcHist([img2], [0], None, [256], [0, 255])
        plt.close('all')
        plt.plot(hist)
        plt.show()

    def brightness_expant_show(self):
        # 链接 dll
        dll = cdll.LoadLibrary("DIPAFunction.dll")
        # 图像处理
        img1 = self.dipa_gui.img1
        img2 = self.dipa_gui.img2
        w = self.dipa_gui.imgW
        h = self.dipa_gui.imgH
        fmax = c_int(0)
        fmin = c_int(0)
        #计算像素最大值和最小值
        dll.Brightness_range(img1.ctypes.data_as(POINTER(c_ubyte)), w, h, pointer(fmax),   pointer(fmin))
        #扩展图像到 0～255 范围
        dll.Brightness_expand(img1.ctypes.data_as(POINTER(c_ubyte)), img2.ctypes.data_as(POINTER
(c_ubyte)),
                              w, h, fmax, fmin)
        # 显示处理结果图像
        self.dipa_gui.tk_img_display(img2)
        # 处理结果图像的直方图生成与显示
```

```
        hist = cv2.calcHist([img2], [0], None, [256], [0, 255])
        plt.close('all')
        plt.plot(hist)
        plt.show()

    def Hist_equalize_show(self):
        #OpenCv 的直方图均衡化处理
        img1 = self.dipa_gui.img1
        img2 = cv2.equalizeHist(img1)
        # 显示处理结果图像
        self.dipa_gui.tk_img_display(img2)
        # 处理结果图像的直方图生成与显示
        hist = cv2.calcHist([img2], [0], None, [256], [0, 255])
        plt.close('all')
        plt.plot(hist)
        plt.show()

    def hist_image_show(self):
        plt.close('all')
        # 设置单选键
        self.radioButton.setChecked(True)
        self.radioButton_2.setChecked(False)
        self.radioButton_3.setChecked(False)
        self.radioButton_4.setChecked(False)
        self.radioButton_5.setChecked(False)
        # 链接 dll
        dll = cdll.LoadLibrary("DIPAFunction.dll")
        # 计算原图像直方图并显示
        img1 = self.dipa_gui.img1
        hist = cv2.calcHist([img1], [0], None, [256], [0, 255])
        plt.plot(hist)
        plt.show()

        # 将 numpy 数据转换为 c_float 数据
        hist_c_float = (c_float * 256)(*hist)
        #获取直方图图像
        img2 = self.dipa_gui.img2
        w = self.dipa_gui.imgW
        h = self.dipa_gui.imgH
        dll.Hist_to_image(hist_c_float, img2.ctypes.data_as(POINTER(c_ubyte)), w, h)
        # 显示处理结果图像
        self.dipa_gui.tk_img_display(img2)

    def setupUi(self, Dialog):
        Dialog.setObjectName("Dialog")
        Dialog.resize(352, 127)
        self.radioButton = QtWidgets.QRadioButton(Dialog)
        self.radioButton.setGeometry(QtCore.QRect(30, 30, 71, 16))
        self.radioButton.setObjectName("radioButton")
        self.radioButton_2 = QtWidgets.QRadioButton(Dialog)
        self.radioButton_2.setGeometry(QtCore.QRect(110, 30, 71, 16))
```

```
        self.radioButton_2.setObjectName("radioButton_2")
        self.radioButton_3 = QtWidgets.QRadioButton(Dialog)
        self.radioButton_3.setGeometry(QtCore.QRect(190, 30, 61, 16))
        self.radioButton_3.setObjectName("radioButton_3")
        self.radioButton_4 = QtWidgets.QRadioButton(Dialog)
        self.radioButton_4.setGeometry(QtCore.QRect(30, 80, 101, 16))
        self.radioButton_4.setObjectName("radioButton_4")
        self.radioButton_5 = QtWidgets.QRadioButton(Dialog)
        self.radioButton_5.setGeometry(QtCore.QRect(140, 80, 89, 16))
        self.radioButton_5.setObjectName("radioButton_5")
        self.pushButton = QtWidgets.QPushButton(Dialog)
        self.pushButton.setGeometry(QtCore.QRect(250, 72, 75, 31))
        self.pushButton.setObjectName("pushButton")
        self.label = QtWidgets.QLabel(Dialog)
        self.label.setGeometry(QtCore.QRect(300, 30, 31, 16))
        self.label.setObjectName("label")
        self.doubleSpinBox = QtWidgets.QDoubleSpinBox(Dialog)
        self.doubleSpinBox.setGeometry(QtCore.QRect(240, 30, 51, 22))
        self.doubleSpinBox.setMinimum(1.0)
        self.doubleSpinBox.setMaximum(10.0)
        self.doubleSpinBox.setSingleStep(0.5)
        self.doubleSpinBox.setProperty("value", 2.0)
        self.doubleSpinBox.setObjectName("doubleSpinBox")

        self.retranslateUi(Dialog)
        QtCore.QMetaObject.connectSlotsByName(Dialog)

    def retranslateUi(self, Dialog):
        _translate = QtCore.QCoreApplication.translate
        Dialog.setWindowTitle(_translate("Dialog", "直方图"))
        self.radioButton.setText(_translate("Dialog", "原数据"))
        if self.radioButton.isChecked() == False:
            self.radioButton.clicked.connect(self.clickRadioButton)

        self.radioButton_2.setText(_translate("Dialog", "平滑化"))
        if self.radioButton_2.isChecked() == False:
            self.radioButton_2.clicked.connect(self.clickRadioButton_2)

        self.radioButton_3.setText(_translate("Dialog", "亮度"))
        if self.radioButton_3.isChecked() == False:
            self.radioButton_3.clicked.connect(self.clickRadioButton_3)

        self.radioButton_4.setText(_translate("Dialog", "扩展亮度范围"))
        if self.radioButton_4.isChecked() == False:
            self.radioButton_4.clicked.connect(self.clickRadioButton_4)

        self.radioButton_5.setText(_translate("Dialog", "直方图均衡化"))
        if self.radioButton_5.isChecked() == False:
            self.radioButton_5.clicked.connect(self.clickRadioButton_5)

        self.pushButton.setText(_translate("Dialog", "直方图图像"))
```

```
        self.pushButton.clicked.connect(self.clickpushButton)

        self.label.setText(_translate("Dialog", "倍"))

    def clickRadioButton(self):
        self.Original_hist_show()

    def clickRadioButton_2(self):
        self.Smooth_hist_show()

    def clickRadioButton_3(self):
        self.Brightness_n_times_show()

    def clickRadioButton_4(self):
        self.brightness_expant_show()

    def clickRadioButton_5(self):
        self.Hist_equalize_show()

    def clickpushButton(self):
        self.hist_image_show()


    def closeEvent(self, event):
        reply = QtWidgets.QMessageBox.question(self, '本窗口', "是否要关闭对话框？",
                                               QtWidgets.QMessageBox.Yes | QtWidgets.QMessageBox.No)
        if reply == QtWidgets.QMessageBox.Yes:
            #self.dipa_gui.mymenu.entryconfig('直方图', state=NORMAL)
            num_items = self.dipa_gui.mymenu.index("帮助") + 1
            for item in range(num_items):
                self.dipa_gui.mymenu.entryconfig(item, state='normal')
            event.accept()
        else:
            event.ignore()
```

第 6 章

微分与细线化处理

6.1 基本概念

6.1.1 一阶微分

作为坐标点(x, y)处的灰度倾斜度的一阶微分值（也称为梯度运算），可以用具有大小和方向的向量 $G(x, y)=(f_x, f_y)$来表示。其中，f_x 为 x 方向的微分，f_y 为 y 方向的微分。f_x、f_y 在数字图像中是用式（6.1）计算的。处理函数见 List 6.1。

$$\begin{aligned} &x\text{方向的微分} \quad f_x = f(x+1,y) - f(x,y) \\ &y\text{方向的微分} \quad f_y = f(x,y+1) - f(x,y) \end{aligned} \tag{6.1}$$

6.1.2 二阶微分

二阶微分 $L(x, y)$（被称为拉普拉斯运算）是对梯度再进行一次微分，只用于检测边缘的强度（不求方向），在数字图像中用式（6.2）表示。处理函数如 List 6.2 所示。

$$L(x,y) = 4f(x,y) - \left| f(x,y-1) + f(x,y+1) + f(x-1,y) + f(x+1,y) \right| \tag{6.2}$$

6.1.3 模板匹配（Prewitt）

模板匹配（template matching）就是研究图像与模板（template）的一致性（匹配程度）。

表 6.1 所示是 Prewitt 算子 8 个边缘方向的 8 种掩模（mask）。运算过程与微分运算相同，目标像素及其周围像素分别乘以对应掩模的系数值，然后对各个积求和。对 8 个掩模分别进行计算，其中计算结果中最大的掩模的方向即为边缘的方向，其计算结果即为边缘的强度。基于 Prewitt 算子的边缘检测与提取的程序见 List 6.3。输出结果是对应边缘强度的灰度图像。

表 6.1 用于模板匹配的各个掩模模式（Prewitt 算子）

序号	1	2	3	4	5	6	7	8
掩模模式	1 1 1 1 −2 1 −1 −1 −1	1 1 1 1 −2 −1 1 −1 −1	1 1 −1 1 −2 −1 1 1 −1	1 −1 −1 1 −2 −1 1 1 1	−1 −1 −1 1 −2 1 1 1 1	−1 −1 1 −1 −2 1 1 1 1	−1 1 1 −1 −2 1 −1 1 1	1 1 1 −1 −2 1 −1 −1 1

续表

所对应的边缘	明 暗	明 暗	明暗	暗 明	暗 明	暗 明	暗明	明 暗

6.1.4　细线化处理

对使用上述方法得到的边缘，再增加细线化处理可以获得清晰的边缘图像。在此对边缘精细化方法中的细线化（thinning）作简单介绍。

细线化是把线宽不均匀的边缘线整理成同一线宽（一般为一像素宽）的处理。细线化处理在阈值处理后的二值图像上进行。

细线化处理如图 6.1 所示，从粗边缘线外侧开始一层一层地削去各个像素，直到成为 1 像素的宽度为止。根据像素的消去规则不同，可以采用不同的方法。常用的 Hilditch 算法参见 List 6.4。

图 6.2 为细线化处理过程的示例图像。其中，图（a）是对原图像进行 Prewitt 模板匹配的结果图像，图（b）是对图（a）进行阈值 50 以上为白色的二值化处理结果图像，图（c）为对图（b）进行细线化处理得到的线宽为一个像素的细线图像。

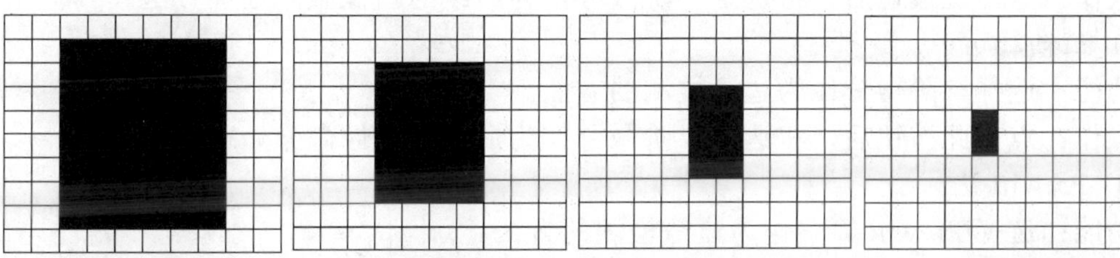

(a) 原始图像　(b) 一次处理　(c) 二次处理　(d) 最终结果

图 6.1　细线化过程

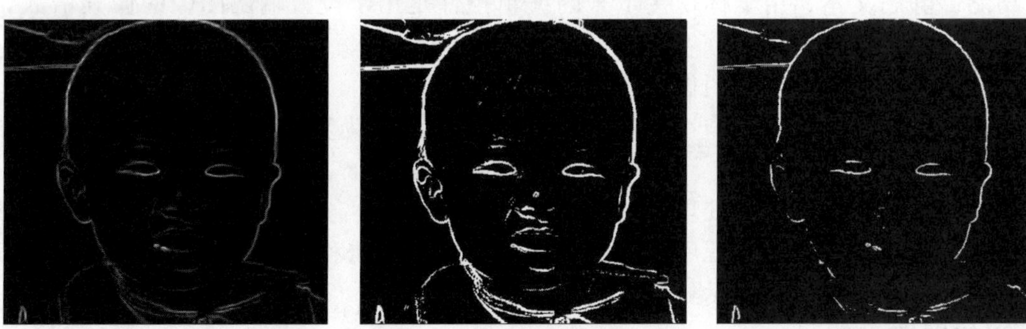

(a) Prewitt模板匹配结果图像　(b) 二值化图像　(c) 细线图像

图 6.2　细线化处理过程图像

6.2　功能说明

图 6.3 为微分处理的对话框界面。

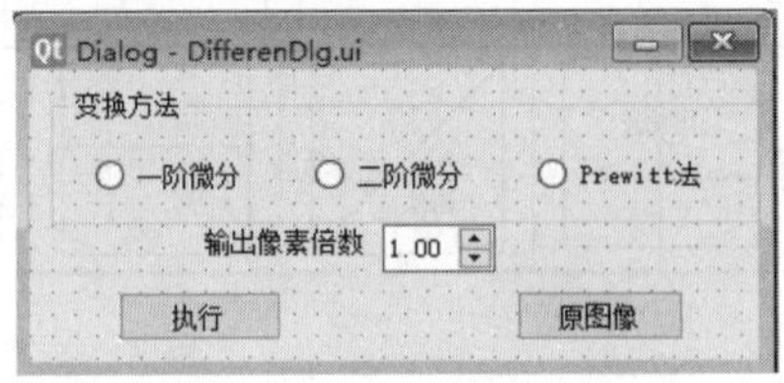

图 6.3　微分处理对话框

（1）基本功能概述

DifferenDlg 是一个基于 PyQt5 框架开发的图像微分处理对话框程序，作为 DIPAGUI 项目的一部分，提供了选择微分处理方法、设置输出像素倍数、执行微分处理以及显示原图像和处理结果的功能。

（2）按钮功能介绍

① 变换方法。

功能：静态文本，用于标识接下来的单选按钮是用于选择微分变换方法的。

② 一阶微分。

功能：选择一阶微分作为边缘检测的方法。

操作：点击此按钮后，将选定一阶微分作为后续的图像微分处理方法。

③ 二阶微分。

功能：选择二阶微分作为边缘检测的方法。

操作：点击此按钮后，将选定二阶微分作为后续的图像微分处理方法。

④ Prewitt 法。

功能：选择 Prewitt 算子作为边缘检测的方法。

操作：点击此按钮后，将选定 Prewitt 算子作为后续的图像微分处理方法。

⑤ 输出像素倍数。

功能：静态文本，用于标识接下来的编辑控件是用于设置输出图像的像素倍数。

⑥ 倍数值（编辑控件）。

功能：用于输入变换后图像的像素值倍数。

操作：用户可以输入 1.0～10.0 之间的值，并以 0.5 为步长进行调整。

⑦ 执行。

功能：执行选定的微分处理方法。

操作：点击此按钮后，程序根据当前选择的变换方法和像素倍数，调用相应的 DLL 函数对图像进行处理，并显示处理结果。

⑧ 原图像。

功能：显示原始图像。

操作：点击此按钮后，对话框将显示原始图像。

⑨ 右上角“×”。

功能：关闭微分处理对话框。在对话框关闭时，恢复主菜单项的可用性。

（3）使用流程

① 读入灰度原图像。

② 打开微分处理对话框。
③ 选择微分处理方法。
④ 设定输出图像亮度的倍数。
⑤ 点击“执行”进行微分处理，显示处理结果图像。
⑥ 点击“原图像”，查看原图像。
⑦ 完成处理后，点击右上角“×”，关闭对话框。

（4）细线化处理

细线化处理不需要输入参数，不需要对话框，采用菜单函数方式。

6.3 功能实现

6.3.1 PyQt5 对话框 DifferenDlg.ui 的创建步骤

DifferenDlg.ui 的创建步骤如下。

① 参考第 3 章图 3.22 所示方法，打开图 3.23 所示的 PyQt5 界面。

② 选择“新建窗体”上的“Dialog withoutButtons”，点击“创建”，打开新建对话框窗口（参考图 5.7）。

③ 在“属性编辑器”上，编辑“windowTitle”为“微分处理”。

④ 保存新建窗口为 DifferenDlg.ui 到指定文件夹。

⑤ 通过鼠标左键拖拽和布局表 6.2 所列的控件，获得图 6.3 所示的微分处理对话框。

表 6.2 给出了图 6.3 所示微分处理对话框的控件和属性。

表 6.2　windowTitle：微分处理

序号	text	objectName	属性设定
1	变换方法	groupBox	
2	一阶微分	radioButton	
3	二阶微分	radioButton_2	
4	Prewitt 法	radioButton_3	
5	输出像素倍数	label	
6		doubleSpinBox	**minimum** 1.000000 **maximum** 10.000000 **singleStep** 0.500000 stepType DefaultStepType value 1.000000
7	执行	pushButton	
8	原图像	pushButton_2	

6.3.2 DifferenDlg.ui 转换 DifferenDlg.py 与配置

（1）DifferenDlg.ui 转换 DifferenDlg.py

① 在 pythonDIPAX 工程中，选择保存的 DifferenDlg.ui 文件，然后点击 Tools→External

Tools→PyCUI，就在与 DifferenDlg.ui 文件相同文件夹中生成了 DifferenDlg.py 文件。

② 将 DifferenDlg.py 复制到 pythonDIPAX 工程文件夹中。

③ 在 pythonDIPAX 工程中打开 DifferenDlg.py 文件，就可以看到 DifferenDlg 对话框的控件配置情况。

（2）DifferenDlg.py 的配置

① 参照 6.5 节的 List 6.5 DifferenDlg.py，修改 DifferenDlg.py 文件。主要内容包括：头部导入扩展库，修改对话框类的名称，添加初始化函数，添加控件的函数定义和函数内容，添加关闭窗口的后处理函数。

② 在主界面 DIPAGUI.py 的头部添加“import DifferenDlg as dd”。参考“List 3.2 DIPAGUI.py 全功能源代码”。

③ 在主界面 DIPAGUI.py 的 createWiget(self)函数中，添加微分处理菜单函数：

```
self.mymenu.add_command(label=" label="微分处理", command=self.command_Differen)
self.mygui.config(menu=self.mymenu)
```

④ 在主界面 DIPAGUI.py 中添加微分处理菜单函数实现内容：

```
def command_ Differen (self):
    ......
```

⑤ 完成上述内容后，运行 DIPAGUI，结果如图 6.4 所示。

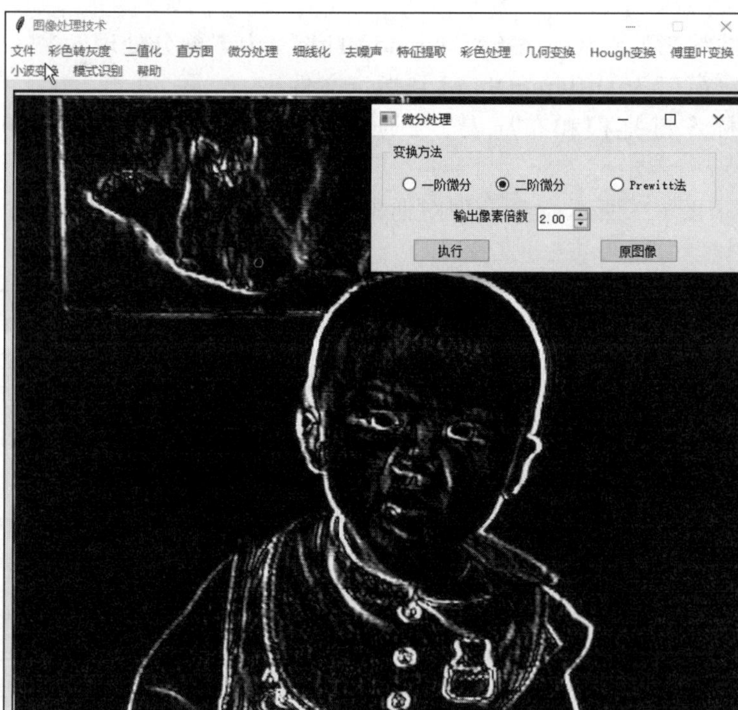

图 6.4 微分处理功能运行结果

6.3.3 细线化处理菜单函数

参考“List 3.2 DIPAGUI.py 全功能源代码”，在 pythonDIPAX 工程中添加细线化处理菜单函数，步骤如下。

① 在主界面 DIPAGUI.py 的 createWiget(self)函数中，定义细线化处理菜单函数：

```
self.mymenu.add_command(label="细线化", command=self.command_Thinning)
        self.mygui.config(menu=self.mymenu)
```

② 在主界面 DIPAGUI.py 中，添加细线化处理菜单函数的实现内容：

```
def command_Thinning(self):
        ......
```

③ 完成上述添加内容后，运行 DIPAGUI 即可。

6.4　C 语言函数源代码

本节包含以下 C 语言函数源代码：List 6.1 一阶微分边缘检测（梯度算子），List 6.2 二阶微分边缘检测（拉普拉斯算子），List 6.3 Prewitt 算子边缘检测，List 6.4 二值图像的细线化处理。

List 6.1　一阶微分边缘检测（梯度算子）

```
#include "StdAfx.h"
#include "BaseList.h"
#include <math.h>

/*--- Differential ---  一阶微分边缘检测 ------------------------------------
        image_in:  输入图像数据指针
        image_out: 输出图像数据指针
        xsize:      图像宽度
        ysize:      图像高度
        amp:        输出像素值倍数
---------------------------------------------------------------------------*/
void Differential(BYTE *image_in, BYTE *image_out, int xsize, int ysize, float amp)
{
        //以下算子可以自由设定
        static int cx[9] = { 0, 0, 0,    //算子 x(Roberts)
                             0, 1, 0,
                             0, 0,-1};
        static int cy[9] = { 0, 0, 0,    //算子 y(Roberts)
                             0, 0, 1,
                             0,-1, 0};
        int          d[9];
        int          i, j, dat;
        float  xx, yy, zz;

        for (j = 1; j < ysize-1; j++) {
            for (i = 1; i < xsize-1; i++) {
                    d[0] = *(image_in + (j-1)*xsize + i-1);
                    d[1] = *(image_in + (j-1)*xsize + i);
                    d[2] = *(image_in + (j-1)*xsize + i+1);
                    d[3] = *(image_in + j*xsize + i-1);
                    d[4] = *(image_in + j*xsize + i);
                    d[5] = *(image_in + j*xsize + i+1);
                    d[6] = *(image_in + (j+1)*xsize + i-1);
```

```
            d[7] = *(image_in + (j+1)*xsize + i);
            d[8] = *(image_in + (j+1)*xsize + i+1);
            xx = (float)(cx[0]*d[0] + cx[1]*d[1] + cx[2]*d[2]
                        + cx[3]*d[3] + cx[4]*d[4] + cx[5]*d[5]
                        + cx[6]*d[6] + cx[7]*d[7] + cx[8]*d[8]);
            yy = (float)(cy[0]*d[0] + cy[1]*d[1] + cy[2]*d[2]
                        + cy[3]*d[3] + cy[4]*d[4] + cy[5]*d[5]
                        + cy[6]*d[6] + cy[7]*d[7] + cy[8]*d[8]);
            zz = (float)(amp*sqrt(xx*xx+yy*yy));
            dat = (int)zz;
            if(dat > 255) dat = 255;
            *(image_out + j*xsize + i) = dat;
        }
    }
}
```

List 6.2　二阶微分边缘检测（拉普拉斯算子）

```
#include "StdAfx.h"
#include "BaseList.h"
#include <math.h>

/*--- Differential --- 二阶微分边缘检测 ------------------------------------
    image_in:  输入图像数据指针
    image_out: 输出图像数据指针
    xsize:     图像宽度
    ysize:     图像高度
    amp:       输出像素值倍数
--------------------------------------------------------------------------*/
void Differential2(BYTE *image_in, BYTE *image_out, int xsize, int ysize, float amp)
{
    //以下算子可以自由设定
    static int c[9] = {-1, -1, -1    // 算子(laplacian)
                       -1, 8, -1
                       -1, -1, -1};
    int   d[9];
    int   i, j, dat;
    float  z, zz;

    for (j = 1; j < ysize-1; j++) {
        for (i = 1; i < xsize-1; i++) {
            d[0] = *(image_in + (j-1)*xsize + i-1);
            d[1] = *(image_in + (j-1)*xsize + i);
            d[2] = *(image_in + (j-1)*xsize + i+1);
            d[3] = *(image_in + j*xsize + i-1);
            d[4] = *(image_in + j*xsize + i);
            d[5] = *(image_in + j*xsize + i+1);
            d[6] = *(image_in + (j+1)*xsize + i-1);
            d[7] = *(image_in + (j+1)*xsize + i);
            d[8] = *(image_in + (j+1)*xsize + i+1);
            z =  (float)(c[0]*d[0] + c[1]*d[1] + c[2]*d[2]
                        + c[3]*d[3] + c[4]*d[4] + c[5]*d[5]
```

```
                    + c[6]*d[6] + c[7]*d[7] + c[8]*d[8]);
            zz = amp*z;
            dat = (int)(zz);
            if (dat <     0) dat = -dat;
            if (dat > 255) dat =    255;
            *(image_out + j*xsize + i) = dat;
        }
    }
}
```

List 6.3　Prewitt 算子边缘检测

```
#include "StdAfx.h"
#include "BaseList.h"
#include <math.h>
/*--- Prewitt --- Prewitt 算子边缘检测 ------------------------------------
    image_in:  输入图像数据指针
    image_out: 输出图像数据指针
    xsize:     图像宽度
    ysize:     图像高度
    amp:       输出像素值倍数
----------------------------------------------------------------------------*/
void Prewitt(BYTE *image_in, BYTE *image_out, int xsize, int ysize, float amp)
{
    int         d[9];
    int         i,j,k,max,dat;
    int         m[8];
    float  zz;

    for (j = 1; j < ysize-1; j++) {
        for (i = 1; i < xsize-1; i++) {
            d[0] = *(image_in + (j-1)*xsize + i-1);
            d[1] = *(image_in + (j-1)*xsize + i);
            d[2] = *(image_in + (j-1)*xsize + i+1);
            d[3] = *(image_in + j*xsize + i-1);
            d[4] = *(image_in + j*xsize + i);
            d[5] = *(image_in + j*xsize + i+1);
            d[6] = *(image_in + (j+1)*xsize + i-1);
            d[7] = *(image_in + (j+1)*xsize + i);
            d[8] = *(image_in + (j+1)*xsize + i+1);
        m[0] =   d[0] + d[1] + d[2] + d[3] -2*d[4] + d[5] - d[6] - d[7] - d[8];
        m[1] =   d[0] + d[1] + d[2] + d[3] -2*d[4] - d[5] + d[6] - d[7] - d[8];
        m[2] =   d[0] + d[1] - d[2] + d[3] -2*d[4] - d[5] + d[6] + d[7] - d[8];
            m[3] =   d[0] - d[1] - d[2] + d[3] -2*d[4] - d[5] + d[6] + d[7] + d[8];
        m[4] = -d[0] - d[1] - d[2] + d[3] -2*d[4] + d[5] + d[6] + d[7] + d[8];
        m[5] = -d[0] - d[1] + d[2] - d[3] -2*d[4] + d[5] + d[6] + d[7] + d[8];
        m[6] = -d[0] + d[1] + d[2] - d[3] -2*d[4] + d[5] - d[6] + d[7] + d[8];
        m[7] =   d[0] + d[1] + d[2] - d[3] -2*d[4] + d[5] - d[6] - d[7] + d[8];
            max = 0;
            for (k = 0; k < 8; k++) if (max < m[k]) max = m[k];
        zz = amp*(float)(max);
            dat = (int)(zz);
```

```
                    if (dat > 255) dat = 255;
                    *(image_out + j*xsize + i) = dat;
            }
        }
}
```

List 6.4 二值图像的细线化处理

```
#include "StdAfx.h"
#include "BaseList.h"
#include <math.h>
int     cconc(int inb[9] );
/*--- Thinning --- 二值图像的细线化处理 ------------------------------------
        image_in:  输入图像数据指针
        image_out: 输出图像数据指针
      xsize:        图像宽度
      ysize:        图像高度
--------------------------------------------------------------------------*/

void Thinning(BYTE *image_in, BYTE *image_out, int xsize, int ysize)
{
        int     ia[9], ic[9], i, ix, iy, m, ir, iv, iw;

        for (iy = 0; iy < ysize; iy++)
                for (ix = 0; ix < xsize; ix++)
                        *(image_out + iy*xsize +ix) = *(image_in + iy*xsize +ix);
        m = 100;
        ir = 1 ;
        while (ir != 0) {
                ir = 0;
                for (iy = 1; iy < ysize-1; iy++)
                        for (ix = 1; ix < xsize-1; ix++) {
                                if ( *(image_out + iy*xsize + ix) != HIGH) continue;
                                ia[0] = *(image_out +iy*xsize + ix+1);
                                ia[1] = *(image_out +(iy-1)*xsize + ix+1);
                                ia[2] = *(image_out +(iy-1)*xsize + ix);
                                ia[3] = *(image_out +(iy-1)*xsize + ix-1);
                                ia[4] = *(image_out + iy*xsize + ix-1);
                                ia[5] = *(image_out + (iy+1)*xsize + ix-1);
                                ia[6] = *(image_out + (iy+1)*xsize + ix);
                                ia[7] = *(image_out + (iy+1)*xsize + ix+1);
                                for (i = 0; i < 8; i++) {
                                        if (ia[i] == m) {
                                                ia[i] = HIGH; `
                                                ic[i] = 0;
                                        }
                                        else {
                                                if (ia[i] < HIGH) ia[i] = 0;
                                                ic[i] = ia[i];
                                        }
                                }
                                ia[8] = ia[0];
```

```
                ic[8] = ic[0];
                if (ia[0]+ia[2]+ia[4]+ia[6] == HIGH*4) continue;
                for (i = 0, iv = 0, iw = 0; i < 8; i++) {
                    if (ia[i] == HIGH) iv++;
                    if (ic[i] == HIGH) iw++;
                }
                if (iv <= 1) continue;
                if (iw == 0) continue;
                if (cconc(ia) != 1) continue;
                if ( *(image_out + (iy-1)*xsize + ix) == m) {
                    ia[2] = 0;
                    if (cconc(ia) != 1) continue;
                    ia[2] = HIGH;
                }
                if ( *(image_out + iy*xsize + ix-1) == m) {
                    ia[4] = 0;
                    if (cconc(ia) != 1) continue;
                    ia[4] = HIGH;
                }
                *(image_out + iy*xsize + ix) = m;
                ir++;
            }

        m++;
    }
    for (iy = 0; iy < ysize; iy++)
        for (ix = 0; ix < xsize; ix++)
            if ( *(image_out + iy*xsize + ix) < HIGH) *(image_out + iy*xsize +ix) = 0;
}

/*--- cconc --- 计算连接数 --------------------------------------
(In) inb:  连接数
--------------------------------------------------------------------------*/
int     cconc(int inb[9])
{
    int     i, icn;
    icn = 0;

    for (i = 0; i < 8; i += 2)
        if (inb[i] == 0)
            if (inb[i+1] == HIGH || inb[i+2] == HIGH)
            icn++;
        return icn;
}
```

6.5　对话框类源代码

List 6.5 列出了直方图对话框类的源文件 DifferenDlg.py。

List 6.5　DifferenDlg.py

```
from DIPAGUI import *
from ctypes import cdll, c_float
```

```
from PyQt5 import QtCore, QtWidgets

class DifferenDlg(QtWidgets.QMainWindow):
    def __init__(self, dipa_gui):
        super(DifferenDlg, self).__init__()
        self.dipa_gui = dipa_gui
        self.setupUi(self)
        self.retranslateUi(self)

    def setupUi(self, Dialog):
        Dialog.setObjectName("Dialog")
        Dialog.resize(356, 132)
        self.groupBox = QtWidgets.QGroupBox(Dialog)
        self.groupBox.setGeometry(QtCore.QRect(10, 10, 321, 61))
        self.groupBox.setObjectName("groupBox")
        self.radioButton = QtWidgets.QRadioButton(self.groupBox)
        self.radioButton.setGeometry(QtCore.QRect(20, 30, 89, 16))
        self.radioButton.setObjectName("radioButton")
        self.radioButton.setChecked(True)

        self.radioButton_2 = QtWidgets.QRadioButton(self.groupBox)
        self.radioButton_2.setGeometry(QtCore.QRect(110, 30, 89, 16))
        self.radioButton_2.setObjectName("radioButton_2")
        self.radioButton_3 = QtWidgets.QRadioButton(self.groupBox)
        self.radioButton_3.setGeometry(QtCore.QRect(220, 30, 89, 16))
        self.radioButton_3.setObjectName("radioButton_3")
        self.label = QtWidgets.QLabel(Dialog)
        self.label.setGeometry(QtCore.QRect(80, 70, 81, 16))
        self.label.setObjectName("label")
        self.doubleSpinBox = QtWidgets.QDoubleSpinBox(Dialog)
        self.doubleSpinBox.setGeometry(QtCore.QRect(160, 70, 51, 22))
        self.doubleSpinBox.setMinimum(1.0)
        self.doubleSpinBox.setMaximum(10.0)
        self.doubleSpinBox.setSingleStep(0.5)
        self.doubleSpinBox.setObjectName("doubleSpinBox")
        self.pushButton = QtWidgets.QPushButton(Dialog)
        self.pushButton.setGeometry(QtCore.QRect(40, 100, 75, 23))
        self.pushButton.setObjectName("pushButton")
        self.pushButton_2 = QtWidgets.QPushButton(Dialog)
        self.pushButton_2.setGeometry(QtCore.QRect(220, 100, 75, 23))
        self.pushButton_2.setObjectName("pushButton_2")

        self.retranslateUi(Dialog)
        QtCore.QMetaObject.connectSlotsByName(Dialog)

    def retranslateUi(self, Dialog):
        _translate = QtCore.QCoreApplication.translate
        Dialog.setWindowTitle(_translate("Dialog", "Dialog"))
        self.groupBox.setTitle(_translate("Dialog", "变换方法"))
        self.radioButton.setText(_translate("Dialog", "一阶微分"))
```

```
        self.radioButton_2.setText(_translate("Dialog", "二阶微分"))
        self.radioButton_3.setText(_translate("Dialog", "Prewitt 法"))
        self.label.setText(_translate("Dialog", "输出像素倍数"))
        self.pushButton.setText(_translate("Dialog", "执行"))
        self.pushButton.clicked.connect(self.Execute)

        self.pushButton_2.setText(_translate("Dialog", "原图像"))
        self.pushButton_2.clicked.connect(self.Orige_image)

    def Orige_image(self):
        # 链接 dll
        dll = cdll.LoadLibrary("DIPAFunction.dll")
        # 图像处理
        img1 = self.dipa_gui.img1
        # 图像显示
        self.dipa_gui.tk_img_display(img1)
    def Execute(self):
        dll = cdll.LoadLibrary("DIPAFunction.dll")
        img1 = self.dipa_gui.img1
        img2 = self.dipa_gui.img2
        w = self.dipa_gui.imgW
        h = self.dipa_gui.imgH
        value = self.doubleSpinBox.value()
        if self.radioButton.isChecked() == True: #一阶微分
            dll.Differential(img1.ctypes.data_as(POINTER(c_ubyte)), img2.ctypes.data_as(POINTER
(c_ubyte)),
                                    w, h,c_float(value))
        elif self.radioButton_2.isChecked() == True: #二阶微分
            dll.Differential2(img1.ctypes.data_as(POINTER(c_ubyte)), img2.ctypes.data_as(POINTER
(c_ubyte)),
                                    w, h, c_float(value))
        elif self.radioButton_3.isChecked() == True:   # Prewitt 法
            dll.Prewitt(img1.ctypes.data_as(POINTER(c_ubyte)), img2.ctypes.data_as(POINTER
(c_ubyte)),
                                    w, h, c_float(value))
        # 图像显示
        self.dipa_gui.tk_img_display(img2)

    def closeEvent(self, event):
        reply = QtWidgets.QMessageBox.question(self, '本窗口', "是否要关闭对话框？",
                                               QtWidgets.QMessageBox.Yes | QtWidgets.
QMessageBox.No)
        if reply == QtWidgets.QMessageBox.Yes:
            #self.dipa_gui.mymenu.entryconfig('直方图', state=NORMAL)
            num_items = self.dipa_gui.mymenu.index("帮助") + 1
            for item in range(num_items):
                self.dipa_gui.mymenu.entryconfig(item, state='normal')
            event.accept()
        else:
            event.ignore()
```

第 7 章

去噪声处理

7.1 基本概念

图像上随机噪声（random noise）的特征如下：

- 在图像的何处附加噪声是随机的。
- 噪声的形状大小是不规则的。

用摄像机在暗处拍摄的图像会看起来像附有砂状物，这就是具有随机噪声图像的例子。图像的去噪声处理就是去除这种随机噪声。

7.1.1 移动平均法和中值滤波法

移动平均法（moving average model 或 averaging filter，均值滤波器）是最简单的消除噪声方法。它的原理是使图像模糊，达到看不到细小噪声的目的。但是，这种方法会对噪声和边缘都一视同仁地模糊化，结果是噪声被消除的同时，目标图像也模糊了。移动平均法只能用于灰度图像。基于移动平均法消除噪声的程序见 List 7.1。

中值滤波法是将目标像素及其周围 8 邻域共 9 个像素值，由大到小进行排序，取中间值作为目标像素值的处理方法。由于与周围像素相比，噪声的灰度值极端不同，按大小排序时它们将集中在左端或右端，这样取中值就可以去除噪声。中值滤波法主要用于灰度图像，也可以用于具有椒盐噪声的二值图像。基于中值滤波法消除噪声的程序参见 List 7.2。

在移动平均法中，由于噪声成分参与平均计算，所以输出受到噪声的影响。但是在中值滤波法中，由于噪声成分难以被选择，所以几乎不会影响输出。因此，用同样的 3 × 3 区域进行比较，中值滤波法的去噪声能力会更胜一筹。但是，中值滤波法花费的计算时间是移动平均法的许多倍。

7.1.2 膨胀与腐蚀

膨胀与腐蚀只能用于黑（0）白（255）二值图像。

以白色像素为目标，膨胀（dilation）是某像素的邻域内只要有一个像素是白像素，该像素就由黑变为白，其他保持不变的处理；腐蚀（erosion）是某像素的邻域内只要有一个像素是黑像素，该像素就由白变为黑，其他保持不变的处理。

图 7.1 是有椒盐噪声的二值图像，图 7.2 是对图 7.1 进行不同顺序膨胀、腐蚀处理的结果，膨胀与腐蚀的顺序不同，处理结果也不同。经过膨胀→腐蚀处理后，膨胀变粗，

腐蚀变细，结果是白色像素上的黑洞被去掉了；相反，经过腐蚀→膨胀处理后，白色孤立点噪声在腐蚀时被消除了。对应程序参见 List 7.3 和 List 7.4。

图 7.1　椒盐噪声

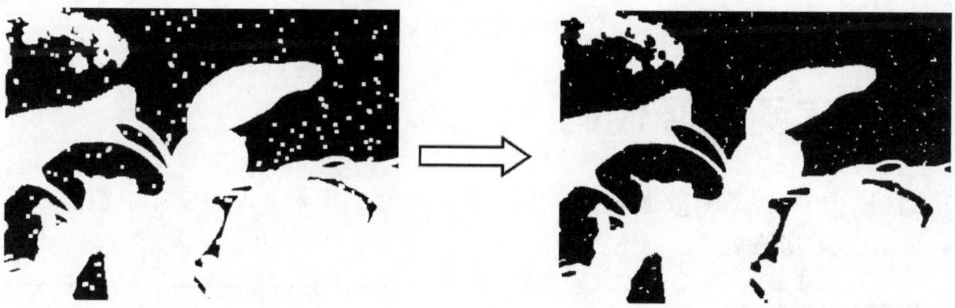

(a) 膨胀两次
（增粗了两像素，除去了黑色噪声）

(b) 腐蚀两次
（除去了黑色噪声，白色噪声还残留）

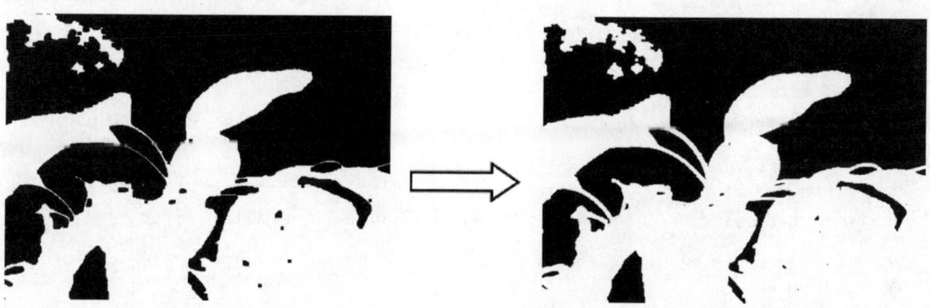

(c) 腐蚀两次
（削减了两像素，除去了白色噪声）

(d) 膨胀两次
（除去了白色噪声，黑色噪声还残留）

图 7.2　对图 7.1 进行膨胀与腐蚀处理

7.2　菜单函数功能实现

参考“List 3.2 DIPAGUI.py 全功能源代码”，在 pythonDIPAX 工程中添加去噪声菜单函数，步骤如下。

① 在主界面 DIPAGUI.py 的 createWiget 函数中，定义菜单函数：

```
# 去噪声下拉菜单
filemenu = Menu(self.mymenu, tearoff=0)
```

```
filemenu.add_command(label='移动平均', command=self.command_Image_smooth)
filemenu.add_command(label='中值滤波', command=self.command_Median)
filemenu.add_command(label='二值图像膨胀', command=self.command_Dilation)
filemenu.add_command(label='二值图像腐蚀', command=self.command_Erodible)
self.mymenu.add_cascade(label="去噪声", menu=filemenu)
```

② 在主界面 DIPAGUI.py 中，添加菜单函数的实现内容:

```
def command_Image_smooth(self):
    ......
def command_Median(self):
    ......
def command_Dilation(self):
    ......
def command_Erodible(self):
......
```

③ 完成上述添加内容后，运行 DIPAGUI 即可。

7.3 C 语言函数源代码

本节包含以下 C 语言函数源代码：List 7.1 移动平均法，List 7.2 中值滤波，List 7.3 腐蚀处理，List 7.4 膨胀处理。

List 7.1 移动平均法

```
#include "StdAfx.h"
#include "BaseList.h"
#include <math.h>
/*--- Image_smooth --- 去噪声处理（移动平均） ------------------------------
      image_in:  输入图像数据指针
      image_out: 输出图像数据指针
     xsize:      图像宽度
     ysize:      图像高度
-------------------------------------------------------------------------------*/
void Image_smooth(BYTE *image_in, BYTE *image_out, int xsize, int ysize)
{
      int       i, j, buf;

      for (j = 1; j < ysize-1; j++) {
            for (i = 1; i < xsize-1; i++) {
                  buf = (int)(*(image_in + (j-1)*xsize + i-1))
                        + (int)(*(image_in + (j-1)*xsize + i))
                        + (int)(*(image_in + (j-1)*xsize + i+1))
                        + (int)(*(image_in + j*xsize + i-1))
                        + (int)(*(image_in + j*xsize + i))
                        + (int)(*(image_in + j*xsize + i+1))
                        + (int)(*(image_in + (j+1)*xsize + i-1))
                        + (int)(*(image_in + (j+1)*xsize + i))
                        + (int)(*(image_in + (j+1)*xsize + i+1));
                  *(image_out + j*xsize + i) = (BYTE)(buf / 9);
            }
```

```
	}
}
```

List 7.2　中值滤波

```
#include "StdAfx.h"
#include "BaseList.h"
#include <math.h>
/*--- Median --- 去噪声处理（中值） ----------------------------------------
	image_in:  输入图像数据指针
	image_out: 输出图像数据指针
	xsize:     图像宽度
	ysize:     图像高度
----------------------------------------------------------------------------*/
int median_value(BYTE c[9]);

void Median(BYTE *image_in, BYTE *image_out, int xsize, int ysize)
{
	int            i, j;
	unsigned char  c[9];

	for (i = 1; i < ysize-1; i++) {
		for (j = 1; j < xsize-1; j++) {
			c[0] = *(image_in + (i-1)*xsize + j-1);
			c[1] = *(image_in + (i-1)*xsize + j);
			c[2] = *(image_in + (i-1)*xsize + j+1);
			c[3] = *(image_in + i*xsize + j-1);
			c[4] = *(image_in + i*xsize + j);
			c[5] = *(image_in + i*xsize + j+1);
			c[6] = *(image_in + (i+1)*xsize + j-1);
			c[7] = *(image_in + (i+1)*xsize + j);
			c[8] = *(image_in + (i+1)*xsize + j+1);
			*(image_out + i*xsize + j) = median_value（c）;
		}
	}
}

/*--- median_value ---求 9 个像素的中央值 ---------------
	c:  像素配列
----------------------------------------------------------------------------*/
int median_value(BYTE c[9])
{
	int     i, j, buf;

	for (j = 0; j < 8; j++) {
		for (i = 0; i < 8; i++) {
			if (c[i+1] < c[i]) {
				buf = c[i+1];
				c[i+1] = c[i];
				c[i] = buf;
			}
		}
```

```
    }
    return c[4];
}
```

List 7.3 腐蚀处理

```
#include "StdAfx.h"
#include "BaseList.h"
/*--- Erodible  --- 腐蚀 ------------------------------------------------
      image_in:    输入图像数据指针
      image_out:   输出图像数据指针
     xsize:        图像宽度
     ysize:        图像高度
--------------------------------------------------------------------------*/
void Erodible(BYTE *image_in, BYTE *image_out, int xsize, int ysize)
{
    int    i, j;

    for (j = 1; j < ysize-1; j++) {
        for (i = 1; i < xsize-1; i++) {
            *(image_out + j*xsize + i) = *(image_in + j*xsize + i);
            if (*(image_in + (j-1)*xsize + i-1) == LOW ||
            *(image_in + (j-1)*xsize + i) == LOW ||
            *(image_in + (j-1)*xsize + i+1) == LOW ||
            *(image_in + j*xsize + i-1) == LOW ||
            *(image_in + j*xsize + i+1) == LOW ||
            *(image_in + (j+1)*xsize + i-1) == LOW ||
            *(image_in + (j+1)*xsize + i) == LOW ||
            *(image_in + (j+1)*xsize + i+1) == LOW)
                *(image_out + j*xsize + i) = LOW;
        }
    }
}
```

List 7.4 膨胀处理

```
#include "StdAfx.h"
#include "BaseList.h"
/*--- Dilation --- 膨胀 ------------------------------------------------
      image_in:  输入图像数据指针
      image_out: 输出图像数据指针
     xsize:      图像宽度
     ysize:      图像高度
--------------------------------------------------------------------------*/
void Dilation(BYTE *image_in, BYTE *image_out, int xsize, int ysize)
{
    int    i, j;

    for (j = 1; j < ysize-1; j++) {
        for (i = 1; i < xsize-1; i++) {
            *(image_out + j*xsize + i) = *(image_in + j*xsize + i);
            if (*(image_in + (j-1)*xsize + i-1) == HIGH ||
```

```
                    *(image_in + (j-1)*xsize + i) == HIGH ||
                    *(image_in + (j-1)*xsize + i+1) == HIGH ||
                    *(image_in + j*xsize + i-1) == HIGH ||
                    *(image_in + j*xsize + i+1) == HIGH ||
                    *(image_in + (j+1)*xsize + i-1) == HIGH ||
                    *(image_in + (j+1)*xsize + i) == HIGH ||
                    *(image_in + (j+1)*xsize + i+1) == HIGH )
                      *(image_out + j*xsize + i) = HIGH;
            }
        }
    }
```

第 **8** 章

特征提取

本章以二值图像为对象，介绍提取所需要的物体、除去不必要噪声的方法。

8.1 二值图像的特征参数

表 8.1 列出了部分图形的特征参数以及相应的计算方法。

表 8.1 部分图形的特征参数以及相应的计算方法

种类	圆	正方形	正三角形
图像	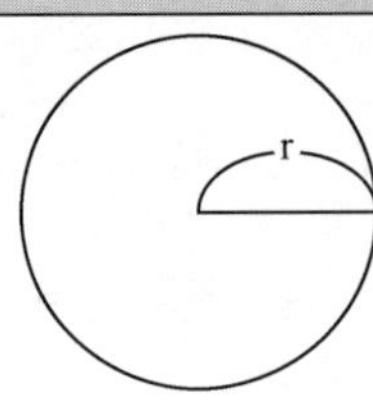	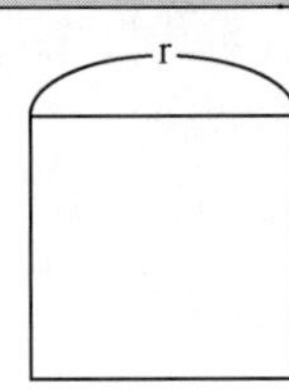	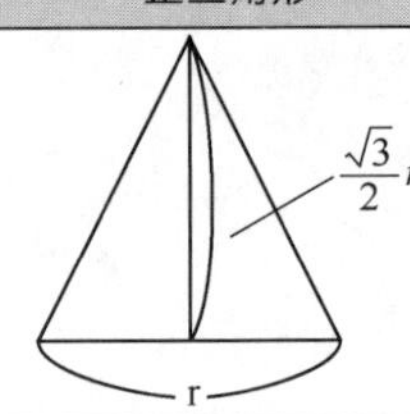
面积	πr^2	r^2	$\frac{\sqrt{3}}{4}r^2$
周长	$2\pi r$	$4r$	$3r$
圆形度	1.0	$\frac{\pi}{4}=0.79$	$\frac{\pi\sqrt{3}}{9}=0.60$

（1）面积（area）

计算物体（或区域）中包含的像素数。

（2）周长（perimeter）

物体（或区域）轮廓线的周长是指轮廓线上像素间距离之和。像素间距离有图 8.1（a）和（b）两种情况。图 8.1（a）表示并列的像素，当然并列方式可以是上、下、左、右 4 个方向，这种并列像素间的距离是一个像素。图 8.1（b）表示的是倾斜方向连接的像素，倾斜方向也有左上角、左下角、右上角、右下角 4 个方向，这种倾斜方向像素间的距离是 $\sqrt{2}$ 像素。在进行周长测量时，需要根据像素间的连接方式，分别计算距离。图 8.1（c）是一个周长的测量例。

如图 8.2 所示，提取轮廓线时，需要按以下步骤对轮廓线进行追踪。

① 扫描图像，顺序调查图像上各个像素的值，寻找没有扫描标志 a_0 的边界点。

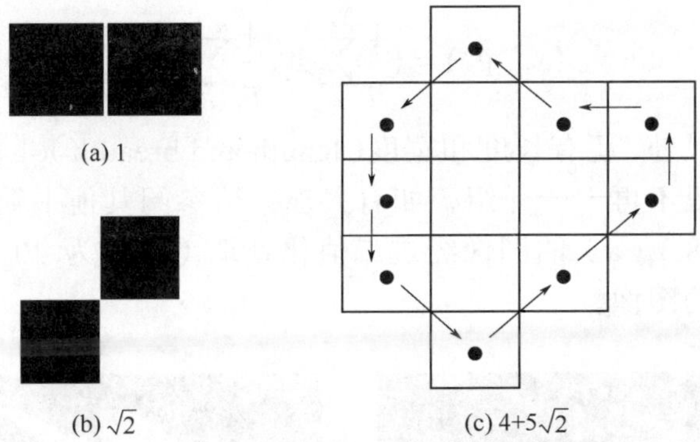

图 8.1　像素间的距离(像素)

② 如果 a_0 周围全为黑像素（0），说明 a_0 是个孤立点，停止追踪。

③ 否则，按图 8.2 的顺序寻找下一个边界点。用同样的方法追踪所有边界点。

④ 当下一个边界点有扫描标志 a_0 时，证明已经围绕物体一周，终止扫描。

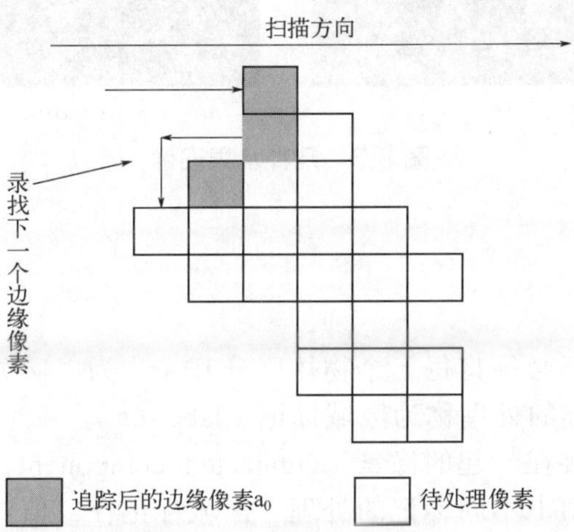

图 8.2　轮廓线的追踪

（3）圆形度（compactness）

圆形度是基于面积和周长而计算物体（或区域）的形状复杂程度的特征量。例如，可以考察一下圆和五角星，如果五角星的面积和圆的面积相等，那么五角星的周长一定比圆长。因此，可以考虑以下参数：

$$e=\frac{4\pi\times\text{面积}}{\text{周长}^2} \tag{8.1}$$

式中，e 就是圆形度。对于半径为 r 的圆来说，面积等于 πr^2，周长等于 $2\pi r$，所以圆形度 e 等于 1。由表 8.1 可以看出，形状越接近圆，e 越大，最大为 1；形状越复杂，e 越小。e 的值在 0 和 1 之间。

（4）重心（center of gravity 或 centroid）

重心就是求物体（或区域）中像素坐标的平均值。例如，某白色像素的坐标为(x_i, y_i) $(i = 0, 1, 2, \cdots, n-1)$，其重心坐标$(x_0, y_0)$可由式（8.2）求得：

$$(x_0, y_0) = (\frac{1}{n}\sum_{i=0}^{n-1} x_i, \frac{1}{n}\sum_{i=0}^{n-1} y_i) \tag{8.2}$$

除了上面的参数以外，还有长度和宽度(length and breadth)、欧拉数(Euler's number)等许多特征参数，这里不再一一介绍，如有兴趣，请参阅其他书籍。

图 8.3（b）是图 8.3（a）的图像经过二值化处理（阈值为 40 以上），再经过两次中值滤波去噪声处理后的图像。

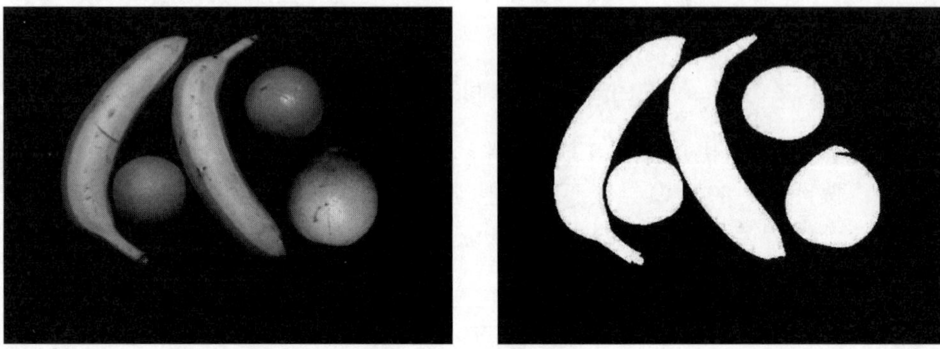

(a) 灰度图像　　(b) 二值图像

图 8.3　几种水果图像

8.2　区域标记

要利用上述参数，还必须将每一个物体区分开来。为了区分每个物体，必须调查像素是否连接在一起，这样的处理称为区域标记（labeling）。

区域标记是指给连接在一起的像素（connected component，连接成分）附上相同的标记，不同的连接成分附上不同标记的处理。区域标记在二值图像处理中占有非常重要的地位。图 8.4 为进行区域标记后的图像，通过该处理将各个连接成分区分开来，然后就可以调查各个连接成分的形状特征。

图 8.4　区域标记后图像

区域标记处理的程序见 List 8.1，调查物体（连接成分）特征参数的处理程序见 List 8.2。

8.3　基于特征参数提取物体

进行以上处理后，就完成了从图 8.3（a）中提取香蕉的准备工作。调查各个物体特征的步骤如图 8.5 所示，处理结果见表 8.2。图 8.6 为处理后的图像，轮廓线和重心位置的像素比较亮。

图 8.5　调查物体特征的步骤

由表 8.2 可知，圆形度小的物体有两个，可能就是香蕉。如果要提取香蕉，按照图 8.5 的步骤进行处理，然后再提取具有某种圆形度的连接成分即可。上述处理的程序见 List 8.3，该程序把圆形度小于最小 ratio_min 或者大于最大 ratio_max 的连接成分的像素值设置为 0。提取的连接成分的图像如图 8.7 所示。这些处理生成了一个掩模图像（mask image），利用该掩模即可从原始图像（图 8.3）中把香蕉提取出来。提取结果如图 8.8 所示。用掩模图像进行提取的程序见 List 8.4。

表 8.2　各个物体的特征参数

物体序号	面积/px	周长/px	圆形度	重心位置
0	21718	894.63	0.3410	(307, 209)
1	22308	928.82	0.3249	(154, 188)
2	9460	367.85	0.8785	(401, 136)
3	14152	495.14	0.7454	(470, 274)
4	8570	352.98	0.8644	(206, 260)

图 8.6　表示追踪的轮廓线和重心的图像

图 8.7　图 8.6 中圆形度小于 0.5 的物体的抽出结果

图 8.8　利用图 8.7 从图 8.3（a）中提取香蕉

8.4 基于特征参数消除噪声

特征参数也可以用于除去不必要的东西。例如，可以用于消去噪声处理。关于二值图像的噪声，在第 7 章介绍了由膨胀与腐蚀连接成分来消除噪声的方法，利用特征参数也可以进行该处理。也就是说，通过区域标记处理将各个连接成分区分开后，除去面积小的连接成分即可。处理流程见图 8.9，处理程序见 List 8.5。

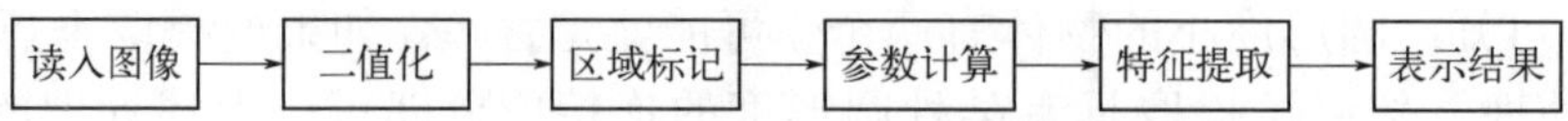

图 8.9　由特征参数消除噪声的步骤

8.5 对话框功能说明

图 8.10 为特征提取的对话框功能界面。

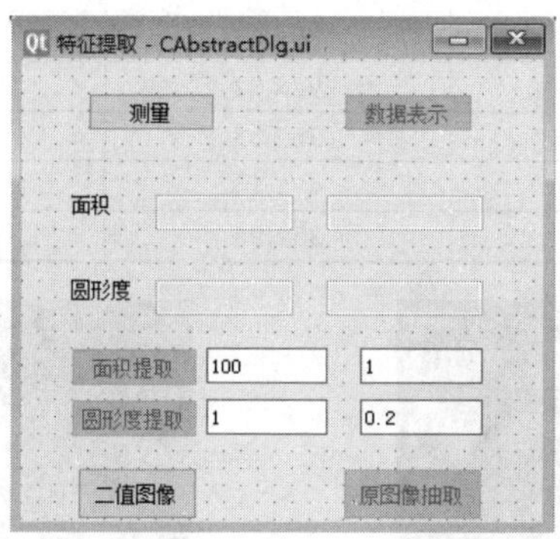

图 8.10　特征提取对话框功能界面

（1）基本功能概述

CAbstractDlg 是一个用于图像处理中特征提取的对话框程序，作为 DIPAGUI 项目的一部分，通过一系列功能按钮，允许用户进行图像特征的测量、参数设置、区域提取、数据查看以及结果图像的显示，为用户提供了便捷且全面的图像特征提取工具。

（2）按钮功能介绍

① 测量。

功能：执行图像特征的测量和参数设置操作。

操作：

a．消除原始图像边缘的像素。

b．对图像进行标签处理（区域划分）。

c．计算各区域的特征数据（面积、周长、圆形度、重心坐标）。

d．更新界面显示，包括最大面积、最小面积、最大圆形度、最小圆形度等参数。

e．使“数据表示”按钮变为可用状态。

② 数据表示。

功能：显示所有已测算区域的特征数据。

操作：弹出消息框，显示每个区域的序号、面积、周长、圆形度和重心坐标。

③ 面积。

功能：静态文字标签，说明接下来的操作与面积相关。

④ 面积范围设置（编辑控件）。

功能：显示面积提取的最大值和最小值。

⑤ 圆形度。

功能：静态文字标签，说明接下来的操作与圆形度相关。

⑥ 圆形度范围设置（编辑控件）。

功能：显示测量圆形度提取的最大值和最小值。

⑦ 面积提取。

功能：根据设定的面积范围提取图像中的对象。

操作：调用面积提取函数，提取符合面积范围的对象，并显示提取结果。

⑧ 面积范围设置（编辑控件）。

功能：设置面积提取的上限和下限。

⑨ 圆形提取。

功能：根据设定的圆形度范围提取图像中的对象。

操作：调用圆形度函数，提取符合圆形度范围的对象，并显示提取结果。

⑩ 圆形度范围设置（编辑控件）。

功能：设置提取圆形度的上限和下限。

⑪ 二值图像。

功能：显示原始的二值图像。

操作：显示输入的原始二值图像。

⑫ 原图像抽取。

功能：将提取的结果叠加到原始图像上并显示。

操作：加载原始图像，调用模板复制函数，将提取结果叠加到原始图像上，并显示叠加后的图像。

⑬ 右上角“×”。

功能：关闭对话框。在对话框关闭时，恢复主菜单项的可用性。

（3）使用流程

① 读入灰度原图像或者二值图像。

② 如果读入的是灰度原图像，需要打开菜单“二值化”，进行二值化处理。如果读入是二值图像，不需要这一步。

③ 打开特征提取对话框。

④ 点击“测量”，对二值图像进行参数测量。测量的面积、圆形度的最大值和最小值将显示在对话框上。

⑤ 点击“数据表示”，弹出窗口，显示测量的全部数据。

⑥ 设定面积提取范围或圆形度提取范围，点击“面积提取”或“圆形度提取”，提

取并显示设定的目标区域。

⑦ 点击“二值图像”，查看二值图像。

⑧ 点击“原图像抽取”，将面积提取或者圆形度提取的区域叠加在读入的二值图像或者灰度原图像上。

⑨ 完成处理后，点击右上角“×”，关闭对话框。

8.6 对话框功能实现

8.6.1 PyQt5 对话框 CAbstractDlg.ui 的创建步骤

CAbstractDlg.ui 的创建步骤如下。

① 参考第 3 章，如图 3.22 所示，打开图 3.23 所示的 PyQt5 界面。

② 选择“新建窗体”上的“Dialog withoutButtons”，点击“创建”，打开新建对话框窗口（参考图 5.7）。

③ 在右区的“属性编辑器”上，编辑“windowTitle”为“特征提取”。

④ 保存新建窗口为 CAbstractDlg.ui 到指定文件夹。

⑤ 通过鼠标左键拖拽和布局表 8.3 所列的控件，获得图 8.10 所示的特征提取对话框功能界面。

表 8.3 windowTitle：特征提取

序号	test	objectName	属性设定
1	测量	pushButton	
2	数据表示	pushButton_2	enabled ☐
3	面积	label	
4		lineEdit	enabled ☐ dragEnabled ☑ readOnly ☑
5		lineEdit_2	(同序号 4)
6	圆形度	label	
7		lineEdit_3	(同序号 4)
8		lineEdit_4	(同序号 4)
9	面积提取	pushButton_3	enabled ☐
10	100	lineEdit_5	
11	1	lineEdit_6	
12	圆形提取	pushButton_4	enabled ☐
13	1	lineEdit_7	
14	0.2	lineEdit_8	
15	二值图像	pushButton_5	
16	原图像抽取	pushButton_6	enabled ☐

8.6.2 CAbstractDlg.ui 转换 CAbstractDlg.py 与配置

（1）CAbstractDlg.ui 转换 CAbstractDlg.py

① 在 pythonDIPAX 工程中，选择保存的 CAbstractDlg.ui 文件，然后点击 Tools→External Tools→PyCUI，就在与 CAbstractDlg.ui 文件相同文件夹中生成了 CAbstractDlg.py 文件。

② 将 CAbstractDlg.py 复制到 pythonDIPAX 工程文件夹中。

③ 在 pythonDIPAX 工程中打开 CAbstractDlg.py 文件，就可以看到 CAbstractDlg 对话框的控件配置情况。

（2）CAbstractDlg.py 的配置

① 参照 8.8 节的 List 8.6　CAbstractDlg.py，修改 CAbstractDlg.py 文件。主要内容包括：头部导入扩展库，修改对话框类的名称，添加初始化函数，添加控件的函数定义和函数内容，添加关闭窗口的后处理函数。

② 在主界面 DIPAGUI.py 的头部添加 “import CAbstractDlg as cd”。参考 “List 3.2 DIPAGUI.py 全功能源代码”。

③ 在主界面 DIPAGUI.py 的 createWiget 函数中，添加特征提取菜单函数：

```
self.mymenu.add_command(label="特征提取", command=self.command_CAbstract)
self.mygui.config(menu=self.mymenu)
```

④ 在主界面 DIPAGUI.py 中添加特征提取菜单函数实现内容：

```
def command_ CAbstract (self):
    ......
```

⑤ 完成上述内容后，运行 DIPAGUI，结果如图 8.11 所示。

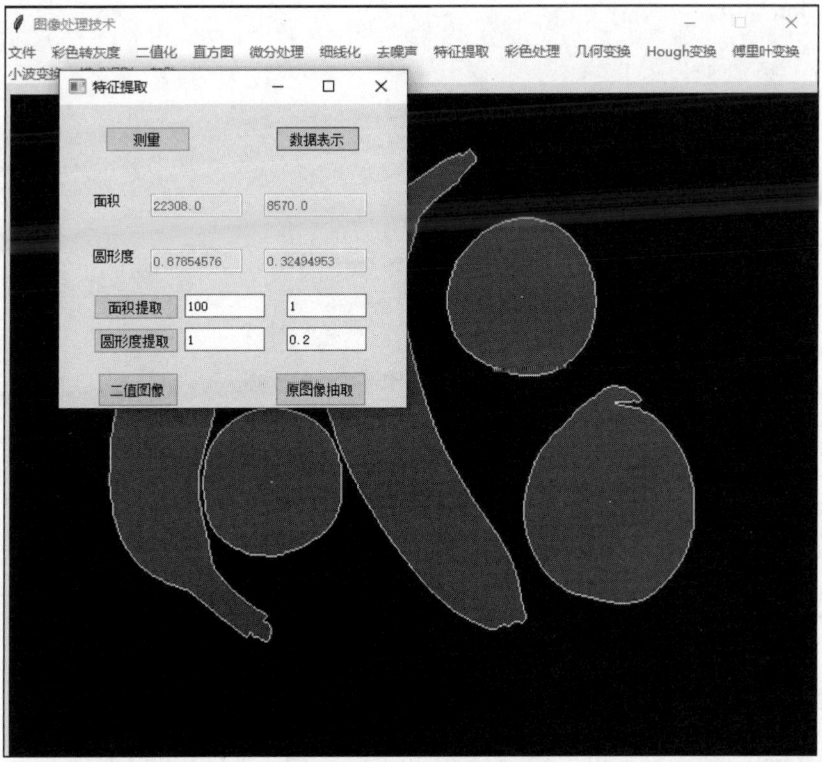

图 8.11　特征提取功能

8.7　C 语言函数源代码

本节包含以下 C 语言函数源代码：List 8.1 区域标记，List 8.2 计算图像特征参数，

List 8.3 根据圆形度抽出物体，List 8.4 复制掩模领域的原始图像，List 8.5 根据面积提取对象物。

List 8.1 区域标记

```
#include "StdAfx.h"
#include "BaseList.h"
#include <stdio.h>

void labelset(BYTE *image, int xsize, int ysize, int xs, int ys, int label);

/*--- Labeling --- 加标记处理 ------------------------------------
    image_in:     输入图像数据指针（二值图像）
    image_out:    输出图像数据指针（标记图像）
    xsize:        图像宽度
    ysize:        图像高度
    cnt:          标记个数
--------------------------------------------------------------------------*/
int Labeling(BYTE *image_in, BYTE *image_out, int xsize, int ysize, int *cnt)
{
    int     i, j, label;

    for (j = 0; j < ysize; j++)
        for (i = 0; i < xsize; i++)
            *(image_out + j*xsize + i) = *(image_in + j*xsize + i);
    label = L_BASE;
    for (j = 0; j < ysize; j++)
        for (i = 0; i < xsize; i++) {
            if (*(image_out + j*xsize + i) == HIGH) {
                if (label >= HIGH) {
                    AfxMessageBox("Error! too many labels.");
                    return -1;
                }
                labelset(image_out, xsize, ysize, i, j, label);
                label++;
            }
        }
    *cnt = label-L_BASE;

    return 0;
}

/*--- labelset --- 给连接像素加标记 ---------------------
    image:        图像数据指针
    xsize:        图像宽度
    ysize:        图像高度
    xs, ys:       开始位置
    label:        标记值
--------------------------------------------------------------------------*/
void labelset(BYTE *image, int xsize, int ysize, int xs, int ys, int label)
{
```

```
    int     i, j, cnt, im, ip, jm, jp;

    *(image + ys*xsize + xs) = label;
    for (;;) {
        cnt = 0;
        for (j = 0; j < ysize; j++)
            for (i = 0; i < xsize; i++)
                if (*(image + j*xsize + i) == label) {
                    im = i-1; ip = i+1; jm = j-1; jp = j+1;
                    if (im < 0) im = 0; if (ip >= xsize) ip = xsize-1;
                    if (jm < 0) jm = 0; if (jp >= ysize) jp = ysize-1;
                    if (*(image + jm*xsize + im) == HIGH) {
                        *(image + jm*xsize + im) = label; cnt++;
                    }
                    if (*(image + jm*xsize + i ) == HIGH) {
                        *(image + jm*xsize + i ) = label; cnt++;
                    }
                    if (*(image + jm*xsize + ip) == HIGH) {
                        *(image + jm*xsize + ip) = label; cnt++;
                    }
                    if (*(image + j*xsize + im) == HIGH) {
                        *(image + j*xsize + im) = label; cnt++;
                    }
                    if (*(image + j*xsize + ip) == HIGH) {
                        *(image + j*xsize + ip) = label; cnt++;
                    }
                    if (*(image + jp*xsize + im) == HIGH) {
                        *(image + jp*xsize + im) = label; cnt++;
                    }
                    if (*(image + jp*xsize + i ) == HIGH) {
                        *(image + jp*xsize + i ) = label; cnt++;
                    }
                    if (*(image + jp*xsize + ip) == HIGH) {
                        *(image + jp*xsize + ip) = label; cnt++;
                    }
                }
        if (cnt == 0) break;
    }
}
```

List 8.2　计算图像特征参数

```
#include "StdAfx.h"
#include "BaseList.h"
#include <stdio.h>

float calc_size(BYTE *image_label, int xsize, int ysize,
      int label, int *cx, int *cy);
float calc_length(BYTE *image_label, int xsize, int ysize, int label);
float trace(BYTE *image_label, int xsize, int ysize, int xs, int ys);

/*--- Features --- 计算特征数据 -----------------------------------
```

```
        image_label_in:         输入标记图像指针
        image_label_out:        输出标记图像指针
        xsize:                  图像宽度
        ysize:                  图像高度
        cnt:                    对象物个数
        size:                   面积
        length:                 周长
        ratio:                  圆形度
        center_x:               重心 x 坐标
        center_y:               重心 y 坐标

---------------------------------------------------------------------*/
void Features(BYTE *image_label_in, BYTE *image_label_out, int xsize, int ysize,
        int cnt, float size[], float length[], float ratio[], int center_x[], int center_y[])
{
        int         i, j, cx, cy;
        float  L;

        for (j = 0; j < ysize; j++){
                for (i = 0; i < xsize; i++){
                        *(image_label_out + j*xsize + i) = *(image_label_in + j*xsize + i);
                }
        }

        for (i = 0; i < cnt; i++) {

                size[i] = calc_size(image_label_out, xsize, ysize, i+L_BASE,
                        &cx, &cy);
                center_x[i] = cx;
                center_y[i] = cy;

                L = calc_length(image_label_out, xsize, ysize, i+L_BASE);
                length[i] = L;

                ratio[i] = 4*PI*size[i]/(L*L);
                *(image_label_out + cy*xsize + cx) = HIGH; //重心

        }
}

/*--- calc_size --- 求面积和重心位置 ------------------------------
        image_label:    标记图像指针
        xsize:          图像宽度
        ysize:          图像高度
        label:          标记号
        cx, cy:         重心位置
---------------------------------------------------------------------*/
float calc_size(BYTE *image_label, int xsize, int ysize,
        int label, int *cx, int *cy)
{
        int         i, j;
```

```
    float  tx, ty, total;

    tx = 0; ty = 0; total = 0;
    for (j = 0; j < ysize; j++)
        for (i = 0; i < xsize; i++)
            if (*(image_label + j*xsize + i) == label) {
                tx += i; ty += j; total++;
            }
    if (total == 0.0) return 0.0;
    *cx = (int)(tx/total); *cy = (int)(ty/total);
    return total;
}

/*--- calc_length ---  求周长 ----------------------------------------
    image_label:    标记图像指针
    xsize:          图像宽度
    ysize:          图像高度
    label:          标记号
--------------------------------------------------------------------------*/
float calc_length(BYTE *image_label, int xsize, int ysize, int label)
{
    int         i, j;
    float leng = 1;

    for (j = 0; j < ysize; j++){
        for (i = 0; i < xsize; i++){
            if (*(image_label + j*xsize + i) == label)
            {
                leng = trace(image_label, xsize, ysize, i-1, j);
                 return leng;
            }
        }
    }
    return 0;
}

/*--- trace ---  追踪轮廓线 --------------------------------------------
    image_label:    标记图像指针
    xsize:          图像宽度
    ysize:          图像高度
    xs, ys:         开始位置
--------------------------------------------------------------------------*/
float trace(BYTE *image_label, int xsize, int ysize, int xs, int ys)
{
    int         x, y, no, vec;
    float l;

    l = 0; x = xs; y = ys; no = *(image_label + y*xsize + x+1); vec = 5;
    for (;;) {
        if (x == xs && y == ys && l != 0) return l;
```

```
            *(image_label + y*xsize + x) = HIGH;

            switch (vec) {
                case 3:
                    if (*(image_label + y*xsize + x+1) != no &&
                        *(image_label + (y-1)*xsize + x+1) == no)
                        {x = x+1; y = y   ; l++          ; vec = 0; continue;}
                case 4:
                    if (*(image_label + (y-1)*xsize + x+1) != no &&
                        *(image_label + (y-1)*xsize + x) == no)
                        {x = x+1; y = y-1; l += ROOT2; vec = 1; continue;}
                case 5:
                    if (*(image_label + (y-1)*xsize + x) != no &&
                        *(image_label + (y-1)*xsize + x-1) == no)
                        {x = x   ; y = y-1; l++          ; vec = 2; continue;}
                case 6:
                    if (*(image_label + (y-1)*xsize + x-1) != no &&
                        *(image_label + y*xsize + x-1) == no)
                        {x = x-1; y = y-1; l += ROOT2; vec = 3; continue;}
                case 7:
                    if (*(image_label + y*xsize + x-1) != no &&
                        *(image_label + (y+1)*xsize + x-1) == no)
                        {x = x-1; y = y   ; l++          ; vec = 4; continue;}
                case 0:
                    if (*(image_label + (y+1)*xsize + x-1) != no &&
                        *(image_label + (y+1)*xsize + x) == no)
                        {x = x-1; y = y+1; l += ROOT2; vec = 5; continue;}
                case 1:
                    if (*(image_label + (y+1)*xsize + x) != no &&
                        *(image_label + (y+1)*xsize + x+1) == no)
                        {x = x   ; y = y+1; l++          ; vec = 6; continue;}
                case 2:
                    if (*(image_label + (y+1)*xsize + x+1) != no &&
                        *(image_label + y*xsize + x+1) == no)
                        {x = x+1; y = y+1; l += ROOT2; vec = 7; continue;}
                    vec = 3;
            }
        }
}
```

List 8.3 根据圆形度抽出物体

```
#include "StdAfx.h"
#include "BaseList.h"
#include    <stdio.h>

/*--- Ratio_extract --- 抽出具有某圆形度的对象物 ------------------
        image_label_in:         输入标记图像指针
        image_label_out:        输出标记图像指针
        xsize:                  图像宽度
        ysize:                  图像高度
        cnt:                    对象物个数
```

```
        ratio:                      圆形度
        ratio_min, ratio_max: 最小值、最大值
    ----------------------------------------------------------------------------*/
    void Ratio_extract(BYTE *image_label_in, BYTE *image_label_out, int xsize, int ysize, int cnt, float ratio[],
float ratio_min, float ratio_max)
    {
        int    i, j, x, y;
        int    lno[256];

        for (i = 0, j = 0; i < cnt; i++)
        {
            if (ratio[i] >= ratio_min && ratio[i] <= ratio_max)
                lno[j++] = L_BASE+i;
        }
        for (y = 0 ; y < ysize; y++) {
            for (x = 0; x < xsize; x++) {
                *(image_label_out + y*xsize + x) = 0;
                for (i = 0; i < j; i++)
                {
                    if (*(image_label_in + y*xsize + x) == lno[i])
                     *(image_label_out + y*xsize + x) = *(image_label_in + y*xsize + x);
                }
            }
        }
    }
```

List 8.4　复制掩模领域的原始图像

```
#include "StdAfx.h"
#include "BaseList.h"
/*---- Mask_copy --- 复制掩模领域的原始图像 -----------------------
    image_in:       输入图像指针
    image_out:      输出图像指针
    image_mask:     输入模块图像（二值图像）
    xsize:          图像宽度
    ysize:          图像高度
----------------------------------------------------------------------------*/
void Mask_copy(BYTE *image_in, BYTE *image_out,
    BYTE *image_mask, int xsize, int ysize)
{
    int    i, j;

    for (j = 0; j < ysize; j++) {
        for (i = 0; i < xsize; i++) {
            if (*(image_mask + j*xsize +i) != LOW)
                *(image_out + j*xsize + i) = *(image_in + j*xsize + i);
            else *(image_out + j*xsize + i) = 0;
        }
    }
}
```

List 8.5 根据面积提取对象物

```
#include "StdAfx.h"
#include "BaseList.h"
#include   <stdio.h>

/*--- Size_extract --- 抽出某面积范围的对象物 --------------------
    image_label_in:         输入标记图像指针
    image_label_out:        输出标记图像指针
    xsize:                  图像宽度
    ysize:                  图像高度
    cnt:                    对象物个数
    size:                   面积
    size_min, size_max:     最小值、最大值
---------------------------------------------------------------------*/
void Size_extract(BYTE *image_label_in, BYTE *image_label_out, int xsize, int ysize, int cnt, float size[],
float size_min, float size_max)
{
    int    i, j, x, y;
    int    lno[256];

    for (i = 0, j = 0; i < cnt; i++)
        if (size[i] >= size_min && size[i] <= size_max)     lno[j++] = L_BASE+i;
    for (y = 0; y < ysize; y++) {
        for (x = 0; x < xsize; x++) {
            *(image_label_out + y*xsize + x) = 0;
            for (i=0 ; i<j ; i++)
                if (*(image_label_in + y*xsize + x) == lno[i])
                    *(image_label_out + y*xsize + x) = *(image_label_in + y*xsize + x);
        }
    }
}
```

8.8 对话框类源代码

List 8.6 列出了特征提取对话框类的源文件 CAbstractDlg.py 的内容。

List 8.6 CAbstractDlg.py

```
from DIPAGUI import *
import numpy as np
from ctypes import cdll, c_float, c_int
from PyQt5 import QtCore, QtWidgets
from PyQt5.QtWidgets import QMessageBox

class CAbstractDlg(QtWidgets.QMainWindow):
    def __init__(self, dipa_gui):
        super(CAbstractDlg, self).__init__()
        self.dipa_gui = dipa_gui
        self.setupUi(self)
```

```
        self.retranslateUi(self)
        #定义图像
        self.img1 = self.dipa_gui.img1
        self.img2 = self.dipa_gui.img2
        self.img_label = self.img1.copy()
        #公用参数
        self.ncnt = c_int(0)
        self.fradio = [0.0]*155
        self.fsize = [0.0]*155
        self.flength = [0.0]*155
        self.ncenter_x = [0]*155
        self.ncenter_y = [0]*155

        self.fAreaMax = 0
        self.fAreaMax2 = 0
        self.fAreaMin = 0
        self.fAreaMin2 = 0
        self.fRadioMax = 0
        self.fRadioMax2 = 0
        self.fRadioMin = 0
        self.fRadioMin2 = 0

        # 链接 dll
        self.dll = cdll.LoadLibrary("DIPAFunction.dll")


    def setupUi(self, Dialog):
        Dialog.setObjectName("Dialog")
        Dialog.resize(306, 272)
        self.pushButton = QtWidgets.QPushButton(Dialog)
        self.pushButton.setGeometry(QtCore.QRect(40, 20, 75, 23))
        self.pushButton.setObjectName("pushButton")
        self.pushButton_2 = QtWidgets.QPushButton(Dialog)
        self.pushButton_2.setEnabled(False)
        self.pushButton_2.setGeometry(QtCore.QRect(190, 20, 75, 23))
        self.pushButton_2.setCheckable(True)
        self.pushButton_2.setChecked(True)
        self.pushButton_2.setObjectName("pushButton_2")
        self.label = QtWidgets.QLabel(Dialog)
        self.label.setGeometry(QtCore.QRect(30, 80, 54, 12))
        self.label.setObjectName("label")
        self.label_2 = QtWidgets.QLabel(Dialog)
        self.label_2.setGeometry(QtCore.QRect(30, 130, 54, 12))
        self.label_2.setObjectName("label_2")
        self.lineEdit = QtWidgets.QLineEdit(Dialog)
        self.lineEdit.setEnabled(False)
        self.lineEdit.setGeometry(QtCore.QRect(80, 80, 81, 21))
        self.lineEdit.setDragEnabled(True)
        self.lineEdit.setReadOnly(True)
        self.lineEdit.setObjectName("lineEdit")
        self.lineEdit_2 = QtWidgets.QLineEdit(Dialog)
```

```
        self.lineEdit_2.setEnabled(False)
        self.lineEdit_2.setGeometry(QtCore.QRect(180, 80, 91, 21))
        self.lineEdit_2.setObjectName("lineEdit_2")
        self.lineEdit_3 = QtWidgets.QLineEdit(Dialog)
        self.lineEdit_3.setEnabled(False)
        self.lineEdit_3.setGeometry(QtCore.QRect(80, 130, 81, 21))
        self.lineEdit_3.setObjectName("lineEdit_3")
        self.lineEdit_4 = QtWidgets.QLineEdit(Dialog)
        self.lineEdit_4.setEnabled(False)
        self.lineEdit_4.setGeometry(QtCore.QRect(180, 130, 91, 21))
        self.lineEdit_4.setObjectName("lineEdit_4")
        self.pushButton_3 = QtWidgets.QPushButton(Dialog)
        self.pushButton_3.setEnabled(False)
        self.pushButton_3.setGeometry(QtCore.QRect(30, 170, 75, 23))
        self.pushButton_3.setObjectName("pushButton_3")
        self.pushButton_4 = QtWidgets.QPushButton(Dialog)
        self.pushButton_4.setEnabled(False)
        self.pushButton_4.setGeometry(QtCore.QRect(30, 200, 75, 23))
        self.pushButton_4.setObjectName("pushButton_4")
        self.lineEdit_5 = QtWidgets.QLineEdit(Dialog)
        self.lineEdit_5.setGeometry(QtCore.QRect(110, 170, 71, 21))
        self.lineEdit_5.setObjectName("lineEdit_5")
        self.lineEdit_6 = QtWidgets.QLineEdit(Dialog)
        self.lineEdit_6.setGeometry(QtCore.QRect(200, 170, 71, 21))
        self.lineEdit_6.setObjectName("lineEdit_6")
        self.lineEdit_7 = QtWidgets.QLineEdit(Dialog)
        self.lineEdit_7.setGeometry(QtCore.QRect(110, 200, 71, 21))
        self.lineEdit_7.setObjectName("lineEdit_7")
        self.lineEdit_8 = QtWidgets.QLineEdit(Dialog)
        self.lineEdit_8.setGeometry(QtCore.QRect(200, 200, 71, 21))
        self.lineEdit_8.setObjectName("lineEdit_8")
        self.pushButton_5 = QtWidgets.QPushButton(Dialog)
        self.pushButton_5.setGeometry(QtCore.QRect(34, 240, 71, 31))
        self.pushButton_5.setObjectName("pushButton_5")
        self.pushButton_6 = QtWidgets.QPushButton(Dialog)
        self.pushButton_6.setEnabled(False)
        self.pushButton_6.setGeometry(QtCore.QRect(190, 240, 81, 31))
        self.pushButton_6.setObjectName("pushButton_6")

        self.retranslateUi(Dialog)
        QtCore.QMetaObject.connectSlotsByName(Dialog)

    def retranslateUi(self, Dialog):
        _translate = QtCore.QCoreApplication.translate
        Dialog.setWindowTitle(_translate("Dialog", "特征提取"))
        self.pushButton.setText(_translate("Dialog", "测量"))
        self.pushButton.clicked.connect(self.clickpushButton)

        self.pushButton_2.setText(_translate("Dialog", "数据表示"))
        self.pushButton_2.clicked.connect(self.clickpushButton_2)
```

```
        self.label.setText(_translate("Dialog", "面积"))
        self.label_2.setText(_translate("Dialog", "圆形度"))
        self.pushButton_3.setText(_translate("Dialog", "面积提取"))
        self.pushButton_3.clicked.connect(self.clickpushButton_3)

        self.pushButton_4.setText(_translate("Dialog", "圆形度提取"))
        self.pushButton_4.clicked.connect(self.clickpushButton_4)

        self.lineEdit_5.setText(_translate("Dialog", "100"))
        self.lineEdit_6.setText(_translate("Dialog", "1"))
        self.lineEdit_7.setText(_translate("Dialog", "1"))
        self.lineEdit_8.setText(_translate("Dialog", "0.2"))

        self.pushButton_5.setText(_translate("Dialog", "二值图像"))
        self.pushButton_5.clicked.connect(self.clickpushButton_5)

        self.pushButton_6.setText(_translate("Dialog", "原图像抽取"))
        self.pushButton_6.clicked.connect(self.clickpushButton_6)

    #原图像抽取
    def clickpushButton_6(self):
        filename = self.dipa_gui.filename
        image = Image.open(filename)
        img = np.array(image)
        img_out =img.copy()

        w = self.dipa_gui.imgW
        h = self.dipa_gui.imgH
        # 在原图像上抽取
        self.dll.Mask_copy(img.ctypes.data_as(POINTER(c_ubyte)),img_out.ctypes.data_as(POINTER
(c_ubyte)), self.img2.ctypes.data_as(POINTER(c_ubyte))
                                        ,w, h)
        # 图像显示
        self.dipa_gui.tk_img_display(img_out)

    #二值图像
    def clickpushButton_5(self):
        # 图像显示
        self.dipa_gui.tk_img_display(self.img1)

    #圆形度提取
    def clickpushButton_4(self):
        if self.ncnt.value <= 0:
            return
        max_ratio = float(self.lineEdit_7.text())
        min_ratio = float(self.lineEdit_8.text())
       #抽出某面积范围的对象物
        w = self.dipa_gui.imgW
        h = self.dipa_gui.imgH
        fradio_c_float = (c_float * 155)(*self.fradio)
        self.dll.Ratio_extract(self.img_label.ctypes.data_as(POINTER(c_ubyte)),
```

```
self.img2.ctypes.data_as(POINTER(c_ubyte)),
                                          w, h,
                               self.ncnt, fradio_c_float, c_float(min_ratio), c_float(max_ratio))
            # 图像显示
            self.dipa_gui.tk_img_display(self.img2)
        #面积提取
        def clickpushButton_3(self):
            if self.ncnt.value <= 0:
                return
            max_area = float(self.lineEdit_5.text())
            min_area = float(self.lineEdit_6.text())
            #抽出某面积范围的对象物
            w = self.dipa_gui.imgW
            h = self.dipa_gui.imgH
            fsize_c_float = (c_float * 155)(*self.fsize)
            self.dll.Size_extract(self.img_label.ctypes.data_as(POINTER(c_ubyte)), self.img2.ctypes.data_as
(POINTER(c_ubyte)),
                                          w, h,
                               self.ncnt, fsize_c_float, c_float(min_area), c_float(max_area))
            # 图像显示
            self.dipa_gui.tk_img_display(self.img2)

        #数据表示
        def clickpushButton_2(self):
            # --------------生成目标数据-----------------------
            n = self.ncnt.value
            targets = []
            for i in range(1, n+1):
                area = self.fsize[i-1]    # np.random.uniform(100, 500)
                perimeter = self.flength[i-1]# np.random.uniform(50, 200)
                circularity = self.fradio[i-1] # (4 * np.pi * area) / (perimeter ** 2)
                centroid = (self.ncenter_x[i-1],self.ncenter_y[i-1])#(np.random.uniform(0, 640), np.random.uniform
(0, 480))
                targets.append({
                    "id": i,
                    "area": area,
                    "perimeter": perimeter,
                    "circularity": circularity,
                    "centroid": centroid
                })
            # ------------格式化数据--------------
            # 列宽定义
            col_width = {
                'id': 6,
                'area': 10,
                'perimeter': 10,
                'circularity': 10,
                'centroid': 15
            }

            # 构建表头
```

```
        header = (
            f"{'序号':<{col_width['id']}}"
            f"{'面积':<{col_width['area']}}"
            f"{'周长':<{col_width['perimeter']}}"
            f"{'圆形度':<{col_width['circularity']}}"
            f"{'重心坐标':<{col_width['centroid']}}"
        )

        # 构建分隔线
        separator = '-' * (sum(col_width.values())) + '\n'

        # 构建数据行
        rows = [header, separator]
        for target in targets:
            row = (
                f"{target['id']:<{col_width['id']}.0f}"
                f"{target['area']:<{col_width['area']}.2f}"
                f"{target['perimeter']:<{col_width['perimeter']}.2f}"
                f"{target['circularity']:<{col_width['circularity']}.4f}"
                f"{target['centroid'][0]:.1f}, {target['centroid'][1]:.1f}"
            )
            rows.append(row)
        message_text = '\n'.join(rows)
        #------------------------------------
        # 显示消息框
        QMessageBox.information(
            None,
            "目标特征数据",
            f"<pre>{message_text}</pre>",  # 使用 pre 标签保持格式
            QMessageBox.Ok
        )

    #测量
    def clickpushButton(self):
        w = self.dipa_gui.imgW
        h = self.dipa_gui.imgH
        # 消除周围像素
        for i in range(0,w):
            self.img1[0, i] = 0
            self.img1[1, i] = 0
            self.img1[h-1, i] = 0
            self.img1[h-2, i] = 0
        for j in range(0,h):
            self.img1[j, 0] = 0
            self.img1[j, 1] = 0
            self.img1[j, w-1] = 0
            self.img1[j, w-2] = 0
        # 区域标签处理
        nRnt = self.dll.Labeling(self.img1.ctypes.data_as(POINTER(c_ubyte)),
self.img_label.ctypes.data_as(POINTER(c_ubyte)),
                                w, h, pointer(self.ncnt))
```

```
        if nRnt == -1: # 标签个数太多
            self.ncnt = 0
            return
        if self.ncnt == 0: #没有测试对象
            return
        # 将 numpy 数据转换为 c 数据
        fradio_c_float = (c_float * 155)(*self.fradio)
        fsize_c_float = (c_float * 155)(*self.fsize)
        flength_c_float = (c_float * 155)(*self.flength)
        ncenter_x_c_int = (c_int * 155)(*self.ncenter_x)
        ncenter_y_c_int = (c_int * 155)(*self.ncenter_y)
        #测算特征数据
        self.dll.Features(self.img_label.ctypes.data_as(POINTER(c_ubyte)),
self.img2.ctypes.data_as(POINTER(c_ubyte)),
                                    w, h, self.ncnt, fsize_c_float,flength_c_float,
                        fradio_c_float, ncenter_x_c_int, ncenter_y_c_int)
        # 图像显示
        self.dipa_gui.tk_img_display(self.img2)

        # 将 c_float 数据转换为 numpy 数据
        self.fsize = np.array(fsize_c_float, dtype=np.float32)
        self.flength = np.array(flength_c_float, dtype=np.float32)
        self.fradio = np.array(fradio_c_float, dtype=np.float32)
        self.ncenter_x = np.array(ncenter_x_c_int, dtype=np.int32)
        self.ncenter_y = np.array(ncenter_y_c_int, dtype=np.int32)

        # 计算最大面积
        self.fAreaMax = 0
        for i in range(self.ncnt.value):
            self.fAreaMax = max(self.fAreaMax, self.fsize[i])
        self.lineEdit.setText(str(self.fAreaMax))

        # 计算最小面积
        self.fAreaMin = self.fAreaMax
        for i in  range(self.ncnt.value):
            self.fAreaMin = min(self.fAreaMin, self.fsize[i])
        self.lineEdit_2.setText(str(self.fAreaMin))

        # 计算最大圆形度
        self.fRadioMax = 0;
        for i in range(self.ncnt.value):
            self.fRadioMax = max(self.fRadioMax, self.fradio[i])
        self.lineEdit_3.setText(str(self.fRadioMax))

        # 计算最小圆形度
        self.fRadioMin = self.fRadioMax;
        for i in range(self.ncnt.value):
            self.fRadioMin = min(self.fRadioMin, self.fradio[i])
        self.lineEdit_4.setText(str(self.fRadioMin))

        #相关键可用
```

```
            self.pushButton_2.setEnabled(True)
            self.pushButton_3.setEnabled(True)
            self.pushButton_4.setEnabled(True)
            self.pushButton_6.setEnabled(True)

        def closeEvent(self, event):
            reply = QtWidgets.QMessageBox.question(self, '本窗口', "是否要关闭对话框？ ",
                                                   QtWidgets.QMessageBox.Yes |
QtWidgets.QMessageBox.No)
            if reply == QtWidgets.QMessageBox.Yes:
                #self.dipa_gui.mymenu.entryconfig('直方图', state=NORMAL)
                num_items = self.dipa_gui.mymenu.index("帮助") + 1
                for item in range(num_items):
                    self.dipa_gui.mymenu.entryconfig(item, state='normal')
                event.accept()
            else:
                event.ignore()
```

第 9 章

彩色变换

9.1 基本概念

9.1.1 HSI 变换

颜色的三个基本属性如下：

① 色调或者色相（hue，H），表示颜色的种类；

② 明度（value）、亮度 Y（brightness）或强度 I (intensity)，用来表现明暗程度；

③ 饱和度或彩度 S（saturation），用来表现颜色的鲜明程度。

在制作彩色电视信号时需要把 R、G、B 信号变换到亮度信号 Y 和颜色信号 C_1、C_2，其关系如式（9.1）所示，变换程序见 List 9.1。将 Y、C 变成图像数据的程序参见 List 9.2。

$$\begin{aligned} Y &= 0.3R + 0.59G + 0.11B \\ C_1 &= R - Y = 0.7R - 0.59G - 0.11B \\ C_2 &= B - Y = -0.3R - 0.59G + 0.89B \end{aligned} \tag{9.1}$$

式中，亮度信号 Y 就是灰度图像；彩色信号 C_1、C_2 是除去亮度信号所剩下的部分，称为色差信号（chrominance）。

从亮度信号、色差信号求 R、G、B 如式（9.2）所示，变换程序见 List 9.3。

$$\begin{aligned} R &= Y + C_1 \\ G &= Y - \frac{0.3}{0.9} \times C_1 - \frac{0.11}{0.59} \times C_2 \\ B &= Y + C_2 \end{aligned} \tag{9.2}$$

上述的色差信号与色调、饱和度之间有如图 9.1 所示的关系。从图 9.1 可见，色调 H 表示以色差信号 B-Y（即 C_2）为基准的坐标轴开始旋转了多少角度，饱和度 S 表示离开原点多远的距离，与色差的关系如式（9.3）所示，程序见 List 9.4。

$$\begin{aligned} H &= \arctan(C_1 / C_2) \\ S &= \sqrt{C_1^2 + C_2^2} \end{aligned} \tag{9.3}$$

为了观察 H 和 S，可以将其变换成图像数据展示出来。色调 H 表示从某基准颜色开始计算在 0°～180°之间旋转多少角度，当与基准颜色相同（色调的旋转角为 0°）时为

255，为相对方向的补色（色调的旋转角为 180°）时为 0，中间用 254 级的灰度表示。在色调的表示中，当饱和度为 0（即无颜色信号）时将不计算色调，常常给予 0 灰度级。饱和度 S 的图像，是将饱和度的最小值作为像素的最小值 0，将饱和度的最大值作为像素的最大值 255，按比例将饱和度数据转换为图像数据。H 和 S 的图像化程序见 List 9.5。由某点（基准颜色）的 RGB 值计算彩度和色相的程序见 List 9.6。

从色调 H、饱和度 S 变换到色差信号的公式见式（9.4），变换程序见 List 9.7。

$$\begin{aligned} C_1 &= S\sin H \\ C_2 &= S\cos H \end{aligned} \tag{9.4}$$

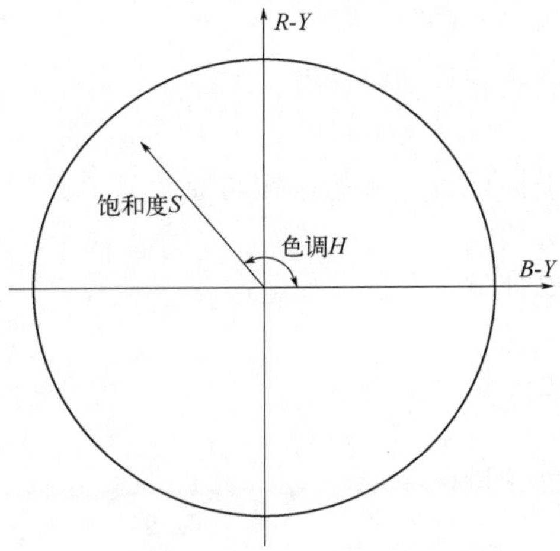

图 9.1　色差信号与色调、饱和度、亮度的关系

9.1.2　亮度、色调、饱和度的更改

对彩色图像不是将其分解成 R、G、B 信号，而是分解成亮度信号（brightness）和色差信号（chrominance）来处理，才能更好地理解它的颜色特征。首先把彩色图像分解成亮度、色调、饱和度进行处理，然后再变换成 RGB 成分写入内存，就可以自由地改变彩色图像的颜色特征。更改亮度、色调、饱和度的程序见 List 9.8。这个程序的输入变量通过 List 9.3 计算得到亮度信号、色调、饱和度等数据，以及它们各自的变更量。更改亮度、色调、饱和度后，需要计算出相应的色差信号 C_1 和 C_2，再由色差信号计算出 RGB 三基色（three primary color）进行表示。

9.2　对话框功能说明

图 9.2 为颜色变换的对话框功能界面。

（1）基本功能概述

ColorDlg 是一个基于 PyQt5 框架开发的彩色图像变换对话框程序，作为 DIPAGUI 项目的一部分，允许用户对图像进行多种彩色变换操作，包括显示原始颜色分量、亮度、彩度和色相图像，以及调整这些属性并生成变换后的图像。这些功能都是使用动态链接库（DLL）中的函数实现的。

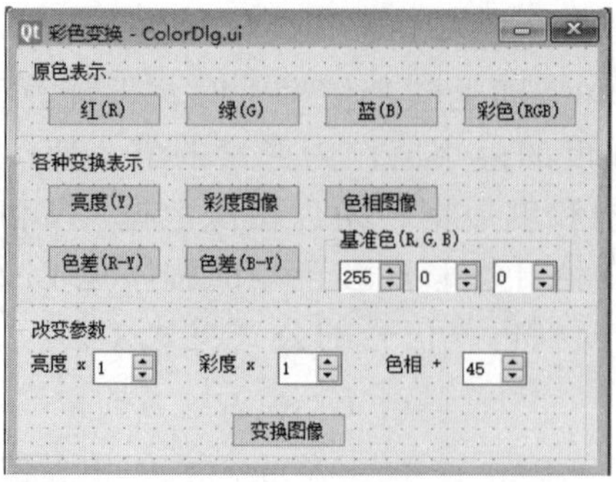

图 9.2　彩色变换对话框功能界面

（2）按钮功能介绍

① 原色表示。
功能：静态文本，用于标识接下来的按钮与原始颜色分量相关。
② 红(R)。
功能：显示图像的红色分量。
③ 绿(G)。
功能：显示图像的绿色分量。
④ 蓝(B)。
功能：显示图像的蓝色分量。
⑤ 彩色(RGB)。
功能：显示图像的原始 RGB 彩色图像。
⑥ 各种变换表示。
功能：静态文本，用于标识接下来的按钮与各种彩色变换相关。
⑦ 亮度(Y)。
功能：显示图像的亮度分量（Y）。
⑧ 彩度图像。
功能：显示图像的彩度分量。
⑨ 色相图像。
功能：显示图像的色相分量。
⑩ 色差(R-Y)。
功能：显示图像的红色与亮度之间的色差（$R-Y$）。
⑪ 色差(B-Y)。
功能：显示图像的蓝色与亮度之间的色差（$B-Y$）。
⑫ 基准色。
功能：静态文本，用于标识接下来的编辑控件与基准色设置相关。
⑬ 数值（编辑控件：红、绿、蓝）。
功能：设置基准色的红、绿、蓝分量值。
操作：用户可以在此编辑红、绿、蓝分量值，这些值将用于后续的彩色变换计算。
⑭ 改变参数。
功能：静态文本，用于标识接下来的编辑控件与彩色变换参数相关。

⑮ 亮度 ×。

功能：静态文本，说明接下来的编辑控件用于设置亮度乘数。

⑯ 数值（编辑控件：亮度乘数）。

功能：设置亮度变换的乘数。

操作：用户可以在此编辑亮度乘数，该乘数将用于调整图像的亮度。

⑰ 彩度 ×。

功能：静态文本，说明接下来的编辑控件用于设置彩度乘数。

⑱ 数值（编辑控件：彩度乘数）。

功能：设置彩度变换的乘数。

操作：用户可以在此编辑彩度乘数，该乘数将用于调整图像的彩度。

⑲ 色相 +。

功能：静态文本，说明接下来的编辑控件用于设置色相加数。

⑳ 数值（编辑控件：色相加数）。

功能：设置色相变换的加数。

操作：用户可以在此编辑色相加数，该加数将用于调整图像的色相。

㉑ 变换图像。

功能：根据用户设置的基准色和变换参数，生成并显示变换后的图像。

㉒ 右上角“×”。

功能：关闭对话框。在对话框关闭时，恢复主菜单项的可用性。

（3）使用流程

① 读入彩色图像。

② 打开彩色变换对话框。

③ 分别点击“红(R)”“绿(G)”“蓝(B)”及“彩色(RGB)”键，查看各分量和彩色原图像。

④ 分别点击“亮度(Y)”“彩度图像”“色相图像”“色差(R-Y)”及“色差(B-Y)”键，查看各个量的图像。色相图像与基准色的设定相关。

⑤ 分别设定亮度、彩度和色相的变换量后，点击“变换图像”，查看变换结果图像。

⑥ 完成处理后，点击右上角“×”，关闭对话框。

9.3　对话框功能实现

9.3.1　PyQt5 对话框 ColorDlg.ui 的创建步骤

ColorDlg.ui 的创建步骤如下。

① 参考第 3 章图 3.22 所示方法，打开图 3.23 所示的 PyQt5 界面。

② 选择“新建窗体”上的“Dialog withoutButtons”，点击“创建”，打开新建对话框窗口（参考图 5.7）。

③ 在“属性编辑器”上，编辑“windowTitle”为“彩色变换”。

④ 保存新建窗口为 ColorDlg.ui 到指定文件夹。

⑤ 通过鼠标左键拖拽和布局表 9.1 所列的控件，获得图 9.2 所示的彩色变换功能界面图。

表 9.1　windowTitle：彩色变换

序号	test	objectName	属性设定
1	原色表示	groupBox	
2	红(R)	pushButton	
3	绿(G)	pushButton_2	
4	蓝(B)	pushButton_3	
5	彩色(RGB)	pushButton_4	
6	各种变换表示	groupBox_2	
7	亮度(Y)	pushButton_5	
8	彩度图像	pushButton_6	
9	色相图像	pushButton_7	
10	色差(R-Y)	pushButton_8	
11	色差(B-Y)	pushButton_9	
12	基准色(R,G,B)	groupBox_3	
13		spinBox	minimum 0 maximum 255 value 255
14		spinBox_2	(同序号 13) value 0
15		spinBox_3	(同序号 13) value 1
16	改变参数	groupBox_4	
17	亮度 ×	label	
18		spinBox_4	minimum 1 maximum 10 value 1
19	彩度 ×	label	
20		spinBox_5	（同序号 18）
21	色相 +	label	
22		spinBox_6	minimum 0 maximum 360 singleStep 5 stepType Default value 45
23	变换图像	pushButton_10	

9.3.2 ColorDlg.ui 转换 ColorDlg.py 与配置

（1）ColorDlg.ui 转换 ColorDlg.py

① 在 pythonDIPAX 工程中，选择保存的 ColorDlg.ui 文件，然后点击 Tools→External Tools→PyCUI，就在与 ColorDlg.ui 文件相同文件夹中生成了 ColorDlg.py 文件。

② 将 ColorDlg.py 复制到 pythonDIPAX 工程文件夹中。

③ 在 pythonDIPAX 工程中打开 ColorDlg.py 文件，就可以看到 ColorDlg 对话框的控件配置情况。

（2）ColorDlg.py 的配置

① 参照 9.5 节的 List 9.9　ColorDlg.py，修改 ColorDlg.py 文件。主要内容包括：头部导入扩展库，修改对话框类的名称，添加初始化函数，添加控件的函数定义和函数内容，添加关闭窗口的后处理函数。

② 在主界面 DIPAGUI.py 的头部添加“import ColorDlg as cod”。参考“List 3.2 DIPAGUI.py 全功能源代码”。

③ 在主界面 DIPAGUI.py 的 createWiget 函数中，添加“彩色处理”主菜单和“彩色变换”子菜单函数：

```
# 彩色处理下拉菜单
filemenu = Menu(self.mymenu, tearoff=0)
filemenu.add_command(label='彩色变换', command=self.command_ColorTransform)
self.mymenu.add_cascade(label="彩色处理", menu=filemenu)
```

④ 在主界面 DIPAGUI.py 中添加彩色变换菜单函数实现内容：

```
def command_ColorTransform(self):
    ......
```

⑤ 完成上述内容后，运行 DIPAGUI，结果如图 9.3 所示。

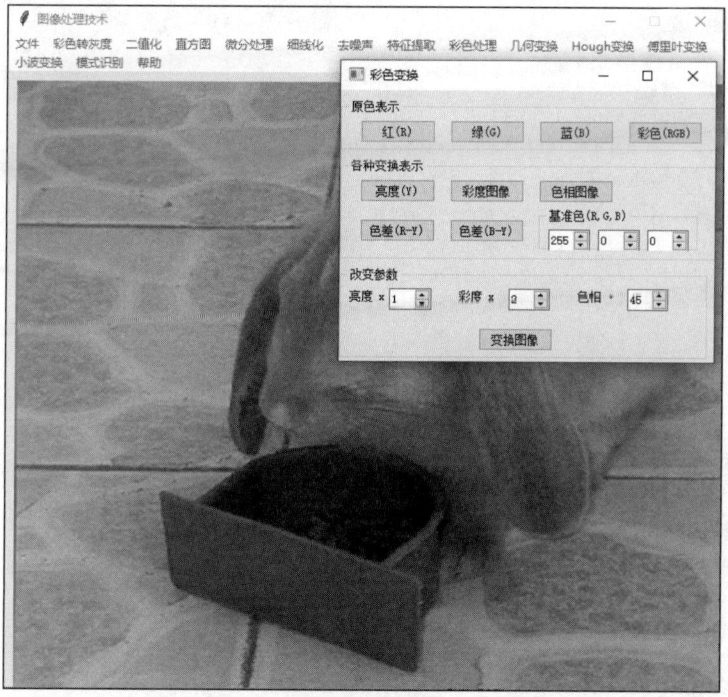

图 9.3　颜色变换程序运行结果

9.4　C 语言函数源代码

本节包含以下 C 语言函数源代码：List 9.1 由 RGB 变换亮度、色差，List 9.2 将亮度或者色差数据变为图像数据，List 9.3 由亮度、色差变换 RGB，List 9.4 由色差变换色调H、饱和度 S，List 9.5 色调、饱和度的图像化，List 9.6 由某点的 RGB 值计算彩度和色相，List 9.7 由饱和度和色相计算色差信号，List 9.8 亮度、色调、饱和度的调整。

List 9.1　由 RGB 变换亮度、色差

```
#include "StdAfx.h"
#include "BaseList.h"
/*--- Rgb_to_yc --- 由 R、G、B 变换为亮度、色差信号 -----------------------
        image_r:    输入图像数据 R 分量指针
        image_g:    输入图像数据 G 分量指针
        image_b:    输入图像数据 B 分量指针
        y:          输出数据指针 Y
        c1:         输出数据指针 R-Y
        c2:         输出数据指针 B-Y
        xsize:      图像宽度
       ysize:       图像高度
---------------------------------------------------------------------------*/
void Rgb_to_yc(BYTE *image_r, BYTE *image_g, BYTE *image_b,
        int *y, int *c1, int *c2, int xsize, int ysize)
{
        int         i, j;
        float  fr, fg, fb;

        for (j = 0; j < ysize; j++) {
                for (i = 0; i < xsize; i++) {
                        fr = (float)(*(image_r + j*xsize + i));
                        fg = (float)(*(image_g + j*xsize + i));
                        fb = (float)(*(image_b + j*xsize + i));
                        *(y + j*xsize + i) = (int)(0.3 * fr + 0.59 * fg + 0.11 * fb);
                        *(c1 + j*xsize + i) = (int)(0.7 * fr - 0.59 * fg - 0.11 * fb);
                        *(c2 + j*xsize + i) = (int)(-0.3 * fr - 0.59 * fg + 0.89 * fb);
                }
        }
}
```

List 9.2　将亮度或者色差数据变为图像数据

```
#include "StdAfx.h"
#include "BaseList.h"

/*--- Yc_to_image --- 将色差数据变为图像数据 -------------------
        data:       输入数据(Y 或者 C)指针
        image:      输出图像数据指针
        xsize:      图像宽度
       ysize:       图像高度
---------------------------------------------------------------------------*/
void Yc_to_image(int *data, BYTE *image, int xsize, int ysize)
{
        int    i, j;
        int    byte;
```

```
    for (j = 0; j < ysize; j++) {
        for (i = 0; i < xsize; i++) {
            byte = *(data + j*xsize + i);
            if (byte > 255) byte = 255;
            if (byte < 0) byte = 0;
            *(image + j*xsize + i) = (BYTE)byte;
        }
    }
}
```

List 9.3　由亮度、色差变换 RGB

```
#include "StdAfx.h"
#include "BaseList.h"

/*--- Yc_to_rgb --- 由亮度、色差变换 R、G、B 信号 -------------------
    y:          输入数据指针 Y
    c1:         输入数据指针 R-Y
    c2:         输入数据指针 B-Y
    image_r:    输出数据指针 R
    image_g:    输出数据指针 G
    image_b:    输出数据指针 B
    xsize:      图像宽度
   ysize:       图像高度
------------------------------------------------------------------------*/
void Yc_to_rgb(int *y, int *c1, int *c2, BYTE *image_r, BYTE *image_g,
    BYTE *image_b, int xsize, int ysize)
{
    int   i, j;
    int   ir, ig, ib;

    for (j = 0; j < ysize; j++) {
        for (i = 0; i < xsize; i++) {
            ir = *(y + j*xsize + i) + *(c1 + j*xsize + i);
            if (ir > 255) ir = 255;
            if (ir < 0) ir = 0;
            ig = (int)(*(y + j*xsize + i) - 0.3 / 0.59 *
                *(c1 + j*xsize + i) - 0.11 / 0.59 * (*(c2 + j*xsize + i)));
            if (ig > 255) ig = 255;
            if (ig < 0) ig = 0;
            ib = *(y + j*xsize + i) + *(c2 + j*xsize + i);
            if (ib > 255) ib = 255;
            if (ib < 0) ib = 0;
            *(image_r + j*xsize + i) = (BYTE)ir;
            *(image_g + j*xsize + i) = (BYTE)ig;
            *(image_b + j*xsize + i) = (BYTE)ib;
        }
    }
}
```

List 9.4 由色差变换色调 H、饱和度 S

```
#include "StdAfx.h"
#include "BaseList.h"
#include <math.h>
/*---- C_to_SH --- 由色差信号计算饱和度和色调 ----------------------------
        c1:          输入数据指针 R-Y
        c2:          输入数据指针 B-Y
        sat:         饱和度数据指针
        hue:         色调数据指针
        xsize:       数列宽度
        ysize:       数列高度
--------------------------------------------------------------------------*/
void C_to_SH(int *c1, int *c2, int *sat, int *hue, int xsize, int ysize)
{
        int          i, j;
        float  fhue, length;

        for (j = 0; j < ysize; j++) {
                for (i = 0; i < xsize; i++) {
                        length =(float)(*(c1 + j*xsize + i)) * (float)(*(c1 + j*xsize + i))
                                +(float)(*(c2 + j*xsize + i)) * (float)(*(c2 + j*xsize + i));
                        *(sat + j*xsize + i) = (int)(sqrt((double)length));

                        if (*(sat + j*xsize + i) > THRESHOLD){
                                fhue = (float)(atan2((double)(*(c1 + j*xsize + i)),
                                        (double)(*(c2 + j*xsize + i))) * 180.0 / PI);
                                if (fhue < 0 ) fhue = fhue + (float)360.0;
                                *(hue + j*xsize + i) = (int)fhue;
                                }
                        else *(hue + j*xsize + i) = (int)NONE; //彩度小于阈值
                }
        }
}
```

List 9.5 色调、饱和度的图像化

```
#include "StdAfx.h"
#include "BaseList.h"
#include <math.h>
/*--- Hue_to_image --- 由色调数据变换灰度图像 -----------------------------------
        sat:            饱和度数据指针
        hue:            色调数据指针
        stdhue:         基准色相值
        image_out:      输出图像数据
        xsize:          数列宽度
        ysize:          数列高度
--------------------------------------------------------------------------*/
void Hue_to_image(int *sat, int *hue, double stdhue,
                        BYTE *image_out, int xsize, int ysize)
{
```

```
	int		i, j;
	int		ihue;
	double	delt;

	for (j = 0; j < ysize; j++){
		for (i = 0; i < xsize; i++){
			if (*(sat + j*xsize + i) > 0){
				delt = fabs((double)(*(hue + j*xsize + i)) - (double)stdhue);
				if (delt > 180.0) delt = 360.0 - delt;
				ihue = (int)(255.0 - delt * 255.0 / 180.0);
				*(image_out + j*xsize + i) = (BYTE)ihue;
			}
			else *(image_out + j*xsize + i)=0;
		}
	}
}
/*--- Sat_to_image --- 由饱和度数据变换灰度图像 -------------------------------
	sat:		饱和度数据指针
	image_out:	输出图像数据指针
	xsize:		数列宽度
	ysize:		数列高度
---------------------------------------------------------------------------*/
int Sat_to_image(int *sat, BYTE *image_out, int xsize, int ysize)
{
	int i, j;
	int min, max;
	int isat;

	min = 255;
	max = 0;
	for (j = 0; j < ysize; j++){
		for (i = 0; i < xsize; i++ ){
			if (*(sat + j*xsize + i) > max) max = *(sat + j*xsize + i);
			if (*(sat + j*xsize + i) < min) min = *(sat + j*xsize + i);
		}
	}
	if (min == max) return -1;
	for (j = 0; j < ysize; j++){
		for (i = 0; i < xsize; i++ ){
			isat = 255 * (*(sat + j*xsize + i) - min) / (max - min);
			*(image_out + j*xsize + i) = (BYTE)(isat);
		}
	}
	return 0;
}
```

List 9.6　由某点的 RGB 值计算彩度和色相

```
#include "StdAfx.h"
#include "BaseList.h"
#include <math.h>
```

```
/*---- Rgb_to_SH --- 由某点的 RGB 值计算彩度和色相 ----------------------------
    r:          输入 R 值
    g:          输入 G 值
    b:          输入 B 值
    sat:        输出彩度值
    hue:        输出色相值

--------------------------------------------------------------------------*/
void Rgb_to_SH(BYTE r, BYTE g, BYTE b, double *sat, double *hue)
{
    double Y = 0.3*r + 0.59*g + 0.11*b;
    double C1 = (double)r - Y;
    double C2 = (double)b - Y;
    *sat = sqrt(C1*C1 + C2*C2);

    if(*sat > 0.0)
        *hue =atan2(C1, C2) * 180.0 / PI;
    else *hue = 0.0;

}
```

List 9.7　由饱和度和色相计算色差信号

```
#include "StdAfx.h"
#include "BaseList.h"
#include <math.h>

/*--- SH_to_C --- 由饱和度和色调计算色差信号 ----------------------------
    c1:         输出数据指针 R-Y
    c2:         输出数据指针 B-Y
    sat:        输入饱和度数据指针
    hue:        输入色调数据指针
    xsize:      数列宽度
    ysize:      数列高度
--------------------------------------------------------------------------*/
void SH_to_C(int *sat, int *hue, int *c1, int *c2, int xsize, int ysize)
{
    int         i, j;
    float  rad;

    for (j = 0; j < ysize; j++) {
        for (i = 0; i < xsize; i++) {
            rad = (float)(PI * (*(hue + j*xsize + i)) / 180.0);
            *(c1 + j*xsize + i) = (int)(*(sat + j*xsize + i) * sin((double)rad));
            *(c2 + j*xsize + i) = (int)(*(sat + j*xsize + i) * cos((double)rad));
        }
    }
}
```

List 9.8　亮度、色调、饱和度的调整

```
#include "StdAfx.h"
#include "BaseList.h"
```

```
/*--- Change_YSH ---亮度、色调、饱和度的调整 -----------------------------------
    in_y:           输入数据指针（亮度）
    in_sat:         输入数据指针（饱和度）
    in_hue:         输入数据指针（色调）
    out_y:          输出数据指针（亮度）
    out_sat:        输出数据指针（饱和度）
    out_hue:        输出数据指针（色调）
    ym:             亮度乘数
    sm:             彩度乘数
    hd:             色相乘数
    xsize:          数列宽度
    ysize:          数列高度
----------------------------------------------------------------------------*/
void Change_YSH(int *in_y, int *in_sat, int *in_hue, int *out_y,
    int *out_sat, int *out_hue, float ym, float sm, float hd, int xsize, int ysize)
{
    int i, j;

    for (j = 0; j < ysize; j++){
        for (i = 0; i < xsize; i++){
            *(out_y + j*xsize + i)   = (int)(*(in_y + j*xsize + i) * ym);
            *(out_sat + j*xsize + i) = (int)(*(in_sat + j*xsize + i) * sm);
            *(out_hue + j*xsize + i) = (int)(*(in_hue + j*xsize + i) + hd);
            if(*(out_hue + j*xsize + i)>360)
                *(out_hue + j*xsize + i) = *(out_hue + j*xsize + i) - 360;
            if(*(out_hue + j*xsize + i)<   0)
                *(out_hue + j*xsize + i) = *(out_hue + j*xsize + i) + 360;
        }
    }
}
```

9.5　对话框类源代码

List 9.9 列出了彩色变换对话框类的源文件 ColorDlg.py 的内容。

List 9.9　ColorDlg.py

```
from DIPAGUI import *
import numpy as np
from ctypes import cdll, c_ubyte, c_double, byref, POINTER
from PyQt5 import QtCore, QtWidgets

class ColorDlg(QtWidgets.QMainWindow):
    def __init__(self, dipa_gui):
        super(ColorDlg, self).__init__()
        self.dipa_gui = dipa_gui
        self.setupUi(self)
        self.retranslateUi(self)
        # 链接 dll
        self.dll = cdll.LoadLibrary("DIPAFunction.dll")
```

```
        # 定义图像
        self.img1 = self.dipa_gui.img1
        self.img2 = self.dipa_gui.img2

        # 提取连续的内存块
        self.img1R = np.ascontiguousarray(self.img1[:, :, 0])
        self.img1G = np.ascontiguousarray(self.img1[:, :, 1])
        self.img1B = np.ascontiguousarray(self.img1[:, :, 2])
        self.img2R = np.ascontiguousarray(self.img2[:, :, 0])
        self.img2G = np.ascontiguousarray(self.img2[:, :, 1])
        self.img2B = np.ascontiguousarray(self.img2[:, :, 2])
        # 初始化输出数组为 int 类型
        self.img1y = np.zeros((self.img1.shape[0], self.img1.shape[1]), dtype=np.int_)
        self.img1ry = np.zeros_like(self.img1y)
        self.img1by = np.zeros_like(self.img1y)
        self.img1s = np.zeros_like(self.img1y)
        self.img1h = np.zeros_like(self.img1y)
        self.img2y = np.zeros((self.img1.shape[0], self.img1.shape[1]), dtype=np.int_)
        self.img2ry = np.zeros_like(self.img2y)
        self.img2by = np.zeros_like(self.img2y)
        self.img2s = np.zeros_like(self.img2y)
        self.img2h = np.zeros_like(self.img2y)
        # 确保宽度和高度正确
        self.w = c_int(self.img1.shape[1])
        self.h = c_int(self.img1.shape[0])
        # 调用 C 函数，由 RGB 亮度色差变换,显式指定参数类型
        self.dll.Rgb_to_yc(
            self.img1R.ctypes.data_as(POINTER(c_ubyte)),
            self.img1G.ctypes.data_as(POINTER(c_ubyte)),
            self.img1B.ctypes.data_as(POINTER(c_ubyte)),
            self.img1y.ctypes.data_as(POINTER(c_int)),
            self.img1ry.ctypes.data_as(POINTER(c_int)),
            self.img1by.ctypes.data_as(POINTER(c_int)),
            self.w,
            self.h
        )

        #由色差信号计算彩度和色相
        self.dll.C_to_SH(self.img1ry.ctypes.data_as(POINTER(c_int)), self.img1by.ctypes.data_as
(POINTER(c_int)),
                         self.img1s.ctypes.data_as(POINTER(c_int)), self.img1h.ctypes.data_as
(POINTER(c_int)), self.w, self.h)

    def setupUi(self, Dialog):
        Dialog.setObjectName("Dialog")
        Dialog.resize(378, 274)
        self.groupBox = QtWidgets.QGroupBox(Dialog)
        self.groupBox.setGeometry(QtCore.QRect(0, 10, 381, 51))
        self.groupBox.setObjectName("groupBox")
        self.pushButton = QtWidgets.QPushButton(self.groupBox)
        self.pushButton.setGeometry(QtCore.QRect(20, 20, 75, 23))
```

```
self.pushButton.setObjectName("pushButton")
self.pushButton_2 = QtWidgets.QPushButton(self.groupBox)
self.pushButton_2.setGeometry(QtCore.QRect(110, 20, 75, 23))
self.pushButton_2.setObjectName("pushButton_2")
self.pushButton_3 = QtWidgets.QPushButton(self.groupBox)
self.pushButton_3.setGeometry(QtCore.QRect(200, 20, 75, 23))
self.pushButton_3.setObjectName("pushButton_3")
self.pushButton_4 = QtWidgets.QPushButton(self.groupBox)
self.pushButton_4.setGeometry(QtCore.QRect(290, 20, 75, 23))
self.pushButton_4.setObjectName("pushButton_4")
self.groupBox_2 = QtWidgets.QGroupBox(Dialog)
self.groupBox_2.setGeometry(QtCore.QRect(0, 70, 381, 101))
self.groupBox_2.setObjectName("groupBox_2")
self.pushButton_5 = QtWidgets.QPushButton(self.groupBox_2)
self.pushButton_5.setGeometry(QtCore.QRect(20, 20, 75, 23))
self.pushButton_5.setObjectName("pushButton_5")
self.pushButton_6 = QtWidgets.QPushButton(self.groupBox_2)
self.pushButton_6.setGeometry(QtCore.QRect(110, 20, 75, 23))
self.pushButton_6.setObjectName("pushButton_6")
self.pushButton_7 = QtWidgets.QPushButton(self.groupBox_2)
self.pushButton_7.setGeometry(QtCore.QRect(200, 20, 75, 23))
self.pushButton_7.setObjectName("pushButton_7")
self.pushButton_8 = QtWidgets.QPushButton(self.groupBox_2)
self.pushButton_8.setGeometry(QtCore.QRect(20, 60, 75, 23))
self.pushButton_8.setObjectName("pushButton_8")
self.pushButton_9 = QtWidgets.QPushButton(self.groupBox_2)
self.pushButton_9.setGeometry(QtCore.QRect(110, 60, 75, 23))
self.pushButton_9.setObjectName("pushButton_9")
self.groupBox_3 = QtWidgets.QGroupBox(self.groupBox_2)
self.groupBox_3.setGeometry(QtCore.QRect(200, 50, 161, 41))
self.groupBox_3.setObjectName("groupBox_3")
self.spinBox = QtWidgets.QSpinBox(self.groupBox_3)
self.spinBox.setGeometry(QtCore.QRect(10, 20, 42, 22))
self.spinBox.setMaximum(255)
self.spinBox.setProperty("value", 255)
self.spinBox.setObjectName("spinBox")
self.spinBox_2 = QtWidgets.QSpinBox(self.groupBox_3)
self.spinBox_2.setGeometry(QtCore.QRect(60, 20, 42, 22))
self.spinBox_2.setMaximum(255)
self.spinBox_2.setObjectName("spinBox_2")
self.spinBox_3 = QtWidgets.QSpinBox(self.groupBox_3)
self.spinBox_3.setGeometry(QtCore.QRect(110, 20, 42, 22))
self.spinBox_3.setMaximum(255)
self.spinBox_3.setObjectName("spinBox_3")
self.groupBox_4 = QtWidgets.QGroupBox(Dialog)
self.groupBox_4.setGeometry(QtCore.QRect(0, 180, 371, 91))
self.groupBox_4.setObjectName("groupBox_4")
self.label = QtWidgets.QLabel(self.groupBox_4)
self.label.setGeometry(QtCore.QRect(10, 20, 41, 16))
self.label.setObjectName("label")
self.spinBox_4 = QtWidgets.QSpinBox(self.groupBox_4)
```

```
        self.spinBox_4.setGeometry(QtCore.QRect(50, 20, 42, 22))
        self.spinBox_4.setMinimum(1)
        self.spinBox_4.setMaximum(10)
        self.spinBox_4.setObjectName("spinBox_4")
        self.label_2 = QtWidgets.QLabel(self.groupBox_4)
        self.label_2.setGeometry(QtCore.QRect(120, 20, 41, 16))
        self.label_2.setObjectName("label_2")
        self.spinBox_5 = QtWidgets.QSpinBox(self.groupBox_4)
        self.spinBox_5.setGeometry(QtCore.QRect(170, 20, 42, 22))
        self.spinBox_5.setMinimum(1)
        self.spinBox_5.setMaximum(10)
        self.spinBox_5.setObjectName("spinBox_5")
        self.label_3 = QtWidgets.QLabel(self.groupBox_4)
        self.label_3.setGeometry(QtCore.QRect(240, 20, 41, 16))
        self.label_3.setObjectName("label_3")
        self.spinBox_6 = QtWidgets.QSpinBox(self.groupBox_4)
        self.spinBox_6.setGeometry(QtCore.QRect(290, 20, 42, 22))
        self.spinBox_6.setMaximum(360)
        self.spinBox_6.setSingleStep(5)
        self.spinBox_6.setProperty("value", 45)
        self.spinBox_6.setObjectName("spinBox_6")
        self.pushButton_10 = QtWidgets.QPushButton(self.groupBox_4)
        self.pushButton_10.setGeometry(QtCore.QRect(140, 60, 75, 23))
        self.pushButton_10.setObjectName("pushButton_10")

        self.retranslateUi(Dialog)
        QtCore.QMetaObject.connectSlotsByName(Dialog)

    def retranslateUi(self, Dialog):
        _translate = QtCore.QCoreApplication.translate
        Dialog.setWindowTitle(_translate("Dialog", "彩色变换"))
        self.groupBox.setTitle(_translate("Dialog", "原色表示"))
        self.pushButton.setText(_translate("Dialog", "红(R)"))
        self.pushButton.clicked.connect(self.clickpushButton)

        self.pushButton_2.setText(_translate("Dialog", "绿(G)"))
        self.pushButton_2.clicked.connect(self.clickpushButton_2)

        self.pushButton_3.setText(_translate("Dialog", "蓝(B)"))
        self.pushButton_3.clicked.connect(self.clickpushButton_3)

        self.pushButton_4.setText(_translate("Dialog", "彩色(RGB)"))
        self.pushButton_4.clicked.connect(self.clickpushButton_4)

        self.groupBox_2.setTitle(_translate("Dialog", "各种变换表示"))
        self.pushButton_5.setText(_translate("Dialog", "亮度(Y)"))
        self.pushButton_5.clicked.connect(self.clickpushButton_5)

        self.pushButton_6.setText(_translate("Dialog", "彩度图像"))
        self.pushButton_6.clicked.connect(self.clickpushButton_6)
```

```
        self.pushButton_7.setText(_translate("Dialog", "色相图像"))
        self.pushButton_7.clicked.connect(self.clickpushButton_7)

        self.pushButton_8.setText(_translate("Dialog", "色差(R-Y)"))
        self.pushButton_8.clicked.connect(self.clickpushButton_8)

        self.pushButton_9.setText(_translate("Dialog", "色差(B-Y)"))
        self.pushButton_9.clicked.connect(self.clickpushButton_9)

        self.groupBox_3.setTitle(_translate("Dialog", "基准色(R,G,B)"))
        self.groupBox_4.setTitle(_translate("Dialog", "改变参数"))
        self.label.setText(_translate("Dialog", "亮度 x"))
        self.label_2.setText(_translate("Dialog", "彩度 x"))
        self.label_3.setText(_translate("Dialog", "色相 +"))
        self.pushButton_10.setText(_translate("Dialog", "变换图像"))
        self.pushButton_10.clicked.connect(self.clickpushButton_10)
    #红（R）
    def clickpushButton(self):
        # 图像显示
        self.dipa_gui.tk_img_display(self.img1R)

    # 绿（G）
    def clickpushButton_2(self):
        # 图像显示
        self.dipa_gui.tk_img_display(self.img1G)

    # 蓝（B）
    def clickpushButton_3(self):
      # 图像显示
        self.dipa_gui.tk_img_display(self.img1B)

    # 彩色（RGB）
    def clickpushButton_4(self):
        # 图像显示
        self.dipa_gui.tk_img_display(self.img1)
    #亮度(Y)
    def clickpushButton_5(self):
        self.dll.Yc_to_image(self.img1y.ctypes.data_as(POINTER(c_int)),
self.img2R.ctypes.data_as(POINTER(c_ubyte)), self.w,self.h)
        # 图像显示
        self.dipa_gui.tk_img_display(self.img2R)
    #彩度图像
    def clickpushButton_6(self):
        #由彩度数据变换灰度图像
        self.dll.Sat_to_image(self.img1s.ctypes.data_as(POINTER(c_int)),
self.img2R.ctypes.data_as(POINTER(c_ubyte)), self.w,self.h)
        # 图像显示
        self.dipa_gui.tk_img_display(self.img2R)
    #色相图像
    def clickpushButton_7(self):
        #显式声明 DLL 函数的参数类型（假设函数原型）
```

```
            self.dll.Rgb_to_SH.argtypes = [
                c_ubyte,   # R
                c_ubyte,   # G
                c_ubyte,   # B
                POINTER(c_double),  # 饱和度输出
                POINTER(c_double)  # 色相输出
            ]
            self.dll.Rgb_to_SH.restype = None   # 明确返回类型为 void

            vr = self.spinBox.value()
            vg = self.spinBox_2.value()
            vb = self.spinBox_3.value()
            stdHue = c_double(0)
            sat = c_double(0)
            #计算基准色色相、彩度
            self.dll.Rgb_to_SH(c_ubyte(vr), c_ubyte(vg), c_ubyte(vb), byref(sat), byref(stdHue))
            #final_hue = stdHue.value
            #由彩度数据变换灰度图像
            self.dll.Hue_to_image(self.img1s.ctypes.data_as(POINTER(c_int)),
self.img1h.ctypes.data_as(POINTER(c_int)), stdHue,
                                    self.img2R.ctypes.data_as(POINTER(c_ubyte)), self.w,self.h)
            # 图像显示
            self.dipa_gui.tk_img_display(self.img2R)

        #色差(R-Y)
        def clickpushButton_8(self):
            #亮度信号图像化
            self.dll.Yc_to_image(self.img1ry.ctypes.data_as(POINTER(c_int)),
self.img2R.ctypes.data_as(POINTER(c_ubyte)), self.w,self.h)
            # 图像显示
            self.dipa_gui.tk_img_display(self.img2R)

        #色差(B-Y)
        def clickpushButton_9(self):
            #亮度信号图像化
            self.dll.Yc_to_image(self.img1by.ctypes.data_as(POINTER(c_int)),
self.img2R.ctypes.data_as(POINTER(c_ubyte)), self.w,self.h)
            # 图像显示
            self.dipa_gui.tk_img_display(self.img2R)

        #变换图像
        def clickpushButton_10(self):

            vy = self.spinBox_4.value()
            vs = self.spinBox_5.value()
            vh = self.spinBox_6.value()
            # 改变亮度、彩度和色相
            self.dll.Change_YSH(self.img1y.ctypes.data_as(POINTER(c_int)),
                                self.img1s.ctypes.data_as(POINTER(c_int)),
                                self.img1h.ctypes.data_as(POINTER(c_int)),
                                self.img2y.ctypes.data_as(POINTER(c_int)),
```

```
                    self.img2s.ctypes.data_as(POINTER(c_int)),
                    self.img2h.ctypes.data_as(POINTER(c_int)),
                    c_float(vy), c_float(vs), c_float(vh),
                    self.w,self.h)
        #由彩度和色相计算色差信号
        self.dll.SH_to_C(self.img2s.ctypes.data_as(POINTER(c_int)),
                    self.img2h.ctypes.data_as(POINTER(c_int)),
                    self.img2ry.ctypes.data_as(POINTER(c_int)),
                    self.img2by.ctypes.data_as(POINTER(c_int)),
                    self.w,self.h)
        #由亮度、色差变换 R、G、B 信号
        self.dll.Yc_to_rgb(self.img2y.ctypes.data_as(POINTER(c_int)),
                    self.img2ry.ctypes.data_as(POINTER(c_int)),
                    self.img2by.ctypes.data_as(POINTER(c_int)),
                    self.img2R.ctypes.data_as(POINTER(c_ubyte)),
                    self.img2G.ctypes.data_as(POINTER(c_ubyte)),
                    self.img2B.ctypes.data_as(POINTER(c_ubyte)),
                    self.w,self.h)
        # 将三个通道合并成一个 RGB 图像
        self.img2 = Image.fromarray(np.dstack((self.img2R, self.img2G, self.img2B)))
        # 图像显示
        self.dipa_gui.tk_img_display(self.img2)

    def closeEvent(self, event):
        reply = QtWidgets.QMessageBox.question(self, '本窗口', "是否要关闭对话框？",
                                    QtWidgets.QMessageBox.Yes |
QtWidgets.QMessageBox.No)
        if reply == QtWidgets.QMessageBox.Yes:
            #self.dipa_gui.mymenu.entryconfig('直方图', state=NORMAL)
            num_items = self.dipa_gui.mymenu.index("帮助") + 1
            for item in range(num_items):
                self.dipa_gui.mymenu.entryconfig(item, state='normal')
            event.accept()
        else:
            event.ignore()
```

第 10 章

彩色分割

10.1　基本概念

10.1.1　颜色分布

对于灰度图像，可以用灰度值进行阈值处理（thresholding），但是为了分割彩色图像中的特定颜色区域，需要对彩色图像的 R、G、B 各个平面分别进行阈值处理。

图 10.1 展示了 4 种食品的彩色图像，图中为黑色的背景、橘红色的胡萝卜、绿色的黄瓜、黄色的橘子、白色的鸡蛋。图 10.2（a）～（c）中展示了图 10.1 所示的彩色图像的 R、G、B 各个分量的直方图。

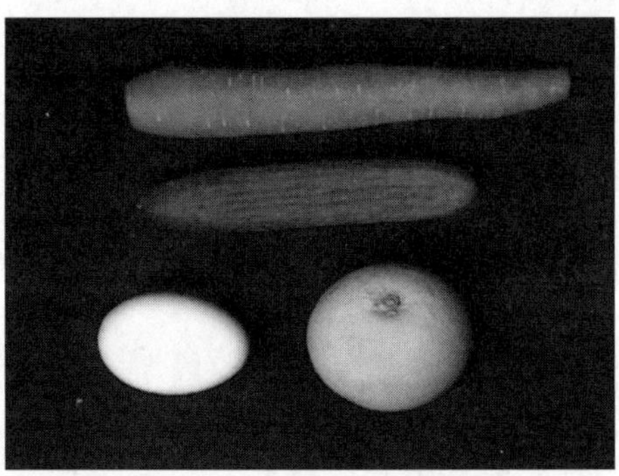

图 10.1　原始彩色图像

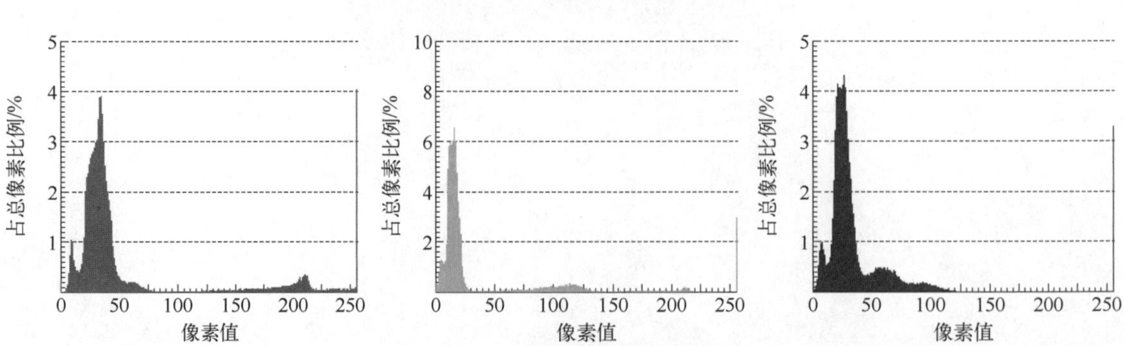

(a) R平面　(b) G平面　(c) B平面

图 10.2　彩色图像的直方图

图 10.3 是在二维平面上表现频数分布的二维直方图，越明亮的地方表示出现的频数越高。图 10.3（a）、（b）的横坐标都是 R 值，纵坐标分别是 G 值和 B 值。由于每个像素的颜色都表现为(R, G, B)一组值，所以每个像素的颜色在图 10.3（a）、（b）上各对应一个点。计算二维直方图并使其可视化的程序见 List 10.1。

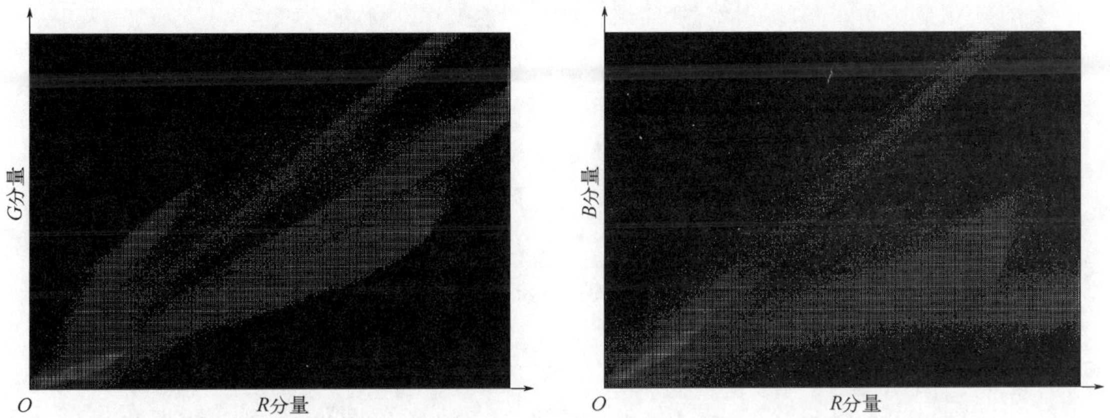

(a) R与G的关系　　(b) R与B的关系

图 10.3　彩色图像的二维直方图

10.1.2　基于颜色分布提取物体

把图 10.1 中的橘子提取出来，可以进行以下操作。首先设定 R 值，把具有 $R \geqslant 125$ 范围内的像素提取出来。其结果如图 10.4（a）所示，把黄瓜除去了，留下了三种食品——胡萝卜、橘子、鸡蛋。接着用 G 值进行阈值处理，对图 10.4（a）的图像提取 $G \geqslant 125$ 范围内的像素，如图 10.4（b）所示，胡萝卜的大部分像素都被除去了。进一步用 B 值进行阈值处理，提取 $B \leqslant 90$ 范围内的像素，如图 10.4（c）所示，橘子的绝大部分被提取出来，但橘子的顶部被除去，原因是它的颜色不是黄色。

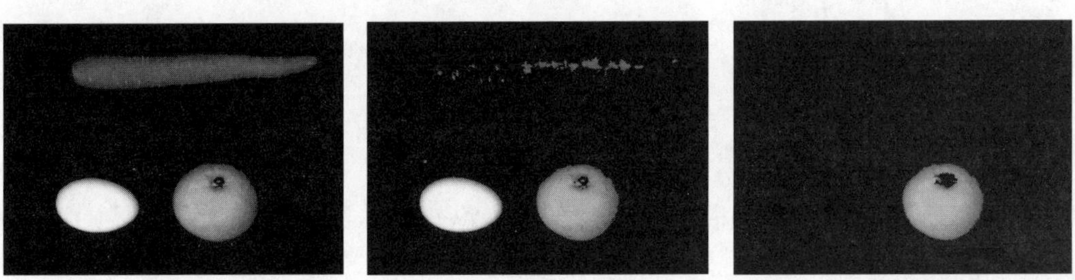

(a) 基于R值的分割 $(125 \leqslant R \leqslant 255)$　　(b) 基于G值的分割 $(125 \leqslant G \leqslant 255)$　　(c) 基于B值的分割 $(0 \leqslant B \leqslant 90)$

图 10.4　橘子的提取过程

由上例可见，对仅用单一颜色信息几乎不能分割的复杂彩色图像，使用三个颜色信息就能够提取所要求的目标区域。给出 R、G、B 的最大值和最小值，通过阈值处理提取该范围内的像素的程序见 List 10.2。

10.2 对话框功能说明

图 10.5 为彩色分割的对话框功能界面。

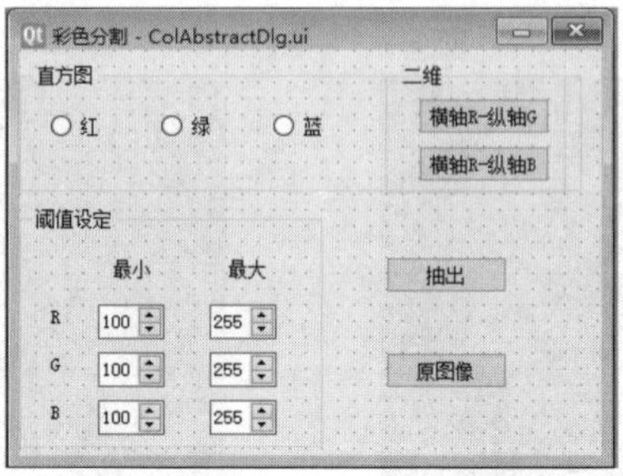

图 10.5 彩色分割对话框功能界面

（1）基本功能概述

ColAbstractDlg 是一个基于 PyQt5 框架开发的彩色图像分割对话框程序，作为 DIPAGUI 项目的一部分，用于对彩色图像进行分割处理，包括显示图像的直方图、二维直方图、设置颜色分量的阈值以及抽取满足特定条件的像素点。使用 OpenCV 的 calcHist 函数计算选定通道的直方图，使用 Matplotlib 显示 R、G、B 分量的直方图。

（2）按钮功能介绍

① 直方图。

功能：静态文本，标识接下来的区域将显示图像的直方图。

② 红。

功能：显示图像的红色分量直方图。

③ 绿。

功能：显示图像的绿色分量直方图。

④ 蓝。

功能：显示图像的蓝色分量直方图。

⑤ 二维。

功能：静态文本，标识接下来的按钮与二维直方图相关。

⑥ 横轴 R-纵轴 G。

功能：显示以红色分量为横轴、绿色分量为纵轴的二维直方图。

⑦ 横轴 R-纵轴 B。

功能：显示以红色分量为横轴、蓝色分量为纵轴的二维直方图。

⑧ 阈值设定。

功能：静态文本，标识接下来的编辑控件用于设置颜色分量的阈值。

⑨ 最小。

功能：静态文本，标识接下来的编辑控件用于设置颜色分量的最小值。

⑩ 最大。

功能：静态文本，标识接下来的编辑控件用于设置颜色分量的最大值。

⑪ R。

功能：静态文本，标识接下来的编辑控件用于设置红色分量的阈值。

⑫ 数值（编辑控件：R 最小值）。

功能：设置红色分量的最小阈值。

⑬ 数值（编辑控件：R 最大值）。

功能：设置红色分量的最大阈值。

⑭ G。

功能：静态文本，标识接下来的编辑控件用于设置绿色分量的阈值。

⑮ 数值（编辑控件：G 最小值）。

功能：设置绿色分量的最小阈值。

⑯ 数值（编辑控件：G 最大值）。

功能：设置绿色分量的最大阈值。

⑰ B。

功能：静态文本，标识接下来的编辑控件用于设置蓝色分量的阈值。

⑱ 数值（编辑控件：B 最小值）。

功能：设置蓝色分量的最小阈值。

⑲ 数值（编辑控件：B 最大值）。

功能：设置蓝色分量的最大阈值。

⑳ 抽出。

功能：根据用户设置的颜色分量阈值，抽取满足条件的像素点，并显示结果图像。

㉑ 原图像。

功能：显示原始彩色图像。

㉒ 右上角“×”。

功能：关闭彩色分割对话框。在对话框关闭时，恢复主菜单项的可用性。

（3）使用流程

① 读入彩色图像。

② 打开彩色分割对话框。

③ 分别点击红、绿、蓝单选键，查看各分量的直方图。

④ 可以点击两个二维直方图键，查看二维直方图。

⑤ 分别设定 R、G、B 的最大和最小阈值，点击“抽取”键，查看提取结果。

⑥ 点击“原图像”键，查看原图像。

⑦ 完成处理后，点击“关闭”键，关闭对话框。

10.3 对话框功能实现

10.3.1 PyQt5 对话框 ColAbstractDlg.ui 的创建步骤

ColAbstractDlg.ui 的创建步骤如下。

① 参考第 3 章图 3.22 所示方法，打开图 3.23 所示的 PyQt5 界面。

② 选择“新建窗体”上的“Dialog withoutButtons”，点击“创建”，打开新建对话框窗口（参考图 5.7）。

③ 在右区的“属性编辑器”上，编辑“windowTitle”为“彩色分割”。

④ 保存新建窗口为 ColAbstractDlg.ui 到指定文件夹。

⑤ 通过鼠标左键拖拽和布局表 10.1 所列的控件，获得如图 10.5 所示的彩色分割功能界面图。

表 10.1　windowTitle：彩色分割

序号	test	objectName	属性设定
1	直方图	groupBox	
2	红	radioButton	
3	绿	radioButton_2	
4	蓝	radioButton_3	
5	二维	groupBox_2	
6	横轴 R-纵轴 G	pushButton	
7	横轴 R-纵轴 B	pushButton_2	
8	阈值设定	groupBox_3	
9	最小　最大	label	
10	R	label_2	
11		spinBox	minimum 100 maximum 255 singleStep 1 stepType Default value 100
12		spinBox_2	minimum 0 maximum 255 singleStep 1 stepType Defaul value 255
13	G	label_3	
14		spinBox_3	(同序号 11)
15		spinBox_4	(同序号 12)
16	B	label_4	
17		spinBox_5	(同序号 11)
18		spinBox_6	(同序号 12)
19	抽出	pushButton_3	
20	原图像	pushButton_4	

10.3.2　ColAbstractDlg.ui 转换 ColAbstractDlg.py 与配置

（1）ColAbstractDlg.ui 转换 ColAbstractDlg.py

① 在 pythonDIPAX 工程中，选择保存的 ColAbstractDlg.ui 文件，然后点击 Tools→External Tools→PyCUI，就在与 ColAbstractDlg.ui 文件相同文件夹中生成了 ColAbstractDlg.py 文件。

② 将 ColAbstractDlg.py 复制到 pythonDIPAX 工程文件夹中。

③ 在 pythonDIPAX 工程中打开 ColAbstractDlg.py 文件，就可以看到 ColAbstractDlg 对话框的控件配置情况。

（2）ColAbstractDlg.py 的配置

① 参照 10.5 节的 List 10.3　ColAbstractDlg.py，修改 ColAbstractDlg.py 文件。主要内容包括：头部导入扩展库，修改对话框类的名称，添加初始化函数，添加控件的函数定义和函数内容，添加关闭窗口的后处理函数。

② 在主界面 DIPAGUI.py 的头部添加“import ColAbstractDlg as cad”。参考“List 3.2 DIPAGUI.py 全功能源代码”。

③ 在主界面 DIPAGUI.py 的 createWiget 函数中，添加“彩色处理”主菜单下添加“彩色分割”子菜单函数：

```
filemenu.add_command(label='彩色分割', command=self.command_ColAbstract)
```

④ 在主界面 DIPAGUI.py 中添加彩色分割菜单函数实现内容：

```
def command_ColAbstract(self):
        ......
```

⑤ 完成上述内容后，运行 DIPAGUI，结果如图 10.6 所示。

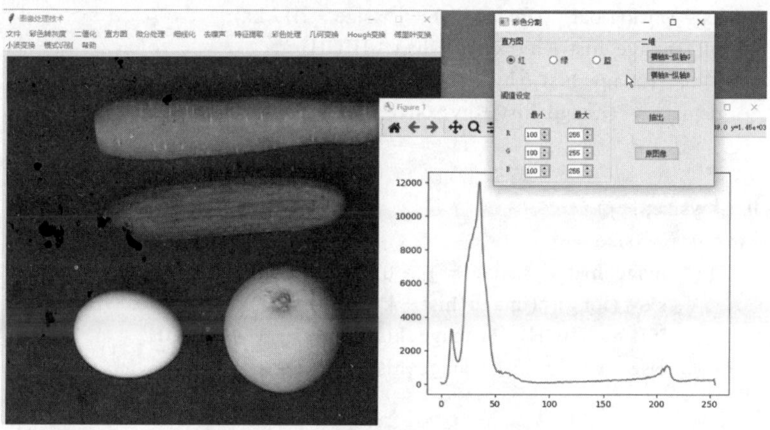

图 10.6　彩色分割功能运行结果

10.4　C 语言函数源代码

本节包含以下 C 语言函数源代码：List 10.1 二维直方图，List 10.2 基于 RGB 的阈值处理。

List 10.1　二维直方图

```
#include "StdAfx.h"
#include "BaseList.h"

/*--- Hist2_image --- 计算二维直方图并图像化 ----------------------
      image_in1:  输入 x 轴图像数据
      image_in2:  输入 y 轴图像数据
      image_hist: 输出二维直方图图像
      xsize:      输入图像宽度
      ysize:      输入图像高度
---------------------------------------------------------------------------*/
```

```
void Hist2_image(BYTE *image_in1, BYTE *image_in2, BYTE *image_hist, int xsize, int ysize)
{
    int     i, j;
    float kx, ky;
    int     hx, hy, max, kk;

    for ( j = 0; j < ysize; j++)                //初始化
        for (i = 0; i < xsize; i++)
            *(image_hist + j*xsize + i) = 0;
    max = 0;

    ky = (float)256 / (float)ysize;
    kx = (float)256 / (float)xsize;

    for (j = 0; j < ysize; j++) {
        for (i = 0; i < xsize; i++) {
            hy = (int)((float)(HIGH - *(image_in2 + j*xsize + i)) / ky);
            hx = (int)((float)(*(image_in1 + j*xsize + i)) / kx);
            if (*(image_hist + hy*xsize + hx) < HIGH)
                *(image_hist + hy*xsize + hx) = *(image_hist + hy*xsize + hx) + 1;
            if (max < *(image_hist + hy*xsize + hx)) max = *(image_hist + hy*xsize + hx);
        }
    }
    for (j = 0; j < ysize; j++) {
        for (i = 0; i < xsize; i++) {
            if (*(image_hist + j*xsize + i) != 0) {
                kk = (long)(*(image_hist + j*xsize + i)) * HIGH / max + BIAS;
                if (kk > HIGH)   *(image_hist + j*xsize + i) = HIGH;
                else             *(image_hist + j*xsize + i) = kk;
            }
        }
    }
    for (j = 0; j < ysize; j++) *(image_hist + j*xsize + 1) = HIGH;          //y 轴
    for (i = 0; i < xsize; i++) *(image_hist + (ysize-2)*xsize + i) = HIGH;   //x 轴

}
```

List 10.2 基于 RGB 的阈值处理

```
#include "StdAfx.h"
#include "BaseList.h"

/*--- Thresh_color --- 基于 RGB 的阈值处理 ---------------------------------
    image_in_r:         输入图像 R 分量数据指针
    image_in_g:         输入图像 G 分量数据指针
    image_in_b:         输入图像 B 分量数据指针
    image_out_r:        输出图像 R 分量数据指针
    image_out_g:        输出图像 G 分量数据指针
    image_out_b:        输出图像 B 分量数据指针
    thdrl, thdrm:       R 阈值 (min,max)
    thdgl, thdgm:       G 阈值 (min,max)
    thdbl, thdbm:       B 阈值 (min,max)
```

```
    xsize:              图像宽度
    ysize:              图像高度
---------------------------------------------------------------------------*/
void Thresh_color(BYTE *image_in_r, BYTE *image_in_g, BYTE *image_in_b,
    BYTE *image_out_r, BYTE *image_out_g, BYTE *image_out_b,
    int thdrl, int thdrm, int thdgl, int thdgm, int thdbl, int thdbm,
    int xsize, int ysize)
{
    int     i, j;

    for (j = 0; j < ysize; j++) {
        for (i = 0; i < xsize; i++) {
            *(image_out_r + j*xsize + i) = *(image_in_r + j*xsize + i);
            *(image_out_g + j*xsize + i) = *(image_in_g + j*xsize + i);
            *(image_out_b + j*xsize + i) = *(image_in_b + j*xsize + i);
        }
    }
    for (j = 0; j < ysize; j++) {
        for (i = 0; i < xsize; i++) {
            if (*(image_out_r + j*xsize + i) < thdrl)
            {
                *(image_out_r + j*xsize + i) = 0;
                *(image_out_g + j*xsize + i) = 0;
                *(image_out_b + j*xsize + i) = 0;
            }
            if (*(image_out_r + j*xsize + i) > thdrm)
            {
                *(image_out_r + j*xsize + i) = 0;
                *(image_out_g + j*xsize + i) = 0;
                *(image_out_b + j*xsize + i) = 0;
            }
            if (*(image_out_g + j*xsize + i) < thdgl)
            {
                *(image_out_r + j*xsize + i) = 0;
                *(image_out_g + j*xsize + i) = 0;
                *(image_out_b + j*xsize + i) = 0;
            }
            if (*(image_out_g + j*xsize + i) > thdgm)
            {
                *(image_out_r + j*xsize + i) = 0;
                *(image_out_g + j*xsize + i) = 0;
                *(image_out_b + j*xsize + i) = 0;
            }
            if (*(image_out_b + j*xsize + i) < thdbl)
            {
                *(image_out_r + j*xsize + i) = 0;
                *(image_out_g + j*xsize + i) = 0;
                *(image_out_b + j*xsize + i) = 0;
            }
            if (*(image_out_b + j*xsize + i) > thdbm)
            {
```

```
                        *(image_out_r + j*xsize + i) = 0;
                        *(image_out_g + j*xsize + i) = 0;
                        *(image_out_b + j*xsize + i) = 0;
                    }
                }
            }
        }
```

10.5 对话框类源代码

List 10.3 列出了彩色分割对话框类的源文件 ColAbstractDlg.py。

List 10.3 ColAbstractDlg.py

```
from DIPAGUI import *
import numpy as np
import cv2
import matplotlib.pyplot as plt
from ctypes import cdll
from PyQt5 import QtCore, QtWidgets

class ColAbstractDlg(QtWidgets.QMainWindow):
    def __init__(self, dipa_gui):
        super(ColAbstractDlg, self).__init__()
        self.dipa_gui = dipa_gui
        self.setupUi(self)
        self.retranslateUi(self)
        # 链接 dll
        self.dll = cdll.LoadLibrary("DIPAFunction.dll")
        # 定义图像
        self.img1 = self.dipa_gui.img1
        self.img2 = self.dipa_gui.img2

        self.w = self.dipa_gui.imgW
        self.h = self.dipa_gui.imgH
        # 提取连续的内存块
        self.img1R = np.ascontiguousarray(self.img1[:, :, 0])
        self.img1G = np.ascontiguousarray(self.img1[:, :, 1])
        self.img1B = np.ascontiguousarray(self.img1[:, :, 2])
        self.img2R = np.ascontiguousarray(self.img2[:, :, 0])
        self.img2G = np.ascontiguousarray(self.img2[:, :, 1])
        self.img2B = np.ascontiguousarray(self.img2[:, :, 2])

        #二维直方图图像
        self.hist_img = np.zeros_like(self.img1R)

    def setupUi(self, Dialog):
        Dialog.setObjectName("Dialog")
        Dialog.resize(363, 255)
        self.groupBox = QtWidgets.QGroupBox(Dialog)
        self.groupBox.setGeometry(QtCore.QRect(0, 10, 351, 80))
```

```
self.groupBox.setObjectName("groupBox")
self.radioButton = QtWidgets.QRadioButton(self.groupBox)
self.radioButton.setGeometry(QtCore.QRect(20, 30, 51, 16))
self.radioButton.setObjectName("radioButton")
self.radioButton_2 = QtWidgets.QRadioButton(self.groupBox)
self.radioButton_2.setGeometry(QtCore.QRect(90, 30, 51, 16))
self.radioButton_2.setObjectName("radioButton_2")
self.radioButton_3 = QtWidgets.QRadioButton(self.groupBox)
self.radioButton_3.setGeometry(QtCore.QRect(160, 30, 51, 16))
self.radioButton_3.setObjectName("radioButton_3")
self.groupBox_2 = QtWidgets.QGroupBox(self.groupBox)
self.groupBox_2.setGeometry(QtCore.QRect(230, 0, 111, 81))
self.groupBox_2.setObjectName("groupBox_2")
self.pushButton = QtWidgets.QPushButton(self.groupBox_2)
self.pushButton.setGeometry(QtCore.QRect(20, 20, 81, 23))
self.pushButton.setObjectName("pushButton")
self.pushButton_2 = QtWidgets.QPushButton(self.groupBox_2)
self.pushButton_2.setGeometry(QtCore.QRect(20, 50, 81, 23))
self.pushButton_2.setObjectName("pushButton_2")
self.groupBox_3 = QtWidgets.QGroupBox(Dialog)
self.groupBox_3.setGeometry(QtCore.QRect(0, 100, 191, 151))
self.groupBox_3.setObjectName("groupBox_3")
self.label = QtWidgets.QLabel(self.groupBox_3)
self.label.setGeometry(QtCore.QRect(60, 30, 121, 16))
self.label.setObjectName("label")
self.label_2 = QtWidgets.QLabel(self.groupBox_3)
self.label_2.setGeometry(QtCore.QRect(20, 60, 21, 16))
self.label_2.setObjectName("label_2")
self.label_3 = QtWidgets.QLabel(self.groupBox_3)
self.label_3.setGeometry(QtCore.QRect(20, 90, 21, 16))
self.label_3.setObjectName("label_3")
self.label_4 = QtWidgets.QLabel(self.groupBox_3)
self.label_4.setGeometry(QtCore.QRect(20, 120, 21, 16))
self.label_4.setObjectName("label_4")
self.spinBox = QtWidgets.QSpinBox(self.groupBox_3)
self.spinBox.setGeometry(QtCore.QRect(50, 60, 42, 22))
self.spinBox.setMinimum(100)
self.spinBox.setMaximum(255)
self.spinBox.setObjectName("spinBox")
self.spinBox_2 = QtWidgets.QSpinBox(self.groupBox_3)
self.spinBox_2.setGeometry(QtCore.QRect(120, 60, 42, 22))
self.spinBox_2.setMaximum(255)
self.spinBox_2.setProperty("value", 255)
self.spinBox_2.setObjectName("spinBox_2")
self.spinBox_3 = QtWidgets.QSpinBox(self.groupBox_3)
self.spinBox_3.setGeometry(QtCore.QRect(50, 90, 42, 22))
self.spinBox_3.setMaximum(255)
self.spinBox_3.setProperty("value", 100)
self.spinBox_3.setObjectName("spinBox_3")
self.spinBox_4 = QtWidgets.QSpinBox(self.groupBox_3)
self.spinBox_4.setGeometry(QtCore.QRect(120, 90, 42, 22))
```

```
        self.spinBox_4.setMaximum(255)
        self.spinBox_4.setProperty("value", 255)
        self.spinBox_4.setObjectName("spinBox_4")
        self.spinBox_5 = QtWidgets.QSpinBox(self.groupBox_3)
        self.spinBox_5.setGeometry(QtCore.QRect(50, 120, 42, 22))
        self.spinBox_5.setMaximum(255)
        self.spinBox_5.setProperty("value", 100)
        self.spinBox_5.setObjectName("spinBox_5")
        self.spinBox_6 = QtWidgets.QSpinBox(self.groupBox_3)
        self.spinBox_6.setGeometry(QtCore.QRect(120, 120, 42, 22))
        self.spinBox_6.setMaximum(255)
        self.spinBox_6.setProperty("value", 255)
        self.spinBox_6.setObjectName("spinBox_6")
        self.pushButton_3 = QtWidgets.QPushButton(Dialog)
        self.pushButton_3.setGeometry(QtCore.QRect(230, 130, 75, 23))
        self.pushButton_3.setObjectName("pushButton_3")
        self.pushButton_4 = QtWidgets.QPushButton(Dialog)
        self.pushButton_4.setGeometry(QtCore.QRect(230, 190, 75, 23))
        self.pushButton_4.setObjectName("pushButton_4")

        self.retranslateUi(Dialog)
        QtCore.QMetaObject.connectSlotsByName(Dialog)

    def retranslateUi(self, Dialog):
        _translate = QtCore.QCoreApplication.translate
        Dialog.setWindowTitle(_translate("Dialog", "彩色分割"))
        self.groupBox.setTitle(_translate("Dialog", "直方图"))
        self.radioButton.setText(_translate("Dialog", "红"))
        if self.radioButton.isChecked() == False:
            self.radioButton.clicked.connect(self.clickRadioButton)

        self.radioButton_2.setText(_translate("Dialog", "绿"))
        if self.radioButton_2.isChecked() == False:
            self.radioButton_2.clicked.connect(self.clickRadioButton)

        self.radioButton_3.setText(_translate("Dialog", "蓝"))
        if self.radioButton_3.isChecked() == False:
            self.radioButton_3.clicked.connect(self.clickRadioButton)

        self.groupBox_2.setTitle(_translate("Dialog", "二维"))
        self.pushButton.setText(_translate("Dialog", "横轴 R-纵轴 G"))
        self.pushButton.clicked.connect(self.clickpushButton)

        self.pushButton_2.setText(_translate("Dialog", "横轴 R-纵轴 B"))
        self.pushButton_2.clicked.connect(self.clickpushButton_2)

        self.groupBox_3.setTitle(_translate("Dialog", "阈值设定"))
        self.label.setText(_translate("Dialog", "最小            最大"))
        self.label_2.setText(_translate("Dialog", "R"))
        self.label_3.setText(_translate("Dialog", "G"))
        self.label_4.setText(_translate("Dialog", "B"))
```

```
        self.pushButton_3.setText(_translate("Dialog", "抽出"))
        self.pushButton_3.clicked.connect(self.clickpushButton_3)

        self.pushButton_4.setText(_translate("Dialog", "原图像"))
        self.pushButton_4.clicked.connect(self.clickpushButton_4)

    #红
    def clickRadioButton(self):
        # 获得直方图并显示
        hist = cv2.calcHist([self.img1R], [0], None, [256], [0, 255])
        plt.close('all')
        plt.plot(hist)
        plt.show()
    #绿
    def clickRadioButton_2(self):
        # 获得直方图并显示
        hist = cv2.calcHist([self.img1G], [0], None, [256], [0, 255])
        plt.close('all')
        plt.plot(hist)
        plt.show()
    #蓝
    def clickRadioButton_3(self):
        # 获得直方图并显示
        hist = cv2.calcHist([self.img1B], [0], None, [256], [0, 255])
        plt.close('all')
        plt.plot(hist)
        plt.show()

    #"横轴 R-纵轴 G"
    def clickpushButton(self):
        self.dll.Hist2_image(self.img1R.ctypes.data_as(POINTER(c_ubyte)),
                             self.img1G.ctypes.data_as(POINTER(c_ubyte)),
                             self.hist_img.ctypes.data_as(POINTER(c_ubyte)),  self.w, self.h)
        # 图像显示
        self.dipa_gui.tk_img_display(self.hist_img)

    # "横轴 R-纵轴 B"
    def clickpushButton_2(self):
        self.dll.Hist2_image(self.img1R.ctypes.data_as(POINTER(c_ubyte)),
                             self.img1B.ctypes.data_as(POINTER(c_ubyte)),
                             self.hist_img.ctypes.data_as(POINTER(c_ubyte)),  self.w, self.h)
        # 图像显示
        self.dipa_gui.tk_img_display(self.hist_img)

    # 抽取
    def clickpushButton_3(self):
        Rmin = self.spinBox.value()
        Rmax = self.spinBox_2.value()
        Gmin = self.spinBox_3.value()
        Gmax = self.spinBox_4.value()
        Bmin = self.spinBox_5.value()
        Bmax = self.spinBox_6.value()
```

```
        #R, G, B 的阈值处理
        self.dll.Thresh_color(self.img1R.ctypes.data_as(POINTER(c_ubyte)),
                              self.img1G.ctypes.data_as(POINTER(c_ubyte)),
                              self.img1B.ctypes.data_as(POINTER(c_ubyte)),
                              self.img2R.ctypes.data_as(POINTER(c_ubyte)),
                              self.img2G.ctypes.data_as(POINTER(c_ubyte)),
                              self.img2B.ctypes.data_as(POINTER(c_ubyte)),
                         c_int(Rmin), c_int(Rmax), c_int(Gmin), c_int(Gmax),
                         c_int(Bmin), c_int(Bmax),self.w, self.h)

        # 将三个通道合并成一个 RGB 图像
        self.img2 = Image.fromarray(np.dstack((self.img2R, self.img2G, self.img2B)))
        # 图像显示
        self.dipa_gui.tk_img_display(self.img2)

    # 原图像
    def clickpushButton_4(self):
        # 图像显示
        self.dipa_gui.tk_img_display(self.img1)

    def closeEvent(self, event):
        reply = QtWidgets.QMessageBox.question(self, '本窗口', "是否要关闭对话框？",
                                               QtWidgets.QMessageBox.Yes | QtWidgets.
QMessageBox.No)
        if reply == QtWidgets.QMessageBox.Yes:
            #self.dipa_gui.mymenu.entryconfig('直方图', state=NORMAL)
            num_items = self.dipa_gui.mymenu.index("帮助") + 1
            for item in range(num_items):
                self.dipa_gui.mymenu.entryconfig(item, state='normal')
            event.accept()
        else:
            event.ignore()
```

第 11 章

图像合成

11.1 基本概念

在制作电视节目时所使用的合成方法中有被称为 chroma key 的方法。chroma key 的含义是基于色度（chroma）的差异作成用于合成的键（key）信号。chroma key 的原理如图 11.1 所示。在 chroma key 中，从所拍摄的蓝色的背景前站立着人物的图像中分离蓝色的背景部分，作成用于合成的键信号。基于这个键信号，分配各个像素的值。依据这个键信号，把图像 A 的蓝色背景部分用其他的图像 B 替代就完成了图像合成（image mixing）。

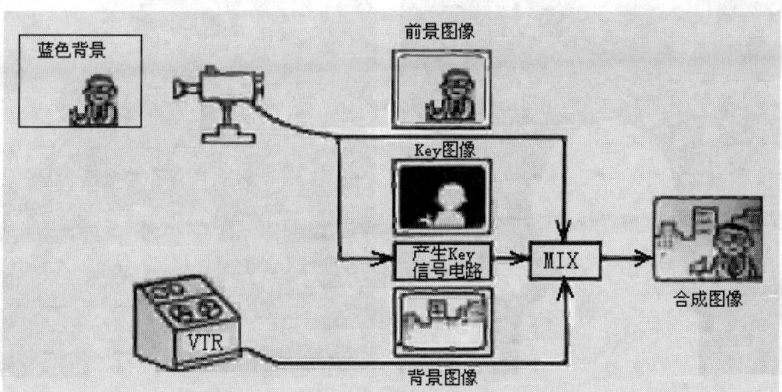

图 11.1 chroma key 原理

在实际的 chroma key 中，不仅可以使用蓝色，也可以用各种颜色作为背景来提取。图像合成有各式各样的技巧。

合成键图像分为硬键（hard key）图像和软键(soft key)图像两种，其生成方法和图像合成效果也不同，下面分别进行说明。

（1）硬键图像生成

对前景图像的各个像素计算式(11.1)的值：

$$Res = (R+G)/2-B \tag{11.1}$$

蓝色时该值为负数，也就意味着该值越小，越接近蓝色。对计算的结果进行阈值处理获得键图像，这样的键图像称为硬键图像。程序见 List 11.1，在这个程序中，前景部分设为 255（白），背景部分设为 0（黑）。

（2）硬键图像合成

基于硬键图像，把值为 255 的部分用前景图像的像素代替，值为 0 的部分用其他图像的像素值替代，从而将两幅图像合成为一幅图像。这个合成程序见 List 11.2。

图 11.2 为一个硬键图像合成案例。其中，图 11.2（a）是一幅有浅蓝色 chroma key 背景的前景图像，图 11.2（b）是一幅秋季红叶的图像，图 11.2（c）是硬键图像，阈值是−65。合成时键图像的白色部分镶嵌前景图像，黑色部分镶嵌背景图像，合成结果如图 11.2（d）所示。

(a) 前景图像　(b) 背景图像

(c) 硬键信号（阈值−65）　(d) 硬键合成图像

图 11.2　硬键图像合成

（3）软键图像生成

如图 11.2（d）所示，基于硬键的合成图像，在头发的轮廓线以及衣服领口等处的边界，存在锯齿状或蓝色框。如果要合成自然形状的头发和领口，就需要忠实地提取浅蓝色的灰度变化，这时就不能采用如图 11.3（a）所示的硬键信号，而需要采用如图 11.3（b）所示的软键信号。软键信号的交叉部分不同于图 11.3（a），其具有 0～255 的多层次的灰度级，合成时依据这个灰度级在图像上的不同位置改变混合比。

生成软键信号的程序见 List 11.3。图 11.4（a）所示图像是使用这个程序从图 11.2（a）的图像生成的软键信号，阈值是最小值−100、最大值 0。

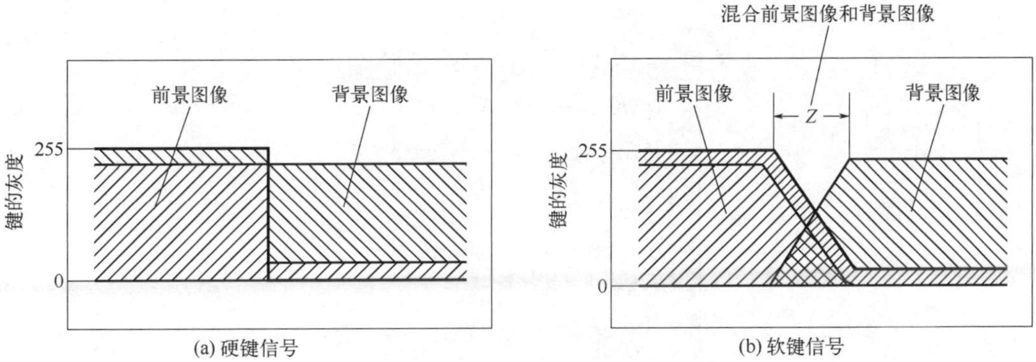

图 11.3　合成键信号

（4）软键图像合成

与硬键信号相比，使用软键信号可以得到相对自然的合成图像，但合成面还可以见到微微蓝色，仍然有不自然的部分。为此，可以事先消除相当于前景图像边界处的 Z 部分 [图 11.3（b）所示] 的蓝色，然后再进行合成，这样不仅能够防止边界处出现蓝色框，而且人物等的影子也可能在背景图像中很自然地合成。一种消除蓝色的简单方法是在边界处使用与亮度相近的 G 值来替代 B 值。根据这个方法进行图像合成的程序见 List 11.4。图 11.4（b）是该程序由软键信号进行合成的结果。

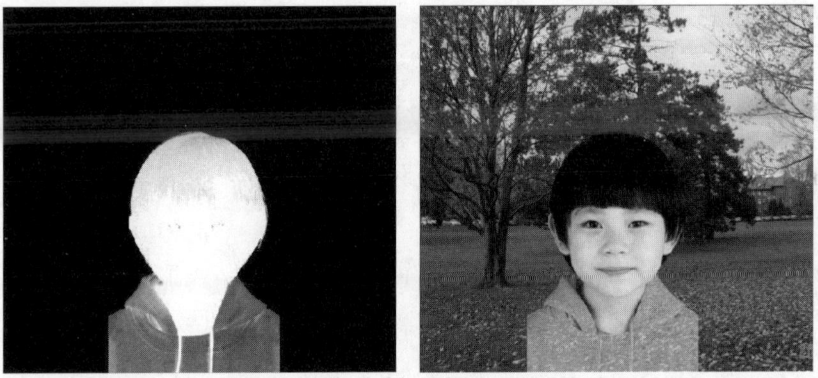

(a) 软键信号（阈值最小−100、最大0）　(b) 软键合成图像

图 11.4　软键图像合成

11.2　对话框功能说明

图 11.5 为图像合成的对话框功能界面。

（1）基本功能概述

SynthDlg 是一个基于 PyQt5 框架的图像合成对话框程序，用于实现图像的硬合成与软合成操作，提供了合成键的生成功能。

（2）按钮功能介绍

① 读入图像。

功能：静态文本，标识接下来的按钮用于读入图像。

图 11.5　图像合成对话框功能界面

② 前景图像。
功能：读入并显示用于合成的前景图像。
③ 背景图像。
功能：读入并显示用于合成的背景图像。
④ 图像表示。
功能：静态文本，标识接下来的按钮用于显示图像。
⑤ 前景图像。
功能：显示当前选中的前景图像。
⑥ 背景图像。
功能：显示当前选中的背景图像。
⑦ 硬合成。
功能：静态文本，标识接下来的按钮与硬合成相关。
⑧ 合成键。
功能：生成硬合成所需的合成键图像。
⑨ 阈值。
功能：静态文本，标识接下来的编辑控件用于设置硬合成键的阈值。
⑩ 数值（编辑控件：阈值）。
功能：设置硬合成键生成的阈值。
⑪ 合成图像。
功能：使用硬合成方式将前景图像和背景图像合成，并显示结果。
⑫ 软合成。
功能：静态文本，标识接下来的按钮与软合成相关。
⑬ 合成键。
功能：生成软合成所需的合成键图像。

⑭ 阈值(min, max)。
功能：静态文本，标识接下来的编辑控件用于设置软合成键的最小和最大阈值。
⑮ 数值（编辑控件：最小阈值）。
功能：设置软合成键的最小阈值。
⑯ 数值（编辑控件：最大阈值）。
功能：设置软合成键的最大阈值。
⑰ 合成图像。
功能：使用软合成方式将前景图像和背景图像合成，并显示结果。
⑱ 合成图像(去蓝边)。
功能：使用软合成方式合成图像，并去除合成后的边界线，显示结果。
⑲ 右上角“×”。
功能：关闭图像合成对话框。在对话框关闭时，恢复主菜单项的可用性。

（3）使用流程

① 打开图像合成对话框。
② 分别点击“前景图像”和“背景图像”。
③ 可以分别点击单选按钮“前景图像”和“背景图像”，切换显示前景图像和背景图像。
④ 分别选择硬合成或软合成的各个单选按钮，生成硬键或软键，进行图像合成。需要注意的是，前景图像最好是蓝色背景，前景图像和背景图像的长宽要一致。
⑤ 完成处理后，点击“关闭”，关闭对话框。

11.3　对话框功能实现

11.3.1　PyQt5 对话框 SynthDlg.ui 的创建步骤

SynthDlg.ui 的创建步骤如下。
① 参考第 3 章图 3.22 所示方法，打开图 3.23 所示的 PyQt5 界面。
② 选择“新建窗体”上的“Dialog withoutButtons”，点击“创建”，打开新建对话框窗口（参考图 5.7）。
③ 在“属性编辑器”上，编辑“windowTitle”为“图像合成”。
④ 保存新建窗口为 SynthDlg.ui 到指定文件夹。
⑤ 通过鼠标左键拖拽和布局表 11.1 所列的控件，获得图 11.5 所示的图像合成功能界面图。

表 11.1　windowTitle：图像合成

序号	test	objectName	属性设定
1	读入图像	groupBox	
2	前景图像	pushButton	
3	背景图像	pushButton_2	
4	图像表示	groupBox_2	

续表

序号	test	objectName	属性设定
5	前景图像	radioButton	enabled ☐
6	背景图像	radioButton_2	enabled ☐
7	硬合成	groupBox_3	
8	合成键	radioButton_3	
9	阈值	label	
10		spinBox	minimum -200 maximum 200 value -100
11	合成图像	radioButton_4	
12	软合成	groupBox_4	
13	阈值(min, max)	groupBox_5	
14		spinBox_2	(同序号 10) value -10
15		spinBox_3	(同序号 10) value 100
16	合成键	radioButton_5	
17	合成图像	radioButton_6	
18	合成图像(去蓝边)	radioButton_7	

11.3.2 SynthDlg.ui 转换 SynthDlg.py 与配置

(1) SynthDlg.ui 转换 SynthDlg.py

① 在 pythonDIPAX 工程中，选择保存的 SynthDlg.ui 文件，然后点击 Tools→External Tools→PyCUI，就在与 SynthDlg.ui 文件相同文件夹中生成了 SynthDlg.py 文件。

② 将 SynthDlg.py 复制到 pythonDIPAX 工程文件夹中。

③ 在 pythonDIPAX 工程中打开 SynthDlg.py 文件，就可以看到 SynthDlg 对话框的控件配置情况。

(2) SynthDlg.py 的配置

① 参照 11.5 节的 List 11.5 SynthDlg.py，修改 SynthDlg.py 文件。主要内容包括：头部导入扩展库，修改对话框类的名称，添加初始化函数，添加控件的函数定义和函数内容，添加关闭窗口的后处理函数。

② 在主界面 DIPAGUI.py 的头部添加“import SynthDlg as sd”。参考“List 3.2 DIPAGUI.py 全功能源代码”。

③ 在主界面 DIPAGUI.py 的 createWiget 函数中，添加“图像合成”子菜单函数：

```
filemenu.add_command(label='图像合成', command=self.command_Synth)
```

④ 在主界面 DIPAGUI.py 中添加图像合成菜单函数实现内容：

```
def command_Synth(self):
    ……
```

⑤ 完成上述内容后，运行 DIPAGUI，结果如图 11.6 所示。

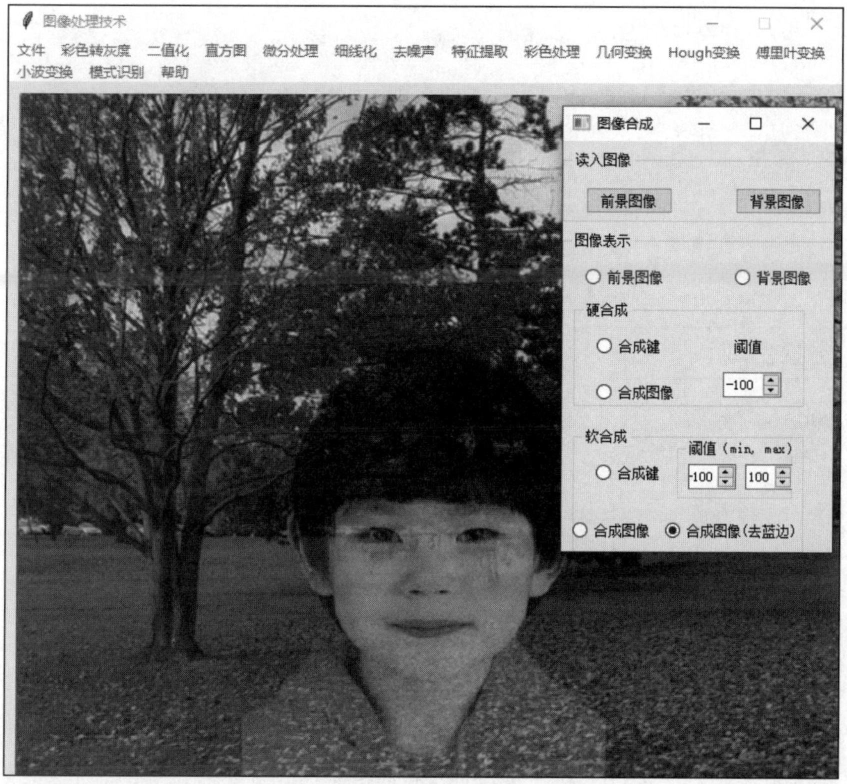

图 11.6　图像合成功能运行结果

11.4　C 语言函数源代码

本节包含以下 C 语言函数源代码：List 11.1 硬键信号生成，List 11.2 图像合成，List 11.3 软键信号生成，List 11.4 图像合成（消除边界处颜色）。

List 11.1　硬键信号生成

```
#include "StdAfx.h"
#include "BaseList.h"

/*--- hard_key --- 生成合成键 ------------------------------
        image_in_r:        输入图像 R 分量数据指针
        image_in_g:        输入图像 G 分量数据指针
        image_in_b:        输入图像 B 分量数据指针
        image_key:         输出合成键数据指针
        thresh:            阈值
---------------------------------------------------------------------------*/
void Hard_key(BYTE *image_in_r, BYTE *image_in_g, BYTE *image_in_b,
        BYTE *image_key, int xsize, int ysize, int thresh)
{
        int     i, j, d;
```

```
        for (j = 0; j < xsize; j++) {
            for (i = 0; i < ysize; i++) {
                d = ((int)(*(image_in_r + j*ysize + i)) + (int)(*(image_in_g + j*ysize + i))) / 2
                    - (int)(*(image_in_b + j*ysize + i));
                if (d >= thresh) *(image_key + j*ysize + i) = 255;
                else               *(image_key + j*ysize + i) = 0;
            }
        }
}
```

List 11.2 图像合成

```
#include "StdAfx.h"
#include "BaseList.h"

/*--- synth --- 图像合成 -----------------------------------
    image_in1_r:        输入前景图像 R 分量数据指针
    image_in1_g:        输入前景图像 G 分量数据指针
    image_in1_b:        输入前景图像 B 分量数据指针
    image_in2_r:        输入背景图像 R 分量数据指针
    image_in2_g:        输入背景图像 G 分量数据指针
    image_in2_b:        输入背景图像 B 分量数据指针
    image_out_r:        输出合成图像 R 分量数据指针
    image_out_g:        输出合成图像 G 分量数据指针
    image_out_b:        输出合成图像 B 分量数据指针
    image_key:          输入合成键图像数据指针
-------------------------------------------------------------------*/
void Synth(BYTE *image_in1_r, BYTE *image_in1_g,
           BYTE *image_in1_b, BYTE *image_in2_r,
           BYTE *image_in2_g, BYTE *image_in2_b,
           BYTE *image_out_r, BYTE *image_out_g,
           BYTE *image_out_b, BYTE *image_key,
            int xsize, int ysize)
{
    int   i, j;
    int   rr1, gg1, bb1;
    int   rr2, gg2, bb2;
    long  kk;

    for (j = 0; j < ysize; j++) {
        for (i = 0; i < xsize; i++) {
            rr1 = (int)(*(image_in1_r + j*xsize + i));
            gg1 = (int)(*(image_in1_g + j*xsize + i));
            bb1 = (int)(*(image_in1_b + j*xsize + i));
            rr2 = (int)(*(image_in2_r + j*xsize + i));
            gg2 = (int)(*(image_in2_g + j*xsize + i));
            bb2 = (int)(*(image_in2_b + j*xsize + i));
            kk = (long)(*(image_key + j*xsize + i));
            *(image_out_r + j*xsize + i) = (unsigned char)((rr1*kk+rr2*(255-kk))/255);
            *(image_out_g + j*xsize + i) = (unsigned char)((gg1*kk+gg2*(255-kk))/255);
```

```
            *(image_out_b + j*xsize + i) = (unsigned char)((bb1*kk+bb2*(255-kk))/255);
        }
    }
}
```

List 11.3　软键信号生成

```
#include "StdAfx.h"
#include "BaseList.h"

/*--- Soft_key --- 生成软合成键 -----------------------------
    image_in_r:         输入图像 R 分量数据指针
    image_in_g:         输入图像 G 分量数据指针
    image_in_b:         输入图像 B 分量数据指针
    image_key:          输出合成键图像数据指针
    thdh, thdl:         阈值(max,min)
---------------------------------------------------------------------------*/
void Soft_key(BYTE *image_in_r, BYTE *image_in_g, BYTE *image_in_b,
    BYTE *image_key, int xsize, int ysize, int thdh, int thdl)
{
    int     i, j, d;
    int     kk;

    for (j = 0; j < ysize; j++) {
        for (i = 0; i < xsize; i++) {
        d = ((int)(*(image_in_r + j*xsize + i)) + (int)(*(image_in_g + j*xsize + i))) / 2
                - (int)(*(image_in_b + j*xsize + i));
            kk = ((long)(d - thdl) * 255 / (thdh - thdl));
            if (kk > 255)        *(image_key + j*xsize + i) = 255;
            else if (kk < 0)     *(image_key + j*xsize + i) = 0;
                else                 *(image_key + j*xsize + i) = kk;
        }
    }
}
```

List 11.4　图像合成（消除边界处颜色）

```
#include "StdAfx.h"
#include "BaseList.h"

/*--- S_synth --- 图像合成（消除境界线）---------------------
    image_in1_r:        输入前景图像 R 分量数据指针
    image_in1_g:        输入前景图像 G 分量数据指针
    image_in1_b:        输入前景图像 B 分量数据指针
    image_in2_r:        输入背景图像 R 分量数据指针
    image_in2_g:        输入背景图像 G 分量数据指针
    image_in2_b:        输入背景图像 B 分量数据指针
    image_out_r:        输出合成图像 R 分量数据指针
    image_out_g:        输出合成图像 G 分量数据指针
    image_out_b:        输出合成图像 B 分量数据指针
    image_key:          合成键图像分量数据指针
```

```
---------------------------------------------------------------------------*/
void S_synth(BYTE *image_in1_r, BYTE *image_in1_g, BYTE *image_in1_b,
                BYTE *image_in2_r, BYTE *image_in2_g, BYTE *image_in2_b,
                BYTE *image_out_r, BYTE *image_out_g, BYTE *image_out_b,
                 BYTE *image_key, int xsize, int ysize)
{
    int     i, j;
    int     rr1, gg1, bb1;
    int     rr2, gg2, bb2;
    long    kk;

    for (j = 0; j < ysize; j++) {
        for (i = 0; i < xsize; i++) {
            rr1 = (int)(*(image_in1_r + j*xsize + i));
            gg1 = (int)(*(image_in1_g + j*xsize + i));
            bb1 = (int)(*(image_in1_b + j*xsize + i));
            rr2 = (int)(*(image_in2_r + j*xsize + i));
            gg2 = (int)(*(image_in2_g + j*xsize + i));
            bb2 = (int)(*(image_in2_b + j*xsize + i));
            kk = (long)(*(image_key + j*xsize + i));
            if (kk == 255 || kk == 0) {         // 前景或背景
                *(image_out_r + j*xsize + i) = (BYTE)((rr1*kk+rr2*(255-kk))/255);
              *(image_out_g + j*xsize + i) = (BYTE)((gg1*kk+gg2*(255-kk))/255);
              *(image_out_b + j*xsize + i) = (BYTE)((bb1*kk+bb2*(255-kk))/255);
            }
            else {                                  //边界区域
              *(image_out_r + j*xsize + i) = (BYTE)((gg1*kk+rr2*(255-kk))/255);
              *(image_out_g + j*xsize + i) = (BYTE)((gg1*kk+gg2*(255-kk))/255);
              *(image_out_b + j*xsize + i) = (BYTE)((gg1*kk+bb2*(255-kk))/255);
              }
        }
    }
}
```

11.5 对话框类源代码

List 11.5 为图像合成对话框类的源文件 SynthDlg.py 的内容。

List 11.5 SynthDlg.py

```python
from DIPAGUI import *
import numpy as np
from tkinter import messagebox
from ctypes import cdll, c_ubyte, POINTER
from PyQt5 import QtCore, QtWidgets
from PyQt5.QtWidgets import QButtonGroup

class SynthDlg(QtWidgets.QMainWindow):
    def __init__(self, dipa_gui):
        super(SynthDlg, self).__init__()
        self.dipa_gui = dipa_gui
```

```
        self.setupUi(self)
        self.retranslateUi(self)
        # 链接 dll
        self.dll = cdll.LoadLibrary("DIPAFunction.dll")
        # 定义图像
        self.img1 = None
        self.img2 = None
        self.img1R = None
        self.img1G = None
        self.img1B = None
        self.img2R = None
        self.img2G = None
        self.img2B = None
        self.img3R = None
        self.img3G = None
        self.img3B = None
        self.img_hard_key = None
        self.img_soft_key = None
        self.imgW1 = 0
        self.imgH1 = 0
        self.imgW2 = 0
        self.imgH2 = 0
        self.img1_read = False
        self.img2_read = False
        self.open = False
        # 创建 QButtonGroup 并添加 radio buttons
        self.group = QButtonGroup()
        self.group.addButton(self.radioButton)
        self.group.addButton(self.radioButton_2)
        self.group.addButton(self.radioButton_3)
        self.group.addButton(self.radioButton_4)
        self.group.addButton(self.radioButton_5)
        self.group.addButton(self.radioButton_6)
        self.group.addButton(self.radioButton_7)

    def setupUi(self, Dialog):
        Dialog.setObjectName("Dialog")
        Dialog.resize(236, 356)
        self.groupBox = QtWidgets.QGroupBox(Dialog)
        self.groupBox.setGeometry(QtCore.QRect(0, 10, 261, 61))
        self.groupBox.setObjectName("groupBox")
        self.pushButton = QtWidgets.QPushButton(self.groupBox)
        self.pushButton.setGeometry(QtCore.QRect(20, 30, 75, 23))
        self.pushButton.setObjectName("pushButton")
        self.pushButton_2 = QtWidgets.QPushButton(self.groupBox)
        self.pushButton_2.setGeometry(QtCore.QRect(150, 30, 75, 23))
        self.pushButton_2.setObjectName("pushButton_2")
        self.groupBox_2 = QtWidgets.QGroupBox(Dialog)
        self.groupBox_2.setGeometry(QtCore.QRect(0, 80, 261, 281))
        self.groupBox_2.setObjectName("groupBox_2")
        self.radioButton = QtWidgets.QRadioButton(self.groupBox_2)
```

```
self.radioButton.setEnabled(False)
self.radioButton.setGeometry(QtCore.QRect(20, 30, 89, 16))
self.radioButton.setObjectName("radioButton")
self.radioButton_2 = QtWidgets.QRadioButton(self.groupBox_2)
self.radioButton_2.setEnabled(False)
self.radioButton_2.setGeometry(QtCore.QRect(150, 30, 89, 16))
self.radioButton_2.setObjectName("radioButton_2")
self.groupBox_3 = QtWidgets.QGroupBox(self.groupBox_2)
self.groupBox_3.setGeometry(QtCore.QRect(10, 60, 201, 91))
self.groupBox_3.setObjectName("groupBox_3")
self.radioButton_3 = QtWidgets.QRadioButton(self.groupBox_3)
self.radioButton_3.setEnabled(False)
self.radioButton_3.setGeometry(QtCore.QRect(20, 30, 71, 16))
self.radioButton_3.setObjectName("radioButton_3")
self.radioButton_4 = QtWidgets.QRadioButton(self.groupBox_3)
self.radioButton_4.setEnabled(False)
self.radioButton_4.setGeometry(QtCore.QRect(20, 70, 89, 16))
self.radioButton_4.setObjectName("radioButton_4")
self.label = QtWidgets.QLabel(self.groupBox_3)
self.label.setGeometry(QtCore.QRect(140, 30, 31, 16))
self.label.setObjectName("label")
self.spinBox = QtWidgets.QSpinBox(self.groupBox_3)
self.spinBox.setGeometry(QtCore.QRect(130, 60, 51, 22))
self.spinBox.setMinimum(-200)
self.spinBox.setMaximum(200)
self.spinBox.setProperty("value", -100)
self.spinBox.setObjectName("spinBox")
self.groupBox_4 = QtWidgets.QGroupBox(self.groupBox_2)
self.groupBox_4.setGeometry(QtCore.QRect(10, 170, 201, 111))
self.groupBox_4.setObjectName("groupBox_4")
self.radioButton_5 = QtWidgets.QRadioButton(self.groupBox_4)
self.radioButton_5.setEnabled(False)
self.radioButton_5.setGeometry(QtCore.QRect(20, 30, 71, 16))
self.radioButton_5.setObjectName("radioButton_5")
self.groupBox_5 = QtWidgets.QGroupBox(self.groupBox_4)
self.groupBox_5.setGeometry(QtCore.QRect(90, 10, 101, 51))
self.groupBox_5.setObjectName("groupBox_5")
self.spinBox_2 = QtWidgets.QSpinBox(self.groupBox_5)
self.spinBox_2.setGeometry(QtCore.QRect(10, 20, 42, 22))
self.spinBox_2.setMinimum(-200)
self.spinBox_2.setMaximum(200)
self.spinBox_2.setProperty("value", -10)
self.spinBox_2.setObjectName("spinBox_2")
self.spinBox_3 = QtWidgets.QSpinBox(self.groupBox_5)
self.spinBox_3.setGeometry(QtCore.QRect(60, 20, 42, 22))
self.spinBox_3.setMinimum(-200)
self.spinBox_3.setMaximum(200)
self.spinBox_3.setProperty("value", 100)
self.spinBox_3.setObjectName("spinBox_3")
self.radioButton_7 = QtWidgets.QRadioButton(self.groupBox_4)
self.radioButton_7.setEnabled(False)
```

```
        self.radioButton_7.setGeometry(QtCore.QRect(80, 80, 121, 16))
        self.radioButton_7.setObjectName("radioButton_7")
        self.radioButton_6 = QtWidgets.QRadioButton(self.groupBox_2)
        self.radioButton_6.setEnabled(False)
        self.radioButton_6.setGeometry(QtCore.QRect(10, 250, 71, 16))
        self.radioButton_6.setObjectName("radioButton_6")

        self.retranslateUi(Dialog)
        QtCore.QMetaObject.connectSlotsByName(Dialog)

    def retranslateUi(self, Dialog):
        _translate = QtCore.QCoreApplication.translate
        Dialog.setWindowTitle(_translate("Dialog", "图像合成"))
        self.groupBox.setTitle(_translate("Dialog", "读入图像"))
        self.pushButton.setText(_translate("Dialog", "前景图像"))
        self.pushButton.clicked.connect(self.clickpushButton)

        self.pushButton_2.setText(_translate("Dialog", "背景图像"))
        self.pushButton_2.clicked.connect(self.clickpushButton_2)

        self.groupBox_2.setTitle(_translate("Dialog", "图像表示"))

        self.radioButton.setText(_translate("Dialog", "前景图像"))
        if self.radioButton.isChecked() == False:
            self.radioButton.clicked.connect(self.clickRadioButton)

        self.radioButton_2.setText(_translate("Dialog", "背景图像"))
        if self.radioButton_2.isChecked() == False:
            self.radioButton_2.clicked.connect(self.clickRadioButton_2)

        self.groupBox_3.setTitle(_translate("Dialog", "硬合成"))
        self.radioButton_3.setText(_translate("Dialog", "合成键"))
        if self.radioButton_3.isChecked() == False:
            self.radioButton_3.clicked.connect(self.clickRadioButton_3)

        self.radioButton_4.setText(_translate("Dialog", "合成图像"))
        if self.radioButton_4.isChecked() == False:
            self.radioButton_4.clicked.connect(self.clickRadioButton_4)

        self.label.setText(_translate("Dialog", "阈值"))
        self.groupBox_4.setTitle(_translate("Dialog", "软合成"))
        self.radioButton_5.setText(_translate("Dialog", "合成键"))
        if self.radioButton_5.isChecked() == False:
            self.radioButton_5.clicked.connect(self.clickRadioButton_5)

        self.groupBox_5.setTitle(_translate("Dialog", "阈值（min, max）"))

        self.radioButton_6.setText(_translate("Dialog", "合成图像"))
        if self.radioButton_6.isChecked() == False:
            self.radioButton_6.clicked.connect(self.clickRadioButton_6)
```

```
        self.radioButton_7.setText(_translate("Dialog", "合成图像(去蓝边)"))
        if self.radioButton_7.isChecked() == False:
            self.radioButton_7.clicked.connect(self.clickRadioButton_7)

    #"前景图像"
    def clickpushButton(self):
        if self.open == True: #防止二次打开
            self.open = False
            return
        filename = askopenfilename(initialdir='image/Sample.bmp')
        image = Image.open(filename)
        if image.mode == "RGB":
            # 是将图像对象转换为 NumPy 数组
            self.img1 = np.array(image)
            self.img1R = np.ascontiguousarray(self.img1[:, :, 0])
            self.img1G = np.ascontiguousarray(self.img1[:, :, 1])
            self.img1B = np.ascontiguousarray(self.img1[:, :, 2])
            # 输出图像
            self.img3R = np.zeros((self.img1R.shape[0], self.img1R.shape[1]), dtype=np.ubyte)
            self.img3G = self.img3R.copy()
            self.img3B = self.img3R.copy()

            self.img1_read = True
            self.imgW1, self.imgH1 = image.size
            self.open = True
            # 图像显示
            self.dipa_gui.tk_img_display(self.img1)
            self.radioButton.setEnabled(True)
            self.radioButton.setChecked(True)
            self.radioButton_2.setChecked(False)
            if (self.img1_read == True) & (self.img2_read == True):
                self.radioButton_3.setEnabled(True)
                self.radioButton_5.setEnabled(True)
        else:
            self.img1_read = False
            messagebox.showinfo("提示：", "请读入彩色图像!")

    # "前景图像"
    def clickpushButton_2(self):
        if self.open == True:
            self.open = False
            return
        filename = askopenfilename(initialdir='image/Sample.bmp')
        image = Image.open(filename)
        if image.mode == "RGB":
            # 将图像对象转换为 NumPy 数组
            self.img2 = np.array(image)
            self.img2R = np.ascontiguousarray(self.img2[:, :, 0])
            self.img2G = np.ascontiguousarray(self.img2[:, :, 1])
            self.img2B = np.ascontiguousarray(self.img2[:, :, 2])
            self.imgW2, self.imgH2 = image.size
```

```
            self.img2_read = True
            self.open = True
            # 图像显示
            self.dipa_gui.tk_img_display(self.img2)
            self.radioButton_2.setEnabled(True)
            self.radioButton_2.setChecked(True)
            self.radioButton.setChecked(False)
            if (self.img1_read == True) & (self.img2_read == True):
                self.radioButton_3.setEnabled(True)
                self.radioButton_5.setEnabled(True)
        else:
            self.img2_read = False
            messagebox.showinfo("提示：", "请读入彩色图像!")

    #"前景图像"选择
    def clickRadioButton(self):
        # 图像显示
        self.dipa_gui.tk_img_display(self.img1)

    # "背景图像"选择
    def clickRadioButton_2(self):
        # 图像显示
        self.dipa_gui.tk_img_display(self.img2)

    #硬合成 合成键
    def clickRadioButton_3(self):
        if (self.imgW1 != self.imgW2) | (self.imgH1 != self.imgH2):
            messagebox.showinfo("提示：", "请读入两幅大小相同的图像!")
            return
        thre = self.spinBox.value()

        # 设定硬键图像
        self.img_hard_key = np.zeros_like(self.img1R)
        #生成硬合成键
        self.dll.Hard_key(self.img1R.ctypes.data_as(POINTER(c_ubyte)),
                          self.img1G.ctypes.data_as(POINTER(c_ubyte)),
                          self.img1B.ctypes.data_as(POINTER(c_ubyte)),
                          self.img_hard_key.ctypes.data_as(POINTER(c_ubyte)),
                          self.imgW1, self.imgH1, c_int(thre))

        # 图像显示
        self.dipa_gui.tk_img_display(self.img_hard_key)

        self.radioButton_4.setEnabled(True)

    #硬键合成图像
    def clickRadioButton_4(self):
        #图像硬合成
        self.dll.Synth(self.img1R.ctypes.data_as(POINTER(c_ubyte)),
                       self.img1G.ctypes.data_as(POINTER(c_ubyte)),
                       self.img1B.ctypes.data_as(POINTER(c_ubyte)),
```

```
                            self.img2R.ctypes.data_as(POINTER(c_ubyte)),
                            self.img2G.ctypes.data_as(POINTER(c_ubyte)),
                            self.img2B.ctypes.data_as(POINTER(c_ubyte)),
                            self.img3R.ctypes.data_as(POINTER(c_ubyte)),
                            self.img3G.ctypes.data_as(POINTER(c_ubyte)),
                            self.img3B.ctypes.data_as(POINTER(c_ubyte)),
                            self.img_hard_key.ctypes.data_as(POINTER(c_ubyte)),
                            self.imgW1, self.imgH1)
        # 将三个通道合并成一个 RGB 图像
        self.img3 = Image.fromarray(np.dstack((self.img3R, self.img3G, self.img3B)))
        # 图像显示
        self.dipa_gui.tk_img_display(self.img3)

    #软键
    def clickRadioButton_5(self):
        if (self.imgW1 != self.imgW2) | (self.imgH1 != self.imgH2):
            messagebox.showinfo("提示：", "请读入两幅大小相同的图像!")
            return
        thre1 = self.spinBox_2.value()
        thre2 = self.spinBox_3.value()

        # 设定软键图像
        self.img_soft_key = np.zeros_like(self.img1R)
        #生成软合成键
        self.dll.Soft_key(self.img1R.ctypes.data_as(POINTER(c_ubyte)),
                            self.img1G.ctypes.data_as(POINTER(c_ubyte)),
                            self.img1B.ctypes.data_as(POINTER(c_ubyte)),
                            self.img_soft_key.ctypes.data_as(POINTER(c_ubyte)),
                            self.imgW1, self.imgH1, c_int(thre2),c_int(thre1))
        # 图像显示
        self.dipa_gui.tk_img_display(self.img_soft_key)
        self.radioButton_6.setEnabled(True)
        self.radioButton_7.setEnabled(True)

    # 软键合成图像
    def clickRadioButton_6(self):
        # 图像软键合成
        self.dll.Synth(self.img1R.ctypes.data_as(POINTER(c_ubyte)),
                            self.img1G.ctypes.data_as(POINTER(c_ubyte)),
                            self.img1B.ctypes.data_as(POINTER(c_ubyte)),
                            self.img2R.ctypes.data_as(POINTER(c_ubyte)),
                            self.img2G.ctypes.data_as(POINTER(c_ubyte)),
                            self.img2B.ctypes.data_as(POINTER(c_ubyte)),
                            self.img3R.ctypes.data_as(POINTER(c_ubyte)),
                            self.img3G.ctypes.data_as(POINTER(c_ubyte)),
                            self.img3B.ctypes.data_as(POINTER(c_ubyte)),
                            self.img_soft_key.ctypes.data_as(POINTER(c_ubyte)),
                            self.imgW1, self.imgH1)
        # 将三个通道合并成一个 RGB 图像
        self.img3 = Image.fromarray(np.dstack((self.img3R, self.img3G, self.img3B)))
        # 图像显示
```

```
        self.dipa_gui.tk_img_display(self.img3)

    # 软键合成图像(去蓝边)
    def clickRadioButton_7(self):
        # 图像硬合成
        self.dll.S_synth(self.img1R.ctypes.data_as(POINTER(c_ubyte)),
                         self.img1G.ctypes.data_as(POINTER(c_ubyte)),
                         self.img1B.ctypes.data_as(POINTER(c_ubyte)),
                         self.img2R.ctypes.data_as(POINTER(c_ubyte)),
                         self.img2G.ctypes.data_as(POINTER(c_ubyte)),
                         self.img2B.ctypes.data_as(POINTER(c_ubyte)),
                         self.img3R.ctypes.data_as(POINTER(c_ubyte)),
                         self.img3G.ctypes.data_as(POINTER(c_ubyte)),
                         self.img3B.ctypes.data_as(POINTER(c_ubyte)),
                         self.img_soft_key.ctypes.data_as(POINTER(c_ubyte)),
                         self.imgW1, self.imgH1)
        # 将三个通道合并成一个 RGB 图像
        self.img3 = Image.fromarray(np.dstack((self.img3R, self.img3G, self.img3B)))
        # 图像显示
        self.dipa_gui.tk_img_display(self.img3)
        #self.radioButton_5.setChecked(False)
        #self.radioButton_6.setChecked(False)

    def closeEvent(self, event):
        reply = QtWidgets.QMessageBox.question(self, '本窗口', "是否要关闭对话框？ ",
                                               QtWidgets.QMessageBox.Yes |
QtWidgets.QMessageBox.No)
        if reply == QtWidgets.QMessageBox.Yes:
            #self.dipa_gui.mymenu.entryconfig('直方图', state=NORMAL)
            num_items = self.dipa_gui.mymenu.index("帮助") + 1
            for item in range(num_items):
                self.dipa_gui.mymenu.entryconfig(item, state='normal')
            event.accept()
        else:
            event.ignore()
```

第 12 章

几何变换

12.1 基本概念

几何变换有放大缩小（dilation）、平移（translation）、旋转（rotation）等几种处理。几何变换的原点为图像的中心。本章以灰度图像为对象进行演示。

12.1.1 放大缩小

图像中某一点(x, y)经过放大缩小后其位置变为(X, Y)，则两者之间有如下关系：

$$\begin{aligned} X &= ax \\ Y &= by \end{aligned} \tag{12.1}$$

式中，a、b 分别是 x 方向、y 方向的放大率。a、b>1 时，放大，a、b<1 时，缩小。对于所有的像素点(x, y)进行计算，并把输入图像上的点(x, y)的灰度值代入输出图像上对应点(X, Y)处，就可以把图像放大或缩小。该处理程序见 List 12.1。

使用该程序把图像缩小 1/2 的示例（a=b=1/2 时）和放大 2 倍的示例（a=b=2 时）见图 12.1（b）、（c）。

(a) 原始图像　　(b) 1/2缩小　　(c) 2倍放大

图 12.1　放大缩小示例

以上示例是以输入图像为基准来查找输出图像上的对应点，在放大时出现了输出图像上的一些位置没有对应像素值的情况。如果以输出图像为基准，对于输出图像上的每个像素查找其在输入图像上的对应像素，就可以避免上述现象。为此，可以考虑式（12.1）的逆运算：

$$
\begin{aligned}
x &= X / a \\
y &= Y / b
\end{aligned}
\tag{12.2}
$$

如果对于输出图像上的所有像素(X, Y)用式(12.2)进行计算，求出对应的输入图像上的像素(x, y)并写入该像素的灰度值，图 12.1（c）所示的现象就不会产生了。以这种方式进行放大缩小的程序见 List 12.2，所进行的缩小 1/2 和放大 2 倍的示例见图 12.2。

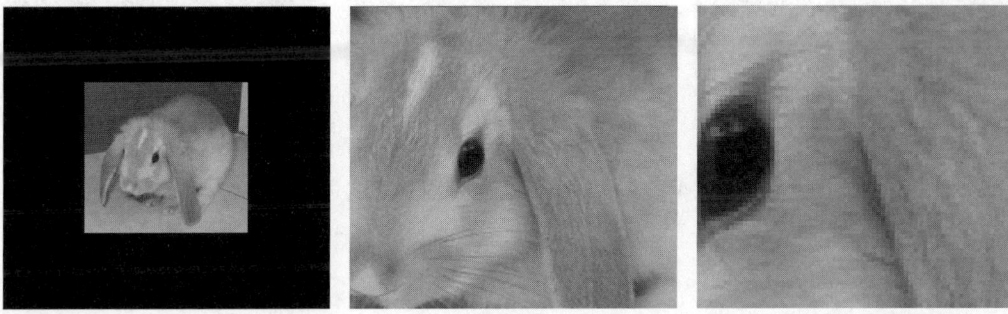

(a) 缩小1/2　　(b) 放大2倍　　(c) 图像中心部分放大

图 12.2　放大缩小处理例（最近邻点法）

式（12.2）进行的是实数运算，x 和 y 包括小数位。然而，输入图像的像素地址必须是整数，可以使用四舍五入取整数。在 List 12.2 中，对所计算的地址加 0.5，以便对式（12.2）的计算结果进行四舍五入处理。这种方法被称为最近邻点法（nearest neighbor approach），也被称为零阶内插法（zero-order interpolation）。从图 12.2（c）的放大图可以看出，图像呈现马赛克状（mosaic），放大率越大，这种现象将越明显。

为了提高精度，可以采用双线性内插（bilinear interpolation approach）法。这种方法的处理思路是，当所求的地址不在方格上时，求到相邻的 4 个方格上点的距离之比，用这个比值和 4 邻点（four nearest neighbors）像素的灰度值进行灰度内插，见图 12.3。

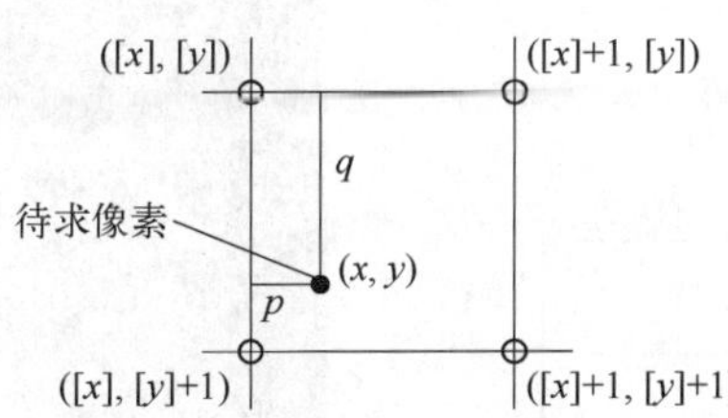

其中，$[x]$，$[y]$分别是不超过x，y的整数

图 12.3　双线性内插法

最终灰度值的计算公式如下：

$$
\begin{aligned}
d(x,y) = (1-q)((1-p)\times d\{[x],[y]\} + p\times d\{[x]+1,[y]\}) \\
+q((1-p)\times d\{[x],[y]+1\} + p\times d\{[x]+1,[y]+1\})
\end{aligned}
\tag{12.3}
$$

式中，$d(x, y)$表示坐标(x, y)处的灰度值，$[x]$和$[y]$分别是不超过 x 和 y 的整数值。实现这个方法的程序见 List 12.3。用双线性内插法处理的例子如图 12.4 所示。图 12.4（c）的放大图也没有呈现马赛克状，而呈现平滑的状态。

这种双线性内插法不仅可采用 4 邻点，也可采用 8 邻点、16 邻点、24 邻点进行高次内插，在此不做具体说明，感兴趣的读者可参阅其他文献。此外，为了精确地进行缩小，还需要进行一些前置滤波处理，在这里不做更详细的解释。

（a）缩小1/2　　（b）放大2倍　　（c）图像中心部分放大

图 12.4　放大缩小处理例（双线性内插法）

12.1.2　平移

如图 12.5 所示，为了使图像分别沿 x 坐标和 y 坐标向右下平移 x_0 和 y_0，需要采用平移（translation）变换公式：

$$
\begin{aligned}
X &= x + x_0 \\
Y &= y + y_0
\end{aligned}
\tag{12.4}
$$

逆变换公式如下所示：

$$
\begin{aligned}
x &= X - x_0 \\
y &= Y - y_0
\end{aligned}
\tag{12.5}
$$

实现这个平移变换的程序见 List 12.4，处理示例见图 12.6。List 12.4 中采用的是双线性内插法，所以能够以亚像素精度实现图像平移。

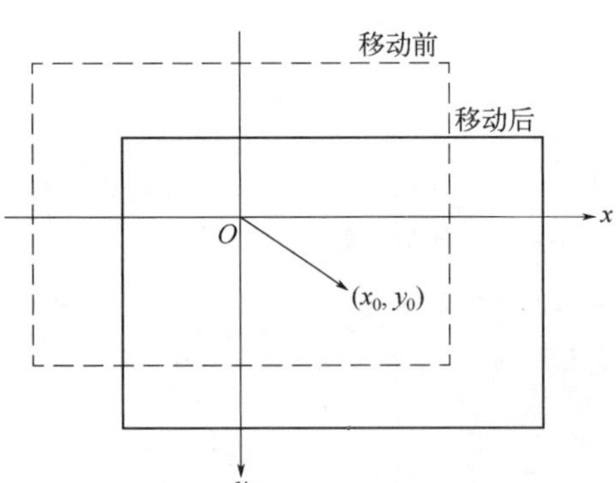

图 12.5　平移

图 12.6　平移的处理示例

12.1.3　旋转

如图 12.7 所示，使图像逆时针旋转 θ 需要如下的变换公式：

$$
\begin{aligned}
X &= x\cos\theta + y\sin\theta \\
Y &= -x\sin\theta + y\cos\theta
\end{aligned}
\tag{12.6}
$$

逆变换公式如下所示：

$$x = X\cos\theta - Y\sin\theta$$
$$y = X\sin\theta + Y\cos\theta \tag{12.7}$$

实现这个旋转变换（rotation transform）的程序见 List 12.5，处理示例见图 12.8。

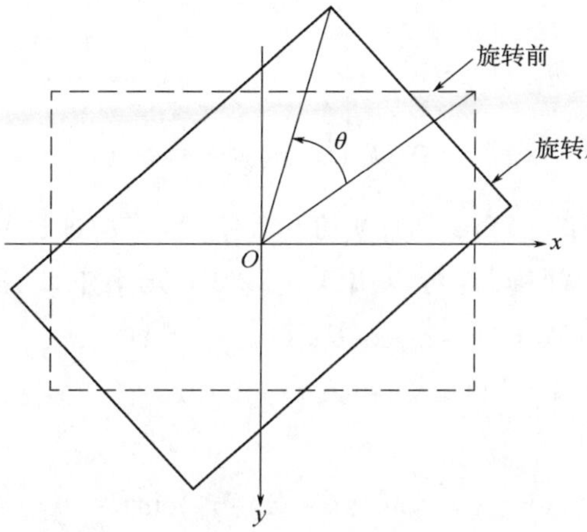

图 12.7　旋转

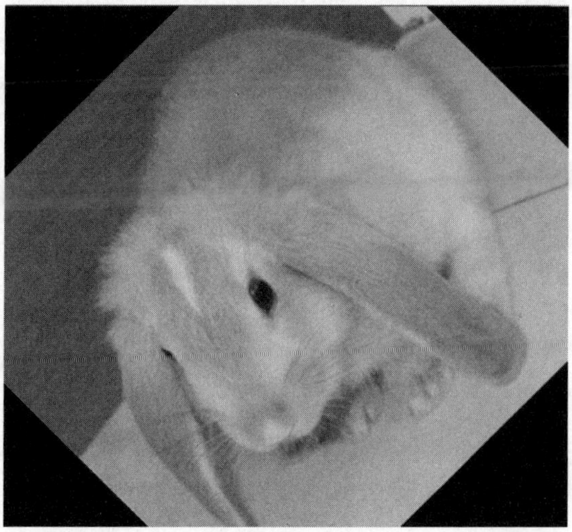

图 12.8　旋转的处理示例

12.1.4　仿射变换

组合上述的放大缩小、平移、旋转，可以实现各种各样的变形。到目前为止，本书介绍的方法都是以图像中心为原点进行的变形，而以任意点为原点旋转、放大缩小也是可能的。例如，以(x_0, y_0)为原点旋转如图 12.9 所示，首先平移$(-x_0, -y_0)$，使(x_0, y_0)回到原点后，旋转 θ 角，最后再平移(x_0, y_0)就可以了。用以下的子程序就能够实现：

```
Shift(image_in, image_out, xsize, ysize, -x0, -y0);
Rotation(image_out, image_in, xsize, ysize, θ);
Shift(image_in, image_out, xsize, ysize, x0, y0);
```

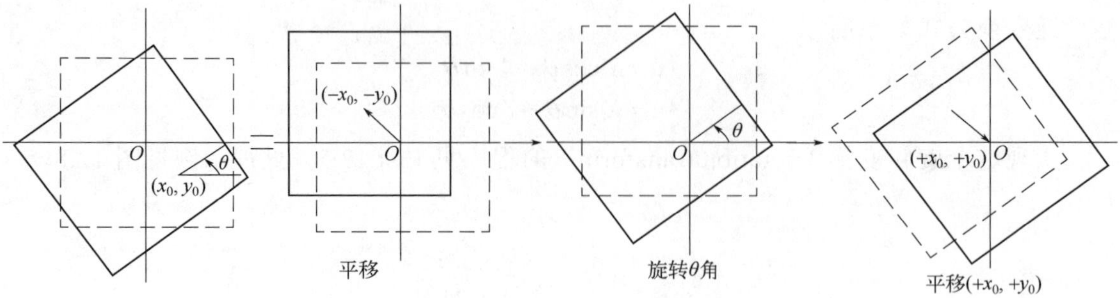

图 12.9　以(x_0, y_0)为中心旋转

使用这种方法时，为了计算像素的灰度值，需要不断地计算地址和存取像素，所以要耗费许多时间。为了节省时间，可以用式（12.8）先集中计算地址：

$$\begin{aligned}X &= (x - x_0)\cos\theta + (y - y_0)\sin\theta + x_0 \\ Y &= -(x - x_0)\sin\theta + (y - y_0)\cos\theta + y_0\end{aligned} \tag{12.8}$$

逆变换公式如下所示：

$$\begin{aligned}x &= (X - x_0)\cos\theta - (Y - y_0)\sin\theta + x_0 \\ y &= (X - x_0)\sin\theta + (Y - y_0)\cos\theta + y_0\end{aligned} \tag{12.9}$$

集中计算地址后，读取一次像素，即可计算出变换结果的灰度值。一次完成放大缩小、平移、旋转等复杂变换的程序见 List 12.6。

这种几何变换被称为二维仿射变换（two dimensional affine transformation）。二维仿射变换的一般表示公式如下：

$$\begin{aligned}X &= ax + by + c \\ Y &= dx + ey + f\end{aligned} \tag{12.10}$$

逆变换公式如下：

$$\begin{aligned}x &= AX + BY + C \\ y &= DX + EY + F\end{aligned} \tag{12.11}$$

虽然参数不同但形式相同。前面所说明的放大缩小公式(12.2)、平移公式(12.4)和平移公式(12.5)、旋转公式(12.6)和旋转公式(12.7)都包含在公式(12.10)和公式(12.11)中。

12.1.5　透视变换

如图 12.10 所示，从一点（视点）观看一个物体时，物体在成像平面上的投影图像就是透视变换图像。这种透视变换用以下两式来表示：

$$\begin{aligned}X &= (ax + by + c)/(px + qy + r) \\ Y &= (dx + ey + f)/(px + qy + r)\end{aligned} \tag{12.12}$$

逆变换公式如下所示：

$$\begin{aligned}x &= (AX + BY + C)/(PX + QY + R) \\ y &= (DX + EY + F)/(PX + QY + R)\end{aligned} \tag{12.13}$$

式中，a、b、c 与 A、B、C 等是变换系数，取决于视点的位置、成像平面的位置，以及物体的大小。这些系数用齐次坐标（homogeneous coordinate）的矩阵形式运算可以简单地求出。实现透视变换的程序见 List 12.7，处理示例见图 12.11。

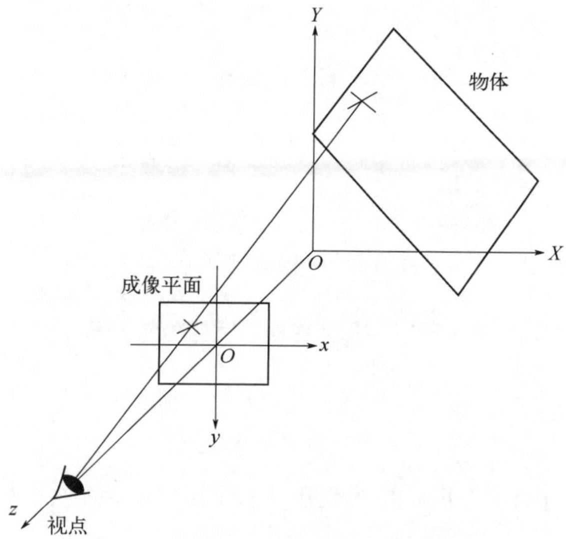

图 12.10　透视变换

图 12.11　透视变换的处理示例

12.2　对话框功能说明

图 12.12 为几何变换的对话框功能界面。

（1）基本功能概述

DistortionDlg 是一个基于 PyQt5 框架的图像几何变换对话框程序，作为 DIPAGUI 项目的一部分，提供了对图像进行多种几何变换的功能，包括放大缩小、位移、旋转、仿射变换和透视变换等。用户可以通过选择不同的变换方式和设置相应的参数来实现对图像的几何变换。

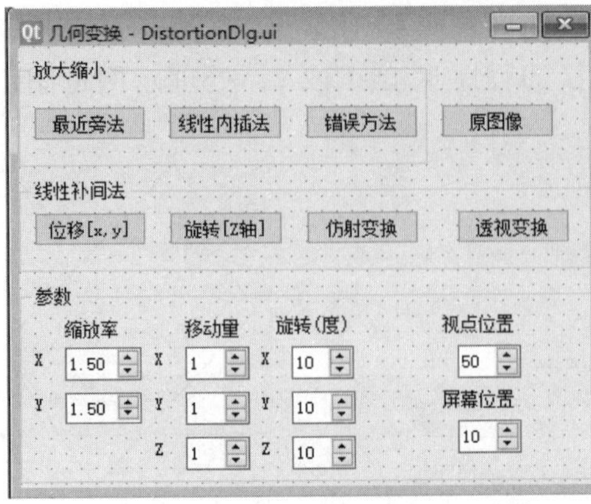

图 12.12　几何变换对话框功能界面

（2）按钮功能介绍

① 放大缩小。

功能：静态文本，标识接下来的按钮用于图像的放大和缩小操作。

② 最近旁法。

功能：使用最近邻插值算法对图像进行放大或缩小操作。

③ 线性内插法。

功能：使用线性插值算法对图像进行放大或缩小操作。

④ 错误方法。

功能：使用一种错误的方法（示例中未详细说明具体算法）对图像进行放大或缩小操作，可能用于演示或对比不同算法的效果。

⑤ 原图像。

功能：显示原始图像，不进行任何几何变换。

⑥ 线性补间法。

功能：静态文本，标识接下来的按钮使用的变换方法基于线性插值。

⑦ 位移[x，y]。

功能：对图像进行沿 X 轴和 Y 轴的位移操作。

⑧ 旋转[Z 轴]。

功能：对图像进行绕 Z 轴的旋转操作。

⑨ 仿射变换。

功能：对图像进行仿射变换，包括平移、旋转和缩放等操作。

⑩ 透视变换。

功能：对图像进行透视变换，模拟从不同视角观察图像的效果。

⑪ 参数。

功能：静态文本，标识接下来的编辑控件用于设置几何变换的参数。

⑫ 缩放率。

功能：静态文本，标识接下来的编辑控件用于设置图像的缩放率。

⑬ 移动量。

功能：静态文本，标识接下来的编辑控件用于设置图像的移动量。

⑭ 旋转（度）。

功能：静态文本，标识接下来的编辑控件用于设置图像的旋转角度。

⑮ 视点位置。

功能：静态文本，标识接下来的编辑控件用于设置透视变换中的视点位置。

⑯ X / Y / Z。

功能：静态文本，标识接下来的编辑控件分别用于设置沿 X 轴、Y 轴和 Z 轴的参数（如放大率、移动量等）。

⑰ 数值（编辑控件：各参数）。

功能：提供编辑控件供用户输入几何变换的具体参数，如放大率、移动量、旋转角度和视点位置等。

⑱ 右上角“×”。

功能：关闭几何变换对话框。在对话框关闭时，恢复主菜单项的可用性。

（3）使用流程

① 读入灰度图像。

② 打开几何变换对话框。

③ 根据需要选择不同几何变换操作。需要注意的是，进行透视变换时，如果设定参数不合适，变换后图像可能会看不到（超出了屏幕），此时可以改变设定参数，重新执行变换。

④ 完成几何变换操作后，点击右上角“×”，关闭对话框。

12.3　对话框功能实现

12.3.1　PyQt5 对话框 DistortionDlg.ui 的创建步骤

DistortionDlg.ui 的创建步骤如下。

① 参考第 3 章图 3.22 所示方法，打开图 3.23 所示的 PyQt5 界面。

② 选择“新建窗体”上的“Dialog withoutButtons”，点击“创建”，打开新建对话框窗口（参考图 5.7）。

③ 在“属性编辑器”上，编辑“windowTitle”为“几何变换”。

④ 保存新建窗口为 DistortionDlg.ui 到指定文件夹。

⑤ 通过鼠标左键拖拽和布局表 12.1 所列的控件，获得图 12.12 所示的几何变换功能界面图。

表 12.1　windowTitle：几何变换

序号	test	objectName	属性设定
1	放大缩小	groupBox	
2	最近旁法	pushButton	
3	线性内插法	pushButton_2	
4	错误方法	pushButton_3	
5	原图像	pushButton_8	
6	线性补间法	groupBox_2	

续表

序号	test	objectName	属性设定
7	位移[x,y]	pushButton_4	
8	旋转[Z 轴]	pushButton_5	
9	仿射变换	pushButton_6	
10	透视变换	pushButton_7	
11	参数	groupBox_3	
12	缩放率	label	
13	移动量	label_4	
14	旋转（度）	label_9	
15	视点位置	label_10	
16	X	label_2	
17		doubleSpinBox	**minimum** 1.000000 **maximum** 10.000000 **singleStep** 0.500000 stepType DefaultStep **value** 1.500000
18	X	label_5	
19		spinBox	minimum 0 maximum 99 singleStep 1 stepType Defa **value** 1
20	X	label_7	
21		spinBox_3	minimum 0 **maximum** 360 singleStep 1 stepType Defaul **value** 10
22		spinBox_5	**minimum** 10 **maximum** 1000 singleStep 1 stepType Defau **value** 50
23	Y	label_3	
24		doubleSpinBox_2	(同序号 17)
25	Y	label_6	
26		spinBox_2	(同序号 19)
27	Y	label_8	
28		spinBox_4	(同序号 21)
29	屏幕位置	label_11	
30	Z	label_12	
31		spinBox_8	(同序号 19)
32	Z	label_13	
33		spinBox_7	(同序号 21)
34		spinBox_6	**minimum** 1 **maximum** 200 singleStep 1 stepType Defaul **value** 10

12.3.2　DistortionDlg.ui 转换 DistortionDlg.py 与配置

（1）DistortionDlg.ui 转换 DistortionDlg.py

① 在 pythonDIPAX 工程中，选择保存的 DistortionDlg.ui 文件，然后点击 Tools→External Tools→PyCUI，就在与 DistortionDlg.ui 文件相同文件夹中生成了 DistortionDlg.py 文件。

② 将 DistortionDlg.py 复制到 pythonDIPAX 工程文件夹中。

③ 在 pythonDIPAX 工程中打开 DistortionDlg.py 文件，就可以看到 DistortionDlg 对话框的控件配置情况。

（2）DistortionDlg.py 的配置

① 参照 12.5 节的 List 12.8 DistortionDlg.py，修改 DistortionDlg.py 文件。主要内容包括：头部导入扩展库，修改对话框类的名称，添加初始化函数，添加控件的函数定义和函数内容，添加关闭窗口的后处理函数。

② 在主界面 DIPAGUI.py 的头部添加“import DistortionDlg as dtd”。参考“List 3.2 DIPAGUI.py 全功能源代码”。

③ 在主界面 DIPAGUI.py 的 createWiget 函数中，添加“几何变换”菜单函数：

```
self.mymenu.add_command(label="几何变换", command=self.command_Distortion)
self.mygui.config(menu=self.mymenu)
```

④ 在主界面 DIPAGUI.py 中添加几何变换菜单函数实现内容：

```
def command_Distortion(self):
        ……
```

⑤ 完成上述内容后，运行 DIPAGUI，结果如图 12.13 所示。

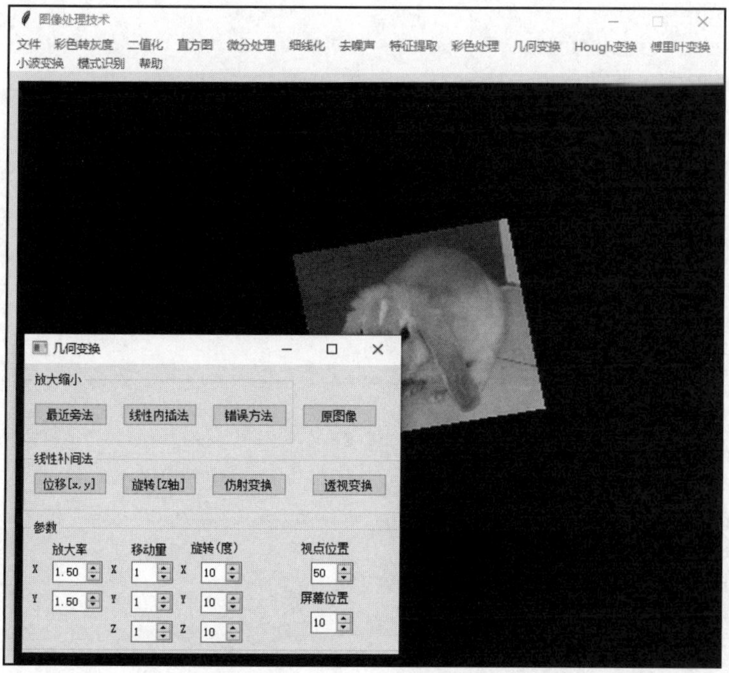

图 12.13　几何变换功能（执行透视变换）运行结果

12.4 C 语言函数源代码

本节包含以下 C 语言函数源代码：List 12.1 放大缩小（不正确的做法），List 12.2 放大缩小（最近邻点法），List 12.3 放大缩小（双线性内插法），List 12.4 平移（双线性内插法），List 12.5 旋转（双线性内插法），List 12.6 放大缩小、旋转、平移（双线性内插法），List 12.7 透视变换（双线性内插法）。

List 12.1 放大缩小（不正确的做法）

```
#include "StdAfx.h"
#include "BaseList.h"

/*--- Scale_NG --- 错误的放大缩小法----------------------
        image_in:  输入图像数据指针
        image_out: 输出图像数据指针
       xsize:      图像宽度
       ysize:      图像高度
        zx:        横向缩放率
        zy:        纵向缩放率
-------------------------------------------------------------------------*/
void Scale_NG(BYTE *image_in, BYTE *image_out, int xsize, int ysize, float zx, float zy)
{
        int    i, j, m, n;
        int    xs = xsize/2;
        int    ys = ysize/2;

        for (j = -ys; j < ys; j++) {
                for (i = -xs; i < xs; i++) {
                        m = (int)(zy * j);
                        n = (int)(zx * i);
                        if ( (m >= -ys) && (m < ys) && (n >= -xs) && (n < xs) )
                                *(image_out + (m+ys)*xsize + n+xs) =
                                *(image_in + (j+ys)*xsize + i+xs);
                }
        }
}
```

List 12.2 放大缩小（最近邻点法）

```
#include "StdAfx.h"
#include "BaseList.h"

/*--- Scale_near --- 放大缩小（最近邻点法）-------------------------------------
        image_in:  输入图像数据指针
        image_out: 输出图像数据指针
       xsize:      图像宽度
       ysize:      图像高度
        zx:        横向缩放率
        zy:        纵向缩放率
```

```
---------------------------------------------------------------------------*/
void Scale_near(BYTE *image_in, BYTE *image_out, int xsize, int ysize, float zx, float zy)
{
	int	i, j, m, n;
	int	xs = xsize/2;
	int	ys = ysize/2;

	for (j = 0; j < ysize; j++) {
		for (i = 0; i < xsize; i++){
			*(image_out + j*xsize + i) = 0;
		}
	}

	for (j = -ys; j < ys; j++) {
		for (i = -xs;i < xs; i++) {
			if (j > 0) m = (int)(j/zy + 0.5);
			else m = (int)(j/zy - 0.5);
			if (i > 0) n = (int)(i/zx + 0.5);
			else n = (int)(i/zx - 0.5);
			if ( (m >= -ys) && (m < ys) && (n >= -xs) && (n < xs) )
				*(image_out + (j+ys)*xsize + i+xs) =
				*(image_in + (m+ys)*xsize + n+xs);
			else
				*(image_out + (j+ys)*xsize + i+xs) = 0;
		}
	}
}
```

List 12.3　放大缩小（双线性内插法）

```
#include "StdAfx.h"
#include "BaseList.h"

/*--- Scale --- 放大缩小（双线性内插法）-----------------------------------------
	image_in:	输入图像数据指针
	image_out:	输出图像数据指针
	xsize:		图像宽度
	ysize:		图像高度
	zx:		横向缩放率
	zy:		纵向缩放率
---------------------------------------------------------------------------*/
void Scale(BYTE *image_in, BYTE *image_out, int xsize, int ysize, float zx, float zy)
{
	int	i, j, m, n;
	float	x, y, p, q;
	int	xs = xsize/2;
	int	ys = ysize/2;
	int	d;

	for (j = 0; j < ysize; j++) {
		for (i = 0; i < xsize; i++){
			*(image_out + j*xsize + i) = 0;
```

```
            }
        }

        for (j = -ys; j< ys; j++) {
            for (i = -xs; i< xs; i++) {
                y = j/zy;
                x = i/zx;
                if (y > 0) m = (int)y;
                else m = (int)(y-1);
                if (x > 0) n = (int)x;
                else n = (int)(x-1);
                q = y - m;
                p = x - n;
                if (q == 1) {q = 0; m = m + 1;}
                if (p == 1) {p = 0; n = n + 1;}
                if ( (m >= -ys) && (m < ys) && (n >= -xs) && (n < xs) )
                    d = (int)((1.0-q)*((1.0-p)*(*(image_in + (m +ys)*xsize + n + xs))
                                        + p*(*(image_in + (m +ys)*xsize + n + 1 +xs)))
                                + q*((1.0-p)*(*(image_in + (m+1+ys)*xsize + n +xs))
                                        + p*(*(image_in + (m+1+ys)*xsize + n + 1 +xs))));
                else
                    d = 0;
                if (d <    0) d =    0;
                if (d > 255) d = 255;
                *(image_out + (j+ys)*xsize + i + xs) = d;
            }
        }
}
```

List 12.4　平移（双线性内插法）

```
#include "StdAfx.h"
#include "BaseList.h"

/*--- Shift --- 平移（双线性内插法）--------------------------------------
        image_in:  输入图像数据指针
        image_out: 输出图像数据指针
      xsize:       图像宽度
      ysize:       图像高度
       px:         横向移动量
       py:         纵向移动量
---------------------------------------------------------------------------*/
void Shift(BYTE *image_in, BYTE *image_out, int xsize, int ysize, float px, float py)
{
        int    i, j, m, n;
        float  x, y, p, q;
        int    xs = xsize/2;
        int    ys = ysize/2;
        int    d;

        for (j = -ys; j < ys; j++) {
            for (i = -xs; i < xs; i++) {
```

```
                y = j - py;
                x = i - px;
                if (y > 0) m = (int)y;
                else m = (int)(y-1);
                if (x > 0) n = (int)x;
                else n = (int)(x-1);
                q = y - m;
                p = x - n;
                if ( (m >= -ys) && (m < ys) && (n >= -xs) && (n < xs) )
                    d = (int)((1.0-q)*((1.0-p)*(*(image_in + (m    +ys)*xsize + n    +xs))
                                    + p*(*(image_in + (m    +ys)*xsize + n+1+xs)))
                            + q*((1.0-p)*(*(image_in + (m+1+ys)*xsize + n    +xs))
                                    + p*(*(image_in + (m+1+ys)*xsize + n+1+xs))));

                else
                    d = 0;
                if (d <    0) d =    0;
                if (d > 255) d = 255;
                *(image_out + (j+ys)*xsize + i+xs) = d;
            }
        }
}
```

List 12.5　旋转（双线性内插法）

```
#include "StdAfx.h"
#include "BaseList.h"
#include   <math.h>

/*--- Rotation ---旋转（双线性内插法）-----------------------------------------
        image_in:   输入图像数据指针
        image_out:  输出图像数据指针
       xsize:       图像宽度
       ysize:       图像高度
        deg:        回转角
--------------------------------------------------------------------------*/
void Rotation(BYTE *image_in, BYTE *image_out, int xsize, int ysize, float deg)
{
        int   i, j, m, n;
        float  x, y, p, q;
        double      r;
        float  c,s;
        int    xs = xsize/2;
        int    ys = ysize/2;
        int    d;

        r = deg*PI/180.0;
        c = (float)cos(r);
        s = (float)sin(r);
        for (j = -ys; j < ys; j++) {
            for (i = -xs; i < xs; i++) {
                y = i*s + j*c;
                x = i*c - j*s;
```

```
                if (y > 0) m = (int)y;
                else m = (int)(y-1);
                if (x > 0) n = (int)x;
                else n = (int)(x-1);
                q = y - m;
                p = x - n;
                if ( (m >= -ys) && (m < ys) && (n >= -xs) && (n < xs) )
                    d = (int)((1.0-q)*((1.0-p)*(*(image_in + (m   +ys)*xsize + n   +xs))
                                        + p*(*(image_in + (m   +ys)*xsize + n+1+xs)))
                                  + q*((1.0-p)*(*(image_in + (m+1+ys)*xsize + n   +xs))
                                        + p*(*(image_in + (m+1+ys)*xsize + n+1+xs))));
                else
                    d = 0;
                if (d <   0) d =   0;
                if (d > 255) d = 255;
                *(image_out + (j+ys)*xsize + i+xs) = d;
            }
        }
}
```

List 12.6　放大缩小、旋转、平移（双线性内插法）

```
#include "StdAfx.h"
#include "BaseList.h"
#include   <math.h>

/*--- Affine --- 放大缩小、旋转、平移（双线性内插法）-----------------------------
    image_in:       输入图像数据指针
    image_out:      输出图像数据指针
    deg:            旋转角
    zx:             横向比例
    zy:             纵向比例
    px:             横向移动量
    py:             纵向移动量
--------------------------------------------------------------------------*/
void Affine(BYTE *image_in, BYTE *image_out, int xsize, int ysize, float deg,
                float zx, float zy, float px, float py)
{
    int    i, j, m, n;
    float  x, y, u, v, p, q;
    double     r;
    float  c, s;
    int    xs = xsize/2;
    int    ys = ysize/2;
    int    d;

    r = deg*PI/180.0;
    c = (float)cos(r);
    s = (float)sin(r);
    for (j = -ys; j < ys; j++) {
        for (i = -xs; i < xs; i++) {
            v = j - py;
```

```
                u = i - px;
                y = (u*s + v*c) / zy;
                x = (u*c - v*s) / zx;
                if (y > 0) m = (int)y;
                else m = (int)(y-1);
                if (x > 0) n = (int)x;
                else n = (int)(x-1);
                q = y - m;
                p = x - n;
                if ( (m >= -ys) && (m < ys) && (n >= -xs) && (n < xs) )
                    d = (int)((1.0-q)*((1.0-p)*(*(image_in + (m+ys)*xsize + n+xs))
                                        + p*(*(image_in + (m+ys)*xsize + n+1+xs)))
                                + q*((1.0-p)*(*(image_in + (m+1+ys)*xsize + n+xs))
                                        + p*(*(image_in + (m+1+ys)*xsize + n+1+xs))));
                else
                    d = 0;
                if (d <    0) d =    0;
                if (d > 255) d = 255;
                *(image_out + (j+ys)*xsize + i+xs) = d;
            }
        }
    }
```

List 12.7　透视变换（双线性内插法）

```
    #include "StdAfx.h"
    #include "BaseList.h"
    #include  <math.h>

    void param_pers(int xsize, int ysize, float k[9], float a, float b, float x0,
        float y0, float z0, float z, float x, float y, float t, float s);
    void matrix(double l[4][4], double m[4][4], double n[4][4]);

    /*--- Perspective --- 透视变换（双线性内插法）-----------------------------------
        image_in:       输入图像数据指针
        image_out:      输出图像数据指针
       xsize:           图像宽度
       ysize:           图像高度
        ax:             缩放率（横向）
        ay:             缩放率（纵向）
        px:             移动量（x）
        py:             移动量（y）
        pz:             移动量（z）
        rz:             回转角（z 轴）
        rx:             回转角（x 轴）
        ry:             回转角（y 轴）
        v:              视点位置（z）
        s:              屏幕位置（z）
    ---------------------------------------------------------------------------*/
    void Perspective(BYTE *image_in, BYTE *image_out, int xsize, int ysize, float ax, float ay,
        float px, float py, float pz, float rz,
        float rx, float ry, float v, float s)
```

```
{
        int     i, j, m, n;
        float  x, y, w, p, q;
        float  k[9];
        int     xs = xsize/2;
        int     ys = ysize/2;
        int          d;

        param_pers(xsize, ysize,k,ax,ay,px,py,pz,rz,rx,ry,v,s); //计算变换参数
        for (i = -ys; i < ys; i++) {
                for (j = -xs; j < xs; j++) {
                        w = k[0]*j + k[1]*i + k[2];
                        x = k[3]*j + k[4]*i + k[5];
                        y = k[6]*j + k[7]*i + k[8];
                        x = x/w;
                        y = y/w;
                        if (y > 0) m = (int)y;
                        else m = (int)(y-1);
                        if (x > 0) n = (int)x;
                        else n = (int)(x-1);
                        q = y - m;
                        p = x - n;
                        if ( (m >= -ys) && (m < ys) && (n >= -xs) && (n < xs) )
                                d = (int)((1.0-q)*((1.0-p)*(*(image_in + (m +ys)*xsize + n + xs))
                                                        + p*(*(image_in + (m +ys)*xsize + n+1+xs)))
                                                + q*((1.0-p)*(*(image_in + (m+1+ys)*xsize + n +xs))
                                                        + p*(*(image_in + (m+1+ys)*xsize + n+1+xs))));
                        else
                                d = 0;
                        if (d <    0) d =    0;
                        if (d > 255) d = 255;
                        *(image_out + (i+ys)*xsize + j+xs) = d;
                }
        }
}

/*--- param_pers --- 计算透视变换的参数 ---------------------------------
     xsize:        图像宽度
     ysize:        图像高度
      k:           变换参数
      a:           缩放率（x 方向）
      b:           缩放率（y 方向）
      x0:          移动量（x 方向）
      y0:          移动量（y 方向）
      z0:          移动量（z 方向）
      z:           回转角（z 方向  度）
      x:           回转角（x 方向  度）
      y:           回转角（y 方向  度）
      v:           视点位置（z）
      s:           屏幕位置（z）
```

```
---------------------------------------------------------------------------*/
void param_pers(int xsize, int ysize, float k[9], float a, float b, float x0,
        float y0, float z0, float z, float x, float y, float t, float s)
{
        double      l[4][4],m[4][4],n[4][4];
        float  k1,k2,k3,k4,k5,k6,k7,k8,k9;
        double      u,v,w;
        int     xs = xsize/2;
        int     ys = ysize/2;

        u=x*PI/180.0;    v=y*PI/180.0;    w=z*PI/180.0;
        l[0][0]= 1.0/xs;  l[0][1]= 0;          l[0][2]= 0;          l[0][3]= 0;
        l[1][0]= 0;          l[1][1]= -1.0/xs; l[1][2]= 0;          l[1][3]= 0;
        l[2][0]= 0;          l[2][1]= 0;          l[2][2]= 1;          l[2][3]= 0;
        l[3][0]= 0;          l[3][1]= 0;          l[3][2]= 0;          l[3][3]= 1;
        m[0][0]= a;          m[0][1]= 0;          m[0][2]= 0;          m[0][3]= 0;
        m[1][0]= 0;          m[1][1]= b;          m[1][2]= 0;          m[1][3]= 0;
        m[2][0]= 0;          m[2][1]= 0;          m[2][2]= 1;          m[2][3]= 0;
        m[3][0]= 0;          m[3][1]= 0;          m[3][2]= 0;          m[3][3]= 1;
        matrix(l,m,n);    //正规化矩阵 乘 放大缩小矩阵
        l[0][0]= 1;          l[0][1]= 0;          l[0][2]= 0;          l[0][3]= 0;
        l[1][0]= 0;          l[1][1]= 1;          l[1][2]= 0;          l[1][3]= 0;
        l[2][0]= 0;          l[2][1]= 0;          l[2][2]= 1;          l[2][3]= 0;
        l[3][0]= x0;         l[3][1]= y0;         l[3][2]= z0;         l[3][3]= 1;
        matrix(n,l,m);    //乘 移动矩阵
        n[0][0]=   cos(w); n[0][1]= sin(w);  n[0][2]= 0;          n[0][3]= 0;
        n[1][0]= -sin(w); n[1][1]= cos(w);  n[1][2]= 0;          n[1][3]= 0;
        n[2][0]= 0;          n[2][1]= 0;          n[2][2]= 1;          n[2][3]= 0;
        n[3][0]= 0;          n[3][1]= 0;          n[3][2]= 0;          n[3][3]= 1;
        matrix(m,n,l);    // 乘 z 轴旋转矩阵
        m[0][0]= 1;          m[0][1]= 0;          m[0][2]= 0;          m[0][3]= 0;
        m[1][0]= 0;          m[1][1]= cos(u);  m[1][2]= sin(u);  m[1][3]= 0;
        m[2][0]= 0;          m[2][1]= -sin(u); m[2][2]= cos(u);  m[2][3]= 0;
        m[3][0]= 0;          m[3][1]= 0;          m[3][2]= 0;          m[3][3]= 1;
        matrix(l,m,n);    // 乘 x 轴旋转矩阵
        l[0][0]= cos(v);  l[0][1]= 0;          l[0][2]= sin(v);  l[0][3]= 0;
        l[1][0]= 0;          l[1][1]= 1;          l[1][2]= 0;          l[1][3]= 0;
        l[2][0]= -sin(v); l[2][1]= 0;          l[2][2]= cos(v);  l[2][3]= 0;
        l[3][0]= 0;          l[3][1]= 0;          l[3][2]= 0;          l[3][3]= 1;
        matrix(n,l,m);    //乘 y 轴旋转矩阵
        n[0][0]= 1;          n[0][1]= 0;          n[0][2]= 0;          n[0][3]= 0;
        n[1][0]= 0;          n[1][1]= 1;          n[1][2]= 0;          n[1][3]= 0;
        n[2][0]= 0;          n[2][1]= 0;          n[2][2]= -1;         n[2][3]= 0;
        n[3][0]= 0;          n[3][1]= 0;          n[3][2]= t;          n[3][3]= 1;
        matrix(m,n,l);    // 乘 视点坐标变换矩阵
        m[0][0]= 1;          m[0][1]= 0;          m[0][2]= 0;          m[0][3]= 0;
        m[1][0]= 0;          m[1][1]= 1;          m[1][2]= 0;          m[1][3]= 0;
        m[2][0]= 0;          m[2][1]= 0;          m[2][2]= 1/s;        m[2][3]= 1/s;
        m[3][0]= 0;          m[3][1]= 0;          m[3][2]= -1;         m[3][3]= 0;
        matrix(l,m,n);    // 乘 透视变换矩阵
        l[0][0]= xs;         l[0][1]= 0;          l[0][2]= 0;          l[0][3]= 0;
```

```
        l[1][0]= 0;         l[1][1]= -xs;       l[1][2]= 0;         l[1][3]= 0;
        l[2][0]= 0;         l[2][1]= 0;         l[2][2]= 1;         l[2][3]= 0;
        l[3][0]= 0;         l[3][1]= 0;         l[3][2]= 0;         l[3][3]= 1;
        matrix(n,l,m);    // 乘 正规化逆矩阵
        k1=(float)(m[0][3]);  k2=(float)(m[1][3]);  k3=(float)(m[3][3]);
        k4=(float)(m[0][0]);  k5=(float)(m[1][0]);  k6=(float)(m[3][0]);
        k7=(float)(m[0][1]);  k8=(float)(m[1][1]);  k9=(float)(m[3][1]);
        k[0]=k7*k2-k8*k1; k[1]=k5*k1-k4*k2; k[2]=k4*k8-k7*k5;
        k[3]=k8*k3-k9*k2; k[6]=k9*k1-k7*k3; k[4]=k6*k2-k5*k3;
        k[7]=k4*k3-k6*k1; k[5]=k5*k9-k8*k6; k[8]=k7*k6-k4*k9;
}

/*--- matrix --- 矩阵计算 ------------------------------------------
        l:      输入矩阵 1
        m:      输入矩阵 2
        n:      输出矩阵
---------------------------------------------------------------------*/
void matrix(double l[4][4], double m[4][4], double n[4][4])
{
        int         i, j, k;
        double      p;

        for (i = 0; i < 4; i++) {
                for (j = 0; j < 4; j++) {
                        p = 0;
                        for (k = 0; k < 4; k++) p = p + l[i][k]*m[k][j];
                        n[i][j] = p;
                }
        }
}
```

12.5 对话框类源代码

List 12.8 为几何变换对话框类的源文件 DistortionDlg.py 的内容。

List 12.8 DistortionDlg.py

```
from DIPAGUI import *
from ctypes import cdll, c_float
from PyQt5 import QtCore, QtWidgets

class DistortionDlg(QtWidgets.QMainWindow):
    def __init__(self, dipa_gui):
        super(DistortionDlg, self).__init__()
        self.dipa_gui = dipa_gui
        self.setupUi(self)
        self.retranslateUi(self)
        # 链接 dll
        self.dll = cdll.LoadLibrary("DIPAFunction.dll")

        self.img1 = self.dipa_gui.img1
```

```
        self.img2 = self.dipa_gui.img2
        self.w = self.dipa_gui.imgW
        self.h = self.dipa_gui.imgH

    def setupUi(self, Dialog):
        Dialog.setObjectName("Dialog")
        Dialog.resize(378, 293)
        self.groupBox = QtWidgets.QGroupBox(Dialog)
        self.groupBox.setGeometry(QtCore.QRect(0, 10, 271, 71))
        self.groupBox.setObjectName("groupBox")
        self.pushButton = QtWidgets.QPushButton(self.groupBox)
        self.pushButton.setGeometry(QtCore.QRect(10, 30, 75, 23))
        self.pushButton.setObjectName("pushButton")
        self.pushButton_2 = QtWidgets.QPushButton(self.groupBox)
        self.pushButton_2.setGeometry(QtCore.QRect(100, 30, 75, 23))
        self.pushButton_2.setObjectName("pushButton_2")
        self.pushButton_3 = QtWidgets.QPushButton(self.groupBox)
        self.pushButton_3.setGeometry(QtCore.QRect(190, 30, 75, 23))
        self.pushButton_3.setObjectName("pushButton_3")
        self.groupBox_2 = QtWidgets.QGroupBox(Dialog)
        self.groupBox_2.setGeometry(QtCore.QRect(0, 90, 381, 61))
        self.groupBox_2.setObjectName("groupBox_2")
        self.pushButton_4 = QtWidgets.QPushButton(self.groupBox_2)
        self.pushButton_4.setGeometry(QtCore.QRect(10, 20, 75, 23))
        self.pushButton_4.setObjectName("pushButton_4")
        self.pushButton_5 = QtWidgets.QPushButton(self.groupBox_2)
        self.pushButton_5.setGeometry(QtCore.QRect(100, 20, 75, 23))
        self.pushButton_5.setObjectName("pushButton_5")
        self.pushButton_6 = QtWidgets.QPushButton(self.groupBox_2)
        self.pushButton_6.setGeometry(QtCore.QRect(190, 20, 75, 23))
        self.pushButton_6.setObjectName("pushButton_6")
        self.pushButton_7 = QtWidgets.QPushButton(self.groupBox_2)
        self.pushButton_7.setGeometry(QtCore.QRect(290, 20, 75, 23))
        self.pushButton_7.setObjectName("pushButton_7")
        self.pushButton_8 = QtWidgets.QPushButton(Dialog)
        self.pushButton_8.setGeometry(QtCore.QRect(280, 40, 75, 23))
        self.pushButton_8.setObjectName("pushButton_8")
        self.groupBox_3 = QtWidgets.QGroupBox(Dialog)
        self.groupBox_3.setGeometry(QtCore.QRect(0, 160, 381, 131))
        self.groupBox_3.setObjectName("groupBox_3")
        self.label = QtWidgets.QLabel(self.groupBox_3)
        self.label.setGeometry(QtCore.QRect(30, 20, 41, 16))
        self.label.setObjectName("label")
        self.label_2 = QtWidgets.QLabel(self.groupBox_3)
        self.label_2.setGeometry(QtCore.QRect(10, 40, 16, 16))
        self.label_2.setObjectName("label_2")
        self.doubleSpinBox = QtWidgets.QDoubleSpinBox(self.groupBox_3)
        self.doubleSpinBox.setGeometry(QtCore.QRect(30, 40, 51, 22))
        self.doubleSpinBox.setMinimum(1.5)
        self.doubleSpinBox.setMaximum(10.0)
        self.doubleSpinBox.setSingleStep(0.5)
```

```
        self.doubleSpinBox.setObjectName("doubleSpinBox")
        self.label_3 = QtWidgets.QLabel(self.groupBox_3)
        self.label_3.setGeometry(QtCore.QRect(10, 70, 16, 16))
        self.label_3.setObjectName("label_3")
        self.doubleSpinBox_2 = QtWidgets.QDoubleSpinBox(self.groupBox_3)
        self.doubleSpinBox_2.setGeometry(QtCore.QRect(30, 70, 51, 21))
        self.doubleSpinBox_2.setMinimum(1.5)
        self.doubleSpinBox_2.setMaximum(10.0)
        self.doubleSpinBox_2.setSingleStep(0.5)
        self.doubleSpinBox_2.setObjectName("doubleSpinBox_2")
        self.label_4 = QtWidgets.QLabel(self.groupBox_3)
        self.label_4.setGeometry(QtCore.QRect(110, 20, 41, 16))
        self.label_4.setObjectName("label_4")
        self.label_5 = QtWidgets.QLabel(self.groupBox_3)
        self.label_5.setGeometry(QtCore.QRect(90, 40, 16, 16))
        self.label_5.setObjectName("label_5")
        self.label_6 = QtWidgets.QLabel(self.groupBox_3)
        self.label_6.setGeometry(QtCore.QRect(90, 70, 16, 16))
        self.label_6.setObjectName("label_6")
        self.spinBox = QtWidgets.QSpinBox(self.groupBox_3)
        self.spinBox.setGeometry(QtCore.QRect(110, 40, 42, 22))
        self.spinBox.setProperty("value", 1)
        self.spinBox.setObjectName("spinBox")
        self.spinBox_2 = QtWidgets.QSpinBox(self.groupBox_3)
        self.spinBox_2.setGeometry(QtCore.QRect(110, 70, 42, 22))
        self.spinBox_2.setProperty("value", 1)
        self.spinBox_2.setObjectName("spinBox_2")
        self.label_7 = QtWidgets.QLabel(self.groupBox_3)
        self.label_7.setGeometry(QtCore.QRect(160, 40, 16, 16))
        self.label_7.setObjectName("label_7")
        self.label_8 = QtWidgets.QLabel(self.groupBox_3)
        self.label_8.setGeometry(QtCore.QRect(160, 70, 16, 16))
        self.label_8.setObjectName("label_8")
        self.spinBox_3 = QtWidgets.QSpinBox(self.groupBox_3)
        self.spinBox_3.setGeometry(QtCore.QRect(180, 40, 41, 22))
        self.spinBox_3.setMaximum(360)
        self.spinBox_3.setProperty("value", 10)
        self.spinBox_3.setObjectName("spinBox_3")
        self.spinBox_4 = QtWidgets.QSpinBox(self.groupBox_3)
        self.spinBox_4.setGeometry(QtCore.QRect(180, 70, 42, 22))
        self.spinBox_4.setMaximum(360)
        self.spinBox_4.setProperty("value", 10)
        self.spinBox_4.setObjectName("spinBox_4")
        self.label_9 = QtWidgets.QLabel(self.groupBox_3)
        self.label_9.setGeometry(QtCore.QRect(170, 20, 54, 12))
        self.label_9.setObjectName("label_9")
        self.label_10 = QtWidgets.QLabel(self.groupBox_3)
        self.label_10.setGeometry(QtCore.QRect(280, 20, 54, 12))
        self.label_10.setObjectName("label_10")
        self.spinBox_5 = QtWidgets.QSpinBox(self.groupBox_3)
        self.spinBox_5.setGeometry(QtCore.QRect(290, 40, 42, 22))
```

```
        self.spinBox_5.setMinimum(10)
        self.spinBox_5.setMaximum(1000)
        self.spinBox_5.setProperty("value", 50)
        self.spinBox_5.setObjectName("spinBox_5")
        self.label_11 = QtWidgets.QLabel(self.groupBox_3)
        self.label_11.setGeometry(QtCore.QRect(280, 70, 54, 12))
        self.label_11.setObjectName("label_11")
        self.spinBox_6 = QtWidgets.QSpinBox(self.groupBox_3)
        self.spinBox_6.setGeometry(QtCore.QRect(290, 90, 42, 22))
        self.spinBox_6.setMinimum(1)
        self.spinBox_6.setMaximum(200)
        self.spinBox_6.setProperty("value", 10)
        self.spinBox_6.setObjectName("spinBox_6")
        self.label_12 = QtWidgets.QLabel(self.groupBox_3)
        self.label_12.setGeometry(QtCore.QRect(90, 100, 21, 16))
        self.label_12.setObjectName("label_12")
        self.label_13 = QtWidgets.QLabel(self.groupBox_3)
        self.label_13.setGeometry(QtCore.QRect(160, 100, 21, 16))
        self.label_13.setObjectName("label_13")
        self.spinBox_7 = QtWidgets.QSpinBox(self.groupBox_3)
        self.spinBox_7.setGeometry(QtCore.QRect(180, 100, 42, 22))
        self.spinBox_7.setMaximum(360)
        self.spinBox_7.setProperty("value", 10)
        self.spinBox_7.setObjectName("spinBox_7")
        self.spinBox_8 = QtWidgets.QSpinBox(self.groupBox_3)
        self.spinBox_8.setGeometry(QtCore.QRect(110, 100, 42, 22))
        self.spinBox_8.setProperty("value", 1)
        self.spinBox_8.setObjectName("spinBox_8")

        self.retranslateUi(Dialog)
        QtCore.QMetaObject.connectSlotsByName(Dialog)

    def retranslateUi(self, Dialog):
        _translate = QtCore.QCoreApplication.translate
        Dialog.setWindowTitle(_translate("Dialog", "几何变换"))
        self.groupBox.setTitle(_translate("Dialog", "放大缩小"))
        self.pushButton.setText(_translate("Dialog", "最近旁法"))
        self.pushButton.clicked.connect(self.clickpushButton)
        self.pushButton_2.setText(_translate("Dialog", "线性内插法"))
        self.pushButton_2.clicked.connect(self.clickpushButton_2)
        self.pushButton_3.setText(_translate("Dialog", "错误方法"))
        self.pushButton_3.clicked.connect(self.clickpushButton_3)
        self.groupBox_2.setTitle(_translate("Dialog", "线性补间法"))
        self.pushButton_4.setText(_translate("Dialog", "位移[x,y]"))
        self.pushButton_4.clicked.connect(self.clickpushButton_4)
        self.pushButton_5.setText(_translate("Dialog", "旋转[Z 轴]"))
        self.pushButton_5.clicked.connect(self.clickpushButton_5)
        self.pushButton_6.setText(_translate("Dialog", "仿射变换"))
        self.pushButton_6.clicked.connect(self.clickpushButton_6)
        self.pushButton_7.setText(_translate("Dialog", "透视变换"))
        self.pushButton_7.clicked.connect(self.clickpushButton_7)
```

```
        self.pushButton_8.setText(_translate("Dialog", "原图像"))
        self.pushButton_8.clicked.connect(self.clickpushButton_8)
        self.groupBox_3.setTitle(_translate("Dialog", "参数"))
        self.label.setText(_translate("Dialog", "缩放率"))
        self.label_2.setText(_translate("Dialog", "X"))
        self.label_3.setText(_translate("Dialog", "Y"))
        self.label_4.setText(_translate("Dialog", "移动量"))
        self.label_5.setText(_translate("Dialog", "X"))
        self.label_6.setText(_translate("Dialog", "Y"))
        self.label_7.setText(_translate("Dialog", "X"))
        self.label_8.setText(_translate("Dialog", "Y"))
        self.label_9.setText(_translate("Dialog", "旋转(度)"))
        self.label_10.setText(_translate("Dialog", "视点位置"))
        self.label_11.setText(_translate("Dialog", "屏幕位置"))
        self.label_12.setText(_translate("Dialog", "Z"))
        self.label_13.setText(_translate("Dialog", "Z"))

    # 最近旁法
    def clickpushButton(self):
        zx = self.doubleSpinBox.value()
        zy = self.doubleSpinBox_2.value()
        #放大、缩小（最近旁法）
        self.dll.Scale_near(self.img1.ctypes.data_as(POINTER(c_int)),
self.img2.ctypes.data_as(POINTER(c_ubyte)),
                            self.w,self.h, c_float(zx), c_float(zy))
        # 图像显示
        self.dipa_gui.tk_img_display(self.img2)
    # 线性内插法
    def clickpushButton_2(self):
        zx = self.doubleSpinBox.value()
        zy = self.doubleSpinBox_2.value()
        # 放大、缩小（最近旁法）
        self.dll.Scale(self.img1.ctypes.data_as(POINTER(c_int)),
self.img2.ctypes.data_as(POINTER(c_ubyte)),
                            self.w, self.h, c_float(zx), c_float(zy))
        # 图像显示
        self.dipa_gui.tk_img_display(self.img2)
    #错误方法
    def clickpushButton_3(self):
        zx = self.doubleSpinBox.value()
        zy = self.doubleSpinBox_2.value()
        # 放大、缩小（最近旁法）
        self.dll.Scale_NG(self.img1.ctypes.data_as(POINTER(c_int)),
self.img2.ctypes.data_as(POINTER(c_ubyte)),
                        self.w, self.h, c_float(zx), c_float(zy))
        # 图像显示
        self.dipa_gui.tk_img_display(self.img2)


    #位移[x,y]
    def clickpushButton_4(self):
```

```
                sx = self.spinBox.value()
                sy = self.spinBox_2.value()
                #位移（线性补间法）
                self.dll.Shift(self.img1.ctypes.data_as(POINTER(c_int)),
self.img2.ctypes.data_as(POINTER(c_ubyte)),
                                self.w, self.h, c_float(sx), c_float(sy))
                # 图像显示
                self.dipa_gui.tk_img_display(self.img2)

        #旋转[Z 轴]
        def clickpushButton_5(self):
                tz = self.spinBox_7.value()
                #回转（线性补间法）
                self.dll.Rotation(self.img1.ctypes.data_as(POINTER(c_int)),
self.img2.ctypes.data_as(POINTER(c_ubyte)),
                                self.w, self.h, c_float(tz))
                # 图像显示
                self.dipa_gui.tk_img_display(self.img2)

        #仿射变换
        def clickpushButton_6(self):

                tz = self.spinBox_7.value()
                zx = self.doubleSpinBox.value()
                zy = self.doubleSpinBox_2.value()
                sx = self.spinBox.value()
                sy = self.spinBox_2.value()
                #仿射变换（移动、旋转、放大缩小）
                self.dll.Affine(self.img1.ctypes.data_as(POINTER(c_int)),
self.img2.ctypes.data_as(POINTER(c_ubyte)),
                                self.w, self.h, c_float(tz),
                        c_float(zx), c_float(zy), c_float(sx), c_float(sy))
                # 图像显示
                self.dipa_gui.tk_img_display(self.img2)

        #透视变换
        def clickpushButton_7(self):
                tx = self.spinBox_3.value()
                ty = self.spinBox_4.value()
                tz = self.spinBox_7.value()
                zx = self.doubleSpinBox.value()
                zy = self.doubleSpinBox_2.value()
                sx = self.spinBox.value()
                sy = self.spinBox_2.value()
                sz = self.spinBox_8.value()
                pv = self.spinBox_5.value()
                ps = self.spinBox_6.value()
                #透视变换（线性补间法）
                self.dll.Perspective(self.img1.ctypes.data_as(POINTER(c_int)),
self.img2.ctypes.data_as(POINTER(c_ubyte)),
                                self.w, self.h, c_float(zx), c_float(zy), c_float(sx), c_float(sy),
```

```
c_float(sz), c_float(tz),
                                        c_float(tx), c_float(ty), c_float(pv), c_float(ps))
            # 图像显示
            self.dipa_gui.tk_img_display(self.img2)

        #原图像
        def clickpushButton_8(self):
            # 图像显示
            self.dipa_gui.tk_img_display(self.img1)

        def closeEvent(self, event):
            reply = QtWidgets.QMessageBox.question(self, '本窗口', "是否要关闭对话框？",
                                                       QtWidgets.QMessageBox.Yes |
QtWidgets.QMessageBox.No)
            if reply == QtWidgets.QMessageBox.Yes:
                #self.dipa_gui.mymenu.entryconfig('直方图', state=NORMAL)
                num_items = self.dipa_gui.mymenu.index("帮助") + 1
                for item in range(num_items):
                    self.dipa_gui.mymenu.entryconfig(item, state='normal')
                event.accept()
            else:
                event.ignore()
```

第 13 章

Hough 变换

13.1 基本概念

13.1.1 一般 Hough 变换

直线的方程可以用式（13.1）来表示。

$$y = kx + b \tag{13.1}$$

式中，k 和 b 分别是斜率和截距。过 x-y 平面上的某一点(x_0, y_0)的所有直线的参数都满足方程 $y_0 = kx_0 + b$。即过 x-y 平面上点(x_0, y_0)的一组直线在参数 k-b 平面上对应于一条直线。

由于式（13.1）形式的直线方程无法表示 $x = c$（c 为常数）形式的直线(这时候直线的斜率为无穷大)，所以在实际应用中，一般采用式（13.2）的极坐标参数方程的形式。

$$\rho = x\cos\theta + y\sin\theta \tag{13.2}$$

式中，ρ 为原点到直线的垂直距离；θ 为 ρ 与 x 轴的夹角（如图 13.1 所示）。

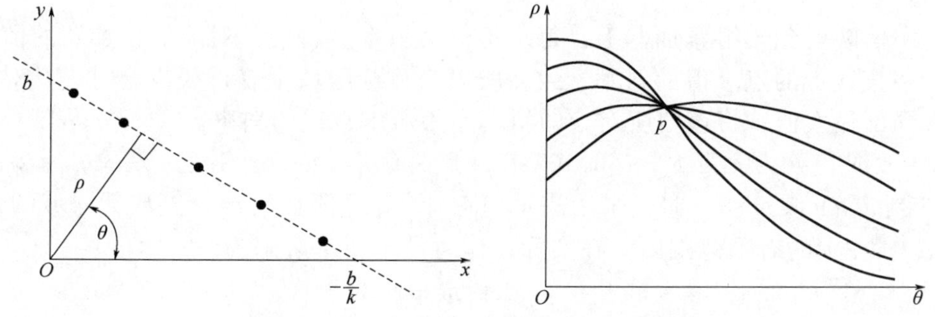

图 13.1 Hough 变换对偶关系示意图

根据式(13.2)，直线上不同的点在参数空间中被变换为一组相交于 p 点的正弦曲线，因此可以通过检测参数空间中的局部最大值 p 点，来实现 x-y 坐标系中直线的检测。

一般 Hough 变换的步骤如下：

① 将参数空间量化成 $m \times n$(m 为 θ 的等分数，n 为 ρ 的等分数)个单元，并设置累加器矩阵 $\boldsymbol{Q}_{m\times n}$；

② 给参数空间中的每个单元分配一个累加器 $\boldsymbol{Q}(\theta_i, \rho_j)(0<i<m-1, 0<j<n-1)$，并把累加器的初始值置为零；

③ 将直角坐标系中的各点 (x_k, y_k)（$k=1,2,\cdots s$，s 为直角坐标系中的点数）代入式（13.2），然后将 $\theta_0 \sim \theta_{m-1}$ 也都代入其中，分别计算出相应的值 ρ_j；

④ 在参数空间中，找到每一个（θ_i，ρ_j）所对应的单元，并将该单元的累加器加 1，即 $\boldsymbol{Q}(\theta_i, \rho_j)=\boldsymbol{Q}(\theta_i, \rho_j)+1$，对该单元进行一次投票；

⑤ 待 x-y 坐标系中的所有点都进行运算之后，检查参数空间的累加器，必有一个出现最大值，这个累加器对应单元的参数值作为所求直线的参数输出。

由以上步骤看出，Hough 变换的具体实现是利用表决方法，即曲线上的每一点可以表决若干参数组合，赢得多数表决的参数就是胜者。累加器阵列的峰值就是表征一条直线的参数。程序见 List13.1。

Hough 变换是一种全局性的检测方法，具有极佳的抗干扰能力，可以很好地抑制数据点集中存在的干扰，同时还可以将数据点集拟合成多条直线。但是，Hough 变换的精度不容易控制，因此，不适合解决对拟合直线精度要求较高的实际问题。同时，它所要求的巨大计算量使它的处理速度很慢，从而限制了它在实时性要求很高的领域的应用。

13.1.2 过已知点 Hough 变换

过已知点 Hough 变换方法是在 Hough 变换基本原理的基础上，将逐点向整个参数空间的投票转化为仅向一个“已知点”参数空间投票的快速直线检测方法。其基本思想是：首先找到属于直线上的一个点，将这个已知点 p_0 的坐标定义为（x_0，y_0），将通过 p_0 的直线斜率定义为 m，则坐标和斜率的关系可用式（13.3）表示：

$$y-y_0=m(x-x_0) \tag{13.3}$$

定义区域内目标像素 p_i 的坐标为（x_i，y_i）（$0 \leqslant i<n$，n 为区域内目标像素总数），则 p_i 点与 p_0 点之间连线的斜率 m_i 可用式（13.4）表示：

$$m_i=(y_i-y_0)/(x_i-x_0) \tag{13.4}$$

将斜率值映射到一组累加器上，每求得一个斜率，将使其对应的累加器的值加 1，因为同一条直线上的点求得的斜率一致，所以当目标区域中有直线成分时，其对应的累加器出现局部最大值，将该值所对应的斜率作为所求直线的斜率。

当 $x_i=x_0$ 时，m_i 为无穷大，这时式（13.4）不成立。为了避免这一现象，当 $x_i=x_0$ 时，令 $m_i=2$，当 $m_i>1$ 或 $m_i<-1$ 时，采用式（13.5）的计算值替代 m_i，这样无限域的 m_i 被限定在了（−1，3）的有限范围内。在实际操作时设定斜率区间为[−2，4]。

$$m_i'=1/m_i+2 \tag{13.5}$$

过已知点 Hough 变换的具体步骤如下：

① 将设定的斜率区间等分为 10 个子区间，即每个子区间的宽度为设定斜率区间宽度的 1/10；

② 为每个子区间设置一个累加器 $n_j(1 \leqslant j \leqslant 10)$；

③ 初始化每个累加器的值为 0，即 $n_j=0$；

④ 从上到下、从左到右逐点扫描图像，遇到目标像素时，由式（13.4）及式（13.5）

计算其与已知点 p_0 之间的斜率 m, m 值属于哪个子区间,就将哪个子区间累加器的值加 1；

⑤ 当扫描完全部处理区域之后，将累加器的值最大的子区间及其相邻的两个子区间（共 3 个子区间）作为下一次投票的斜率区间，重复上述①至④步，直到斜率区间的宽度小于设定斜率检测精度为止。例如 $m = 0.05$,这时对累加值为最大的子区间的中间值进行式（13.5）设定条件的逆变换后作为所求直线的斜率值。

过已知点 Hough 变换的直线检测程序见 List 13.2。利用过已知点 Hough 变换的直线检测方法，其关键问题是如何正确地选择已知点。在实际操作中，一般选择容易获取的特征点为已知点，例如某个区域内的像素分布中心等。

13.2 对话框功能说明

图 13.2 为 Hough 变换的对话框功能界面。

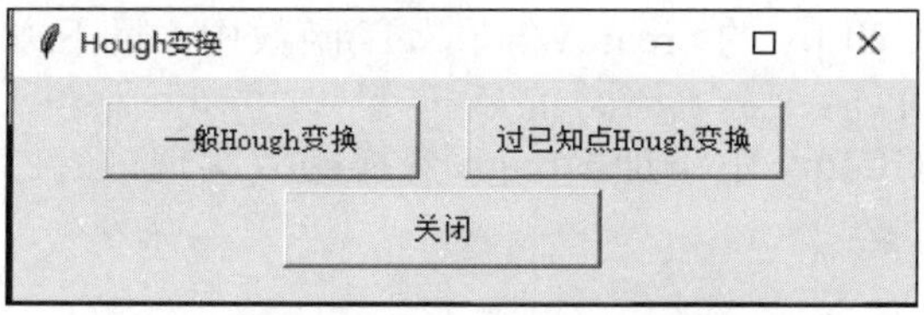

图 13.2 Hough 变换对话框功能界面

（1）基本功能概述

HoughDlg 是一个基于 Tkinter 框架的 Hough 变换对话框程序，用于图像处理中的直线检测。提供了两种 Hough 变换功能：一般 Hough 变换和过已知点 Hough 变换。用户可以通过选择不同的变换方式来对图像进行直线检测。

（2）按钮功能介绍

① 一般 Hough 变换。

功能：执行一般 Hough 变换，用于检测图像中的直线。

② 过已知点 Hough 变换。

功能：执行过已知点的 Hough 变换，允许用户指定一个点，然后检测通过该点的直线。

③ 关闭。

功能：关闭 Hough 变换对话框，并恢复主菜单项的可用性。

（3）使用流程

① 读入二值图像。

② 打开 Hough 变换对话框。

③ 点击“一般 Hough 变换”，执行一般 Hough 变换，查看在图像中检测到的直线。

④ 点击“过已知点 Hough 变换”，提示点击已知点，关闭提示窗口，在图像上点击已知点，执行过已知点 Hough 变换，查看在图像中检测到的直线。需要注意的是，已知点的选择会影响检测直线的方向。

⑤ 完成操作后，点击“关闭”按钮关闭对话框。

13.3 对话框功能实现

基于 Tkinter 创建 HoughDlg 对话框，利用 DLL 库函数实现了一般 Hough 变换和过已知点 Hough 变换功能。

在 pythonDIPAX 工程上依次进行以下各步操作。

① 参考第 3 章的图 3.5 和图 3.6，新建 HoughTransDlg .py 文件。

② 在 HoughTransDlg.py 文件中输入 13.5 节的“List 13.3 HoughTransDlg. py”内容。

③ 在主界面 DIPAGUI.py 的头部添加“import HoughDlg as htd”。参考“List 3.2 DIPAGUI.py 全功能源代码”。

④ 在主界面 DIPAGUI.py 的 createWiget 函数中，添加 Hough 变换菜单函数定义：

```
self.mymenu.add_command(label="Hough 变换", command=self.command_Hough)
self.mygui.config(menu=self.mymenu)
```

⑤ 在主界面 DIPAGUI.py 的 createWiget(self)函数中（最下方），绑定鼠标点击事件：

```
self.label.bind("<Button-1>", self.on_mouse_click)
```

⑥ 在主界面 DIPAGUI.py 中添加 Hough 变换函数实现内容：

```
def command_Hough(self):
        ……
```

⑦ 在主界面 DIPAGUI.py 中添加鼠标点击事件内容：

```
def on_mouse_click(self, event):
        ……
```

⑧ 运行 DIPAGUI，结果如图 13.3 所示。

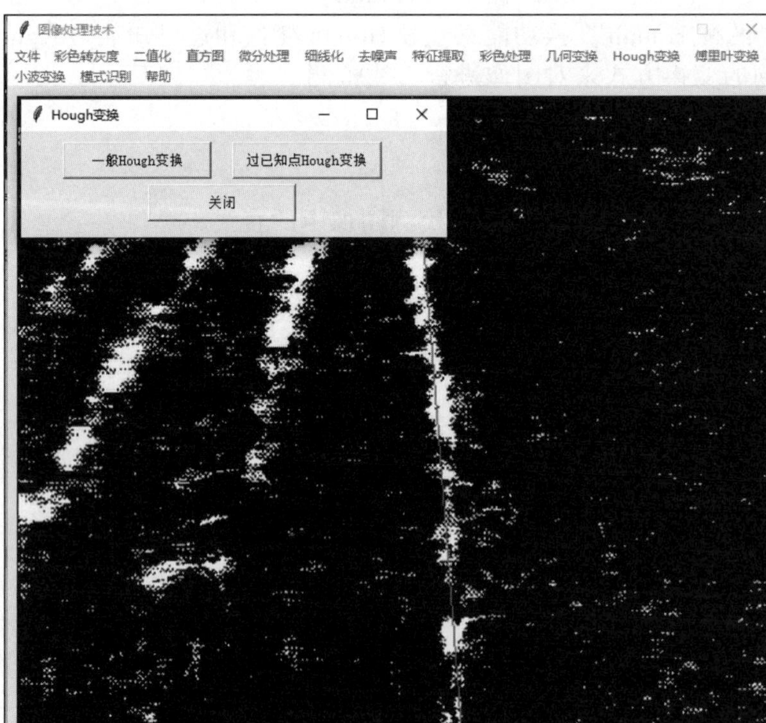

图 13.3 Hough 变换功能运行结果

13.4　C 语言函数源代码

本节包含以下C语言函数源代码：List 13.1 一般Hough变换，List 12.2 过已知点Hough变换。

List 13.1　一般 Hough 变换

```
#include "StdAfx.h"
#include "BaseList.h"
#include <math.h>
/*---------Hough_general---一般 Hough 变换---------
	image_in:  输入图像指针
	image_out: 输出图像指针
	xsize:     图像宽度
	ysize:     图像高度
-----------------------------------------------*/
void Hough_general(BYTE *image_in, BYTE *image_out, int xsize, int ysize)
{
	int   i,j;
	int   r, r_max, angle;
	double   angle2;
	int *num;
	double cosa, sina,re_angle;
	int   re_maxnow, re_r;

	//复制图像
	for (j = 0; j < ysize; j++) {
		for (i = 0; i < xsize; i++){
			*(image_out + j*xsize + i) = *(image_in + j*xsize + i);
		}
	}

	//设定最大半径
	r_max = xsize + ysize;

	// 建立数组
	int maxNum = r_max * ANGLE_MAX;
	num = new int[maxNum];

	for(r = 0; r < maxNum; r++ )
		num[r] = 0;

	// 计算斜率并投票
	for( j = 0; j < ysize; j++)
	{
		for( i = 0; i < xsize; i++)
		{
			if(*(image_in + j*xsize + i) == HIGH)
			{
```

```
                    for(angle = 0; angle < ANGLE_MAX ;angle++)
                    {
                        angle2 = (double)angle   * PI/180.0;
                        r = (int)fabs((double)i * cos(angle2) + (double)j * sin(angle2));

                        *(num + angle * r_max + r) = *(num + angle * r_max + r)+1;
                    }
                }
            }
        }

        re_maxnow = 0;
        re_angle = 0.0;
        re_r = 0;

        //获取最大值
        for( r = 0; r < r_max;r ++)
        {
            for(angle = 0; angle < ANGLE_MAX ; angle++)
            {
                if( *(num + angle * r_max + r) > re_maxnow   )
                {
                    re_maxnow = *(num + angle * r_max + r);
                    re_angle = (double)angle;
                    re_r = r;
                }
            }
        }

        // 计算并描画直线点
        cosa = cos(re_angle * PI/180.0);
        sina = sin(re_angle * PI/180.0);

        for( j = 0; j < ysize; j++)
        {
            for(i = 0; i < xsize; i++ )
            {
                r = (int)fabs((double)i * cosa + (double)j * sina);
                if(r == re_r )
                {
                    *(image_out + j*xsize + i) = 128;

                }
            }
        }
        delete [] num;
    }
```

List 13.2 过已知点 Hough 变换

```
#include "StdAfx.h"
#include "BaseList.h"
```

```
#include <math.h>

/*----Hough_based_point---过已知点 Hough 变换---------
        image_in:   输入图像指针
        image_out:  输出图像指针
        xsize:      输入图像宽度
        ysize:      输入图像高度
        px:         输入已知点 x 坐标
        py:         输入已知点 y 坐标
----------------------------------------------*/
__inline static float point_to_point( int x, int y, int xx, int yy);
__inline static float make_slope(int posi_x,int posi_y,int s_i,int s_j);

void Hough_based_point(BYTE *image_in, BYTE *image_out, int xsize, int ysize, int px, int py)
{
    int         i,j;
    int         n,k,m,e;
    int         table_buf[TABLE_NUM] ;
    int         table_num;
    int         peak_section_buf;
    int         peak_section;
    float       table_left ;
    float       section_left[TABLE_NUM+1] ;
    float       table_width ;
    float       sec_num_n;
    float       *slope_buf;
    float       slope;
    int         bufsize;

    //复制图像
    for (j = 0; j < ysize; j++) {
        for (i = 0; i < xsize; i++){
            *(image_out + j*xsize + i) = *(image_in + j*xsize + i);
        }
    }

    bufsize = xsize*ysize;
    slope_buf = new float[bufsize];   //整个区域内的点数总和

    table_num = TABLE_NUM;
    table_left = (float)TABLE_LEFT;
    table_width = (float)TABLE_WIDTH;
    peak_section_buf = 0;
    peak_section = 1;

    //计算斜率
    m=0;
    for(j = 0; j < ysize; j++)
    {
        for(i = 0; i < xsize; i++)
        {
            if(*(image_in + j*xsize + i) == HIGH)
```

```
                {
                        slope_buf[m] = make_slope(px, py, i, j);
                        m++;
                }
        }
    }

    int sec1, sec2;
    for(n = 0; n < MAXTIME; n++)
    {
        sec_num_n = (float)1;
        peak_section_buf = 0;

        //给 10 个累加器各缓存器赋初值 0
        for(k = 0; k < table_num;k++)       table_buf[k] = 0;
        for(i = 0; i < n;i++)sec_num_n = sec_num_n*((float)3/(float)table_num);

        table_left = (float)(table_left+(table_width/(float)table_num)*(peak_section-1));
        table_width = (float)TABLE_WIDTH*sec_num_n;

        //求各个区域的左端点值
        for(k = 0; k < table_num+1; k++)
        {
            section_left[k] = table_left
                    +(table_width/(float)table_num)*k;
        }

        //判断基于已知点所求的斜率 slope_buf[i]所在的范围，进行映射
        for(i = 0; i < m; i++)
        {
            for(k = 0; k < table_num; k++)
            {
                    if(k == table_num-1)
                    {
                            if(section_left[k] <= slope_buf[i] && slope_buf[i] <= section_left[k+1])
                            {
                                    table_buf[k]++;
                                    break;
                            }
                    }
                    else if(section_left[k] <= slope_buf[i] &&
                            slope_buf[i] < section_left[k+1])
                    {
                            table_buf[k]++;
                            break;
                    }
            }
        }

        //找出 10 个累加器中的最大值，标记出映射后最大值所在区域
        for(k = 0;k < table_num;k++)
        {
```

```
            if(table_buf[k] > peak_section_buf)
                {
                        peak_section_buf = table_buf[k];
                        peak_section = k;
                }
        }

        //幅值小于设定精度时退出
        if((table_width/(float)table_num) <= THRESHOLD_HT)
                break;

        if(peak_section == 0)       peak_section = peak_section+1;
        if(peak_section == table_num-1)             peak_section = peak_section-1;

        e = 0;
        sec1 = peak_section-1;
        if(sec1 < 0) sec1 = 0;
        sec2 = peak_section+2;
        if(sec2 >= TABLE_NUM) sec2 = TABLE_NUM;

        //将累加器最大值左右三个子区域作为下次映射区域
        for(i = 0;i < m;i++)
        {
            if(section_left[sec1] <= slope_buf[i] &&  slope_buf[i] <= section_left[sec2])
            {
                    slope_buf[e] = slope_buf[i];
                    e++;
            }
        }
        m = e;
}

//确定直线斜率
slope = (float)(table_left + (table_width/(float)table_num) * peak_section) ;

if(slope > (float)1)
{
    if(slope-(float)2 == (float)0) slope = (float)9999;
    else                                    slope = (float)1/(slope-(float)2);
}

//画直线
int x;
for(j = ysize-1; j >= 0; j--)
{
        for(i = 0; i < xsize; i++)
        {
                x = (int)((float)(j - py)/slope+(float)px);

                if(i==x)
                        *(image_out + j*xsize + i) = 128;
        }
```

```
        }

        delete [] slope_buf;
}

__inline static float make_slope(int posi_x,int posi_y,int s_i,int s_j)
{
    float                slope;

    slope=point_to_point(s_i,s_j,posi_x,posi_y);
    if(slope==(float)9999) slope=(float)2;
    else if(slope<(float)-1 || (float)1<slope){
        slope=((float)1/slope+(float)2);
    }
    return(slope);
}

__inline static float point_to_point( int x, int y, int xx, int yy)
{
        float    r_slope;

        if(xx!=x)
            r_slope=(float)(yy-y)/(float)(xx-x);
        else
         r_slope=(float)9999;
        return(r_slope);
}
```

13.5 对话框类源代码

List 13.3 为 Hough 变换对话框类的源代码 HoughTransDlg.py 的内容。

List 13.3 HoughTransDlg.py

```
import tkinter as tk
from tkinter import *
from tkinter import messagebox
from ctypes import cdll, c_ubyte, c_int, byref, POINTER

class HoughDlg():
        def __init__(self, dipa_gui):
                self.dipa_gui = dipa_gui
                self.createWiget()
                self.px = 0
                self.py = 0
                # 链接 dll
                self.dll = cdll.LoadLibrary("DIPAFunction.dll")
                # 定义图像
                self.img1 = self.dipa_gui.img1
                self.img2 = self.dipa_gui.img2
```

```
            self.w = self.dipa_gui.imgW
            self.h = self.dipa_gui.imgH
            self.pointHough = False

        def update_coordinates(self):
            """获得坐标"""
            if (self.px == 0) | (self.py == 0):
                return

            self.dll.Hough_based_point(self.img1.ctypes.data_as(POINTER(c_int)),
                                        self.img2.ctypes.data_as(POINTER(c_ubyte)),
                                        self.w, self.h, c_int(self.px), c_int(self.py))
            # 图像显示
            self.dipa_gui.tk_img_display(self.img2)

        def Hough(self):
            self.dll.Hough_general(self.img1.ctypes.data_as(POINTER(c_int)),
                          self.img2.ctypes.data_as(POINTER(c_ubyte)),
                                        self.w, self.h)
            # 图像显示
            self.dipa_gui.tk_img_display(self.img2)

        def Hough_based_point(self):
            self.px = 0
            self.py = 0
            messagebox.showinfo("提示：", "请点击已知点!")
            self.pointHough = True

        def pic_cancel(self):
            num_items = self.dipa_gui.mymenu.index("帮助") + 1
            for item in range(num_items):
                self.dipa_gui.mymenu.entryconfig(item, state='normal')
            self.dipa_gui.HoughDlgFlage = False
            self.top.destroy()

        def do_nothing(self):
            """空函数，用于禁用关闭按钮"""
            pass
        def createWiget(self):
            self.top = Toplevel(width=400, height=100)
            # 添加标题
            self.top.title('Hough 变换')
            # 重写 WM_DELETE_WINDOW 协议
            self.top.protocol("WM_DELETE_WINDOW", self.do_nothing)
            # 添加按钮
            bottom1 = tk.Button(self.top, text='一般 Hough 变换', font=('宋体', 10), command=self.Hough)
            bottom1.place(relx=0.1, rely=0.1, relwidth=0.35, relheight=0.35)
            bottom2 = tk.Button(self.top, text='过已知点 Hough 变换', font=('宋体', 10),
command=self.Hough_based_point)
            bottom2.place(relx=0.5, rely=0.1, relwidth=0.35, relheight=0.35)
            bottom3 = tk.Button(self.top, text='关闭', font=('宋体', 10), command=self.pic_cancel)
            bottom3.place(relx=0.3, rely=0.5, relwidth=0.35, relheight=0.35)
```

第 14 章

傅里叶变换

14.1 基本概念

14.1.1 一维傅里叶变换

在空间域（spatial domain）中的波形都可以变换到频率域（frequency domain）中，这种变换被称为傅里叶变换（Fourier transform），它属于正交变换的（orthogonal transformation）一种。用公式表示为：

$$f(t) \underset{\text{逆傅里叶变换}}{\overset{\text{傅里叶变换}}{\rightleftarrows}} A(f),\phi(f) \tag{14.1}$$

一般在傅里叶变换中为了同时表示幅度 A 和相位 ϕ，可采用复数（complex number）形式。复数是由实数部 a 和虚数部 b 两部分的组合表示的数，即用如下公式表示：

$$a + \mathrm{j}b \tag{14.2}$$

式中，$\mathrm{j}^2=-1$。采用这个公式就能够把幅度和相位这两个概念用一个复数来处理了。从而，式(14.1)的傅里叶变换可以使用复函数 $F(f)$或者 $F(\omega)$表示为：

$$f(t) \underset{\text{逆傅里叶变换}}{\overset{\text{傅里叶变换}}{\rightleftarrows}} F(f)\text{或者}F(\omega) \tag{14.3}$$

从 $f(t)$导出 $F(f)$或者 $F(\omega)$的过程比较复杂，在此不做介绍，其结果如下式所示：

$$\begin{aligned} F(f) &= \int_{-\infty}^{\infty} f(t)\mathrm{e}^{-\mathrm{j}2\pi ut}\mathrm{d}t \qquad \text{傅里叶变换} \\ f(t) &= \int_{-\infty}^{\infty} F(f)\mathrm{e}^{\mathrm{j}2\pi ux}\mathrm{d}x \qquad \text{逆傅里叶变换} \\ \text{或者}\quad F(\omega) &= \int_{-\infty}^{\infty} f(t)\mathrm{e}^{-\mathrm{j}\omega t}\mathrm{d}t \qquad \text{傅里叶变换} \\ f(t) &= \int_{-\infty}^{\infty} F(\omega)\mathrm{e}^{\mathrm{j}\omega t}\mathrm{d}t \qquad \text{逆傅里叶变换} \end{aligned} \tag{14.4}$$

式中，角频率 $\omega=2\pi f$。这就是所有频率处理都要用到的非常重要的基础公式。计算机领域与数学领域的不同在于如下两点：①数学领域涉及的信号 $f(t)$多为如图 14.1（a）所示的连续信号（模拟信号），而计算机领域所处理的信号是如图 14.1（b）所示的经采样后的数字信号；②数学上会考虑无穷大的取值，可是计算机智能必须进行有限次的运算。考虑了上述两点区别的傅里叶变换被称为离散傅里叶变换（discrete Fourier transform，DFT）。

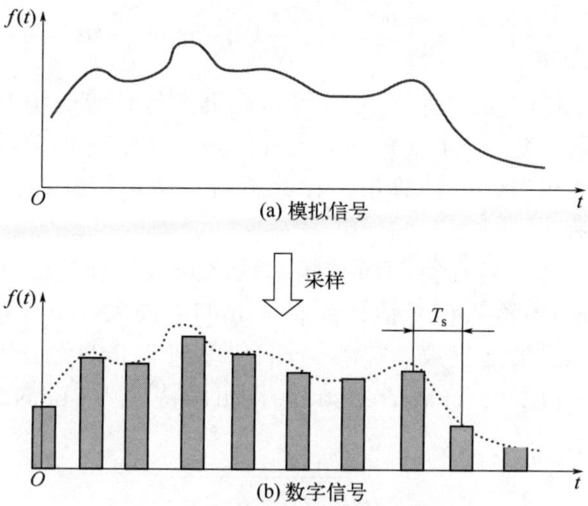

图 14.1 模拟信号与数字信号

离散傅里叶变换（DFT）可以通过把式(14.4)的傅里叶变换变为离散值来导出。现假定输入信号为 $x(0)$、$x(1)$、$x(2)$、⋯、$x(N-1)$等共 N 个离散值，那么变换到频率域的结果（复数）也是 N 个离散值 $X(0)$、$X(1)$、$X(2)$、⋯、$X(N-1)$。

其关系式如下所示：

$$
\begin{aligned}
X(k) &= \frac{1}{\sqrt{N}}\sum_{n=0}^{N-1} x(n)W^{kn} \qquad \text{DFT} \\
x(n) &= \frac{1}{\sqrt{N}}\sum_{k=0}^{N-1} X(k)W^{-kn} \qquad \text{IDFT}
\end{aligned}
\tag{14.5}
$$

式中，$k=0, 1, 2, \cdots, N-1$；$n=0, 1, 2, \cdots, N-1$；$W=\mathrm{e}^{-\mathrm{j}\frac{2\pi}{N}}$；IDFT 为逆离散傅里叶变换（inverse discrete Fourier transform）。这就是 DFT 的基本运算公式，积分运算被求和运算代替，W 被称为旋转算子。

在复数领域有欧拉公式，如图 14.2 和式(14.6)所示。

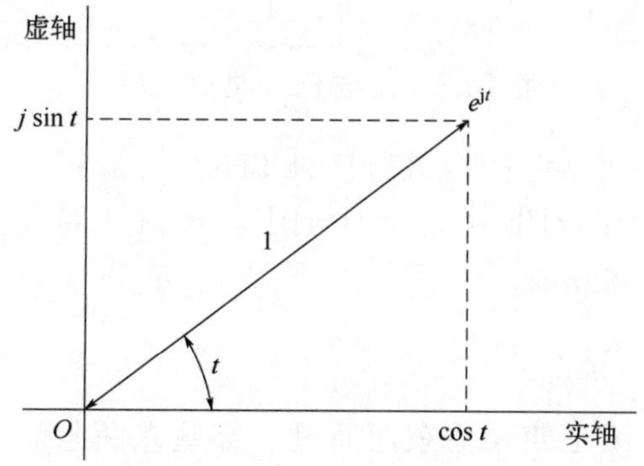

图 14.2 大小 1 偏角 t 的复数坐标

$$
\mathrm{e}^{\mathrm{j}t} = \cos t + \mathrm{j}\sin t \tag{14.6}
$$

旋转算子可以用欧拉公式置换如下：

$$W^{kn} = \mathrm{e}^{-\mathrm{j}\frac{2\pi}{N}kn} = \cos(\frac{2\pi}{N}kn) - \mathrm{j}\sin(\frac{2\pi}{N}kn) \tag{14.7}$$

把式（14.7）代入式（14.5）后，可以用计算机进行计算，但是其计算量相当大。因此人们提出了快速傅里叶变换（fast Fourier transform，FFT）的算法，即当数据是 2 的正整数次幂时，可以节省相当大的计算量。在此不对算法进行详细说明，只在 List 14.1 中列出进行 FFT 运算的程序。

利用这个程序能够将信号在空间域和频率域之间进行变换。在该程序中，将信号向频率域变换时，在 a_rl[]中输入信号值，而在 a_im[]中输入 0。信号归根结底都是实数，虚部是不存在的。由于结果是复数，实部 a_rl[]和虚部 a_im[]将分别被计算出来。如果想要了解幅度特性 A（amplitude characteristic）和相位特性 ϕ（phase characteristic），可进行如下变换：

$$\begin{aligned} A &= \sqrt{a\_rl^2 + a\_im^2} \\ \phi &= \arctan(\frac{a\_im}{a\_rl}) \end{aligned} \tag{14.8}$$

14.1.2 图像的二维傅里叶变换

上文介绍的信号都是一维信号，而图像是二维信号，具有水平和垂直两个方向上的频率。在图像的频谱中常常把频率平面的中心作为直流分量，距离中心越远，频率越高。在 List 14.1 中令 OPT=1 即表示把频率平面的中心作为直流分量。

二维频率的计算方法是分别进行水平方向的一维 FFT 和垂直方向的一维 FFT。二维 FFT 的程序见 List 14.2。二维 FFT 处理流程见图 14.3。

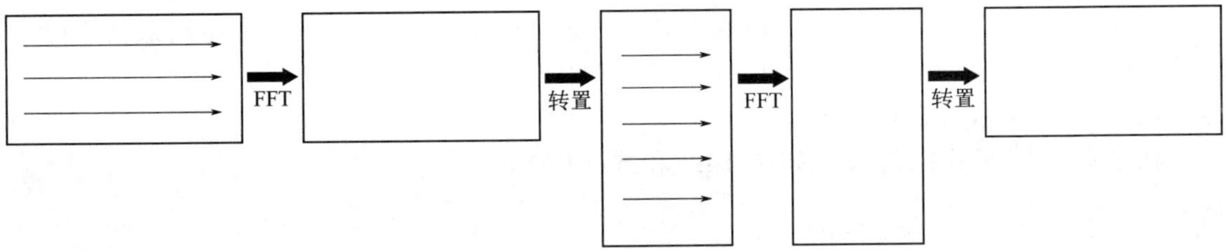

图 14.3 二维 FFT 处理流程

使用 List 14.3 的程序对实际图像进行二维 FFT。在此把幅度特性作为灰度值来图像化，结果如图 14.4 所示。比较图 14.4（a）与图 14.4（b）可见，细节少的图像上低频较多，而细节多的图像上高频较多。

14.1.3 滤波处理

滤波器（filter）的作用是使某些东西通过、某些东西阻断。频率域中的滤波器则是使某些频率通过、某些频率阻断。

如图 14.5 所示，通过设定参数 a 和 b 的值，使 a 以上、b 以下的频率（斜线表示的频率）通过、其他的频率阻断来进行滤波处理，程序见 List 14.4。图 14.6 将图像经 DFT

处理得到频率成分的高频分量设置为 0，再进行 IDFT 处理变换回图像，程序见 List 14.5。从处理结果可见，图像的高频分量（细节部分）消失，从而变模糊。把低频分量设置为 0，其处理结果如图 14.7 所示，边缘被提取出来了，这是由于许多高频分量包含在边缘中。

(a) 细节少的图像

(b) 细节多的图像

图 14.4　图像的二维 FFT 示例

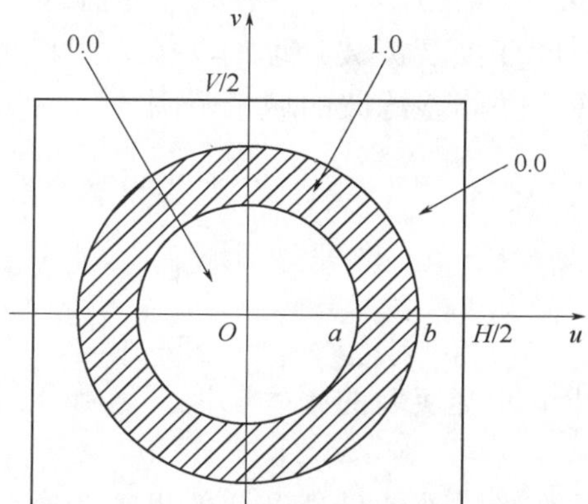

图 14.5　用于 List 12.4 中的滤波器形状

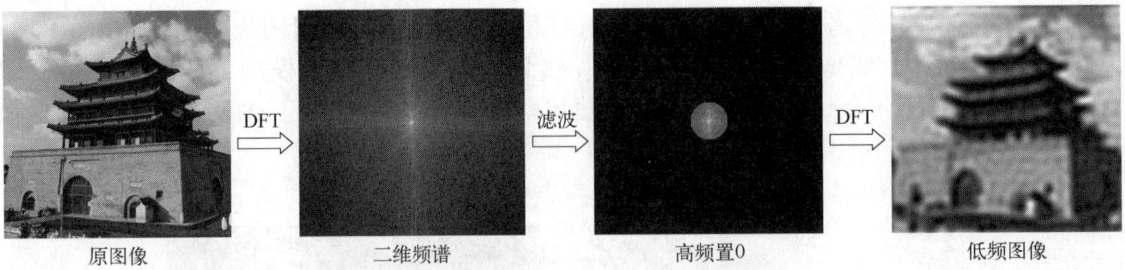

图 14.6　去除图像的高频分量的处理

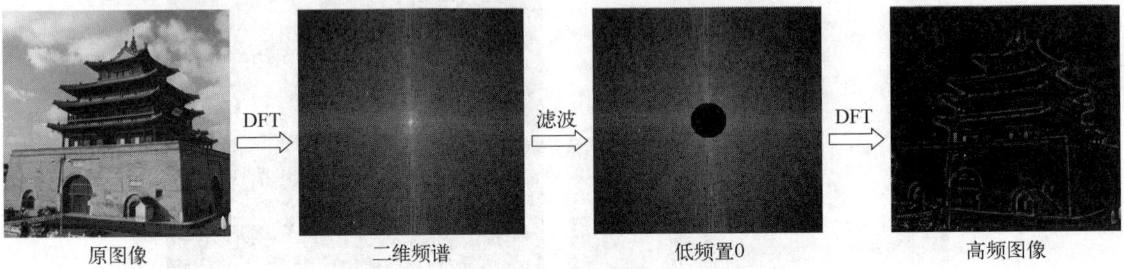

图 14.7　去除图像的低频分量的处理

14.2　对话框功能说明

图 14.8 为傅里叶变换的对话框功能界面。

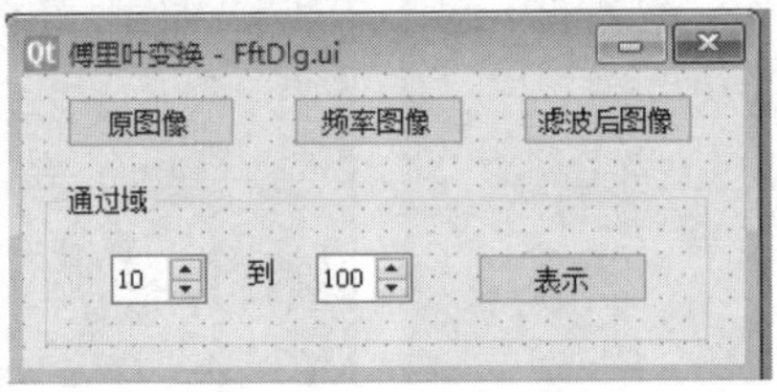

图 14.8　傅里叶变换对话框功能界面

（1）基本功能概述

FftDlg 是一个基于 PyQt5 框架的傅里叶变换对话框程序，作为 DIPAGUI 项目的一部分，提供了对图像进行傅里叶变换及滤波处理的功能。用户可以通过该对话框查看原图像、频率图像、滤波后图像，并调整滤波的域带范围。

（2）按钮功能介绍

① 原图像。

功能：显示原始图像。

② 频率图像。

功能：显示图像经过傅里叶变换后的频率图像。

③ 滤波后图像。

功能：显示经过傅里叶变换、滤波处理及逆傅里叶变换后的图像。

④ 通过域。

功能：静态文本，标识接下来是通过频带设置。

⑤ 数值（编辑控件：域带设置）。

功能：通过编辑控件设置滤波的域带范围，即选择需要保留或滤除的频率成分。

⑥ 表示。

功能：根据用户设置的域带范围，显示滤波后的频率图像。

⑦ 右上角“×”。

功能：关闭傅里叶变换对话框。在对话框关闭时，恢复主菜单项的可用性。

（3）使用流程

① 读入长宽都是 2 的幂的灰度图像。
② 打开傅里叶变换对话框。
③ 点击“频率图像”，查看傅里叶变换的频率图。
④ 输入通过域带。
⑤ 点击“表示”，查看通过域带的频率图。
⑥ 点击“滤波后图像”，查看滤波后恢复图像。
⑦ 完成处理后，点击右上角“×”，关闭对话框。

14.3 对话框功能实现

14.3.1 PyQt5 对话框 FftDlg.ui 的创建步骤

FftDlg.ui 的创建步骤如下。

① 参考第 3 章图 3.22 所示方法，打开图 3.23 所示的 PyQt5 界面。

② 选择“新建窗体”上的“Dialog withoutButtons”，点击“创建”，打开新建对话框窗口（参考图 5.7）。

③ 在“属性编辑器”上，编辑“windowTitle”为“傅里叶变换”。

④ 保存新建窗口为 FftDlg.ui 到指定文件夹。

⑤ 通过鼠标左键拖拽和布局表 14.1 所列的控件，获得如图 14.8 所示的傅里叶变换功能界面图。

表 14.1　windowTitle：傅里叶变换

序号	test	objectName	属性设定
1	原图像	pushButton	
2	频率图像	pushButton_2	
3	滤波后图像	pushButton_3	
4	通过域	groupBox	
5		spinBox	minimum 0 **maximum** 500 **value** 10
6	到	Label	
7		spinBox_2	（同序号 5） **value** 100
8	表示	pushButton_4	

14.3.2 FftDlg.ui 转换 FftDlg.py 与配置

（1）FftDlg.ui 转换 FftDlg.py

① 在 pythonDIPAX 工程中，选择保存的 FftDlg.ui 文件，然后点击 Tools→External Tools→PyCUI，就在与 FftDlg.ui 文件相同文件夹中生成了 FftDlg.py 文件。

② 将 FftDlg.py 复制到 pythonDIPAX 工程文件夹中。

③ 在 pythonDIPAX 工程中打开 FftDlg.py 文件，就可以看到 FftDlg 对话框的控件配置情况。

（2）FftDlg.py 的配置

① 参照第 14.5 节的 List 14.6 FftDlg.py，修改 FftDlg.py 文件。主要内容包括：头部导入扩展库，修改对话框类的名称，添加初始化函数，添加控件的函数定义和函数内容，添加关闭窗口的后处理函数。

② 在主界面 DIPAGUI.py 的头部添加“import FftDlg as ffd”。参考“List 3.2 DIPAGUI.py 全功能源代码”。

③ 在主界面 DIPAGUI.py 的 createWiget 函数中，添加“傅里叶变换”菜单函数：

```
self.mymenu.add_command(label="傅里叶变换", command=self.command_FFT)
self.mygui.config(menu=self.mymenu)
```

④ 在主界面 DIPAGUI.py 中添加傅里叶变换函数实现内容：

```
def command_FFT(self):
    ……
```

⑤ 完成上述内容后，运行 DIPAGUI，结果如图 14.9 所示。

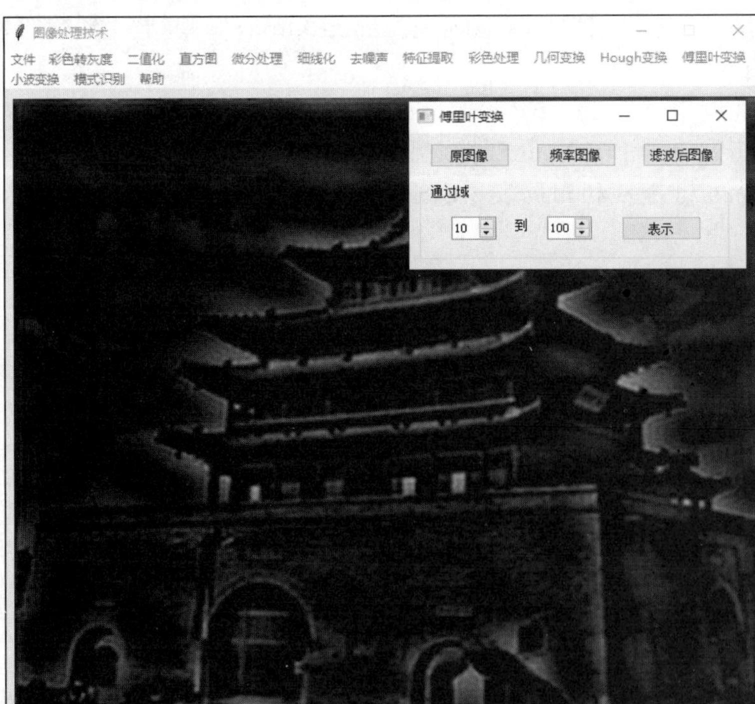

图 14.9 傅里叶变换功能运行结果

14.4 C 语言函数源代码

本节包含以下 C 语言函数源代码：List 14.1 一维 FFT，List 14.2 二维 FFT，List 14.3 二维 FFT 结果图像化，List 14.4 基于二维 FFT 的滤波处理，List 14.5 基于二维 FFT 的滤波处理、逆傅里叶变换。

List 14.1 一维 FFT

```
#include "StdAfx.h"
#include "BaseList.h"
#include    <stdio.h>
#include    <stdlib.h>
#include    <math.h>

#define     OPT         1       // OPT = 1 光学 DFT(直流成分在中间)
                                // OPT = 0 一般 DFT(直流成分在左端)

void fft1core(float a_rl[], float a_im[], int length,
      int ex, float sin_tbl[], float cos_tbl[], float buf[]);
void cstb(int length, int inv, float sin_tbl[], float cos_tbl[]);
void birv(float a[], int length, int ex, float b[]);

/*--- FFT1 --- 一维傅里叶变换 ------------------------------------------
      a_rl:     实部（输入输出）
      a_im:     虚部（输入输出）
      ex:       数据个数 = 2 的 ex 次幂
      inv:      1: DFT   -1: 逆 DFT
--------------------------------------------------------------------------*/
int FFT1(float a_rl[], float a_im[], int ex, int inv)
{
      int           i, length = 1;
      float         *sin_tbl;     //sin 数据配列
      float         *cos_tbl;     //cos 数据配列
      float *buf;                 //工作用数列

      for (i = 0; i < ex; i++) length *= 2;          //计算数据个数
      sin_tbl = (float *)malloc((size_t)length*sizeof(float));
      cos_tbl = (float *)malloc((size_t)length*sizeof(float));
      buf = (float *)malloc((size_t)length*sizeof(float));
      if ((sin_tbl == NULL) || (cos_tbl == NULL) || (buf == NULL)) {
            return -1;
      }
      cstb(length, inv, sin_tbl, cos_tbl); //计算 sin、cos 数据
      fft1core(a_rl, a_im, length, ex, sin_tbl, cos_tbl, buf);
      free(sin_tbl);
      free(cos_tbl);
      return 0;
}
```

```
/*--- fft1core --- 一维傅里叶变换的主计算部分 ---------------------------
        a_rl:           数据实数部分（输入输出）
        a_im:           数据虚数部分（输入输出）
        ex:             数据个数 =2 的 ex 次幂
        sin_tbl:    //sin 数据配列
        cos_tbl:    //cos 数据配列
-------------------------------------------------------------------------*/
void fft1core(float a_rl[], float a_im[], int length,
        int ex, float sin_tbl[], float cos_tbl[], float buf[])
{
        int             i, j, k, w, j1, j2;
        int             numb, lenb, timb;
        float       xr, xi, yr, yi, nrml;

        if (OPT == 1) {
                for (i = 1; i < length; i+=2) {
                        a_rl[i] = -a_rl[i];
                        a_im[i] = -a_im[i];
                }
        }
        numb = 1;
        lenb = length;
        for (i = 0; i < ex; i++) {
                lenb /= 2;
                timb = 0;
                for (j = 0; j < numb; j++) {
                        w = 0;
                        for (k = 0; k < lenb; k++) {
                                j1 = timb + k;
                                j2 = j1 + lenb;
                                xr = a_rl[j1];
                                xi = a_im[j1];
                                yr = a_rl[j2];
                                yi = a_im[j2];
                                a_rl[j1] = xr + yr;
                                a_im[j1] = xi + yi;
                                xr = xr - yr;
                                xi = xi - yi;
                                a_rl[j2] = xr*cos_tbl[w] - xi*sin_tbl[w];
                                a_im[j2] = xr*sin_tbl[w] + xi*cos_tbl[w];
                                w += numb;
                        }
                        timb += (2*lenb);
                }
                numb *= 2;
        }
        birv(a_rl, length, ex, buf);            //实数数据的排列
        birv(a_im, length, ex, buf);            //虚数数据的排列
        if (OPT == 1) {
                for (i = 1; i < length; i+=2) {
                        a_rl[i] = -a_rl[i];
```

```
                a_im[i] = -a_im[i];
            }
        }
        nrml = (float)(1.0 / sqrt((float)length));
        for (i = 0; i < length; i++) {
            a_rl[i] *= nrml;
            a_im[i] *= nrml;
        }
}

/*--- cstb --- 计算 sin、cos 数据 ------------------------------------------
        length:             数据个数
        inv:                1: DFT, -1: 逆 DFT
        sin_tbl:            //sin 数据配列
        cos_tbl:            //cos 数据配列
-----------------------------------------------------------------------*/
void cstb(int length, int inv, float sin_tbl[], float cos_tbl[])
{
        int         i;
        float       xx, arg;

        xx = (float)(((-PI) * 2.0) / (float)length);
        if (inv < 0) xx = -xx;
        for (i = 0; i < length; i++) {
            arg = (float)i * xx;
            sin_tbl[i] = (float)sin(arg);
            cos_tbl[i] = (float)cos(arg);
        }
}

/*--- birv --- 排列数据 ---------------------------------------------
        a:          数据配列
        length:     数据个数
        ex:         数据个数 =2 的 ex 次幂
        b:          工作用配列
-----------------------------------------------------------------------*/
void birv(float a[], int length, int ex, float b[])
{
        int     i, ii, k, bit;

        for (i = 0; i < length; i++) {
            for (k = 0, ii=i, bit=0; ; bit<<=1, ii>>=1) {
                bit = (ii & 1) | bit;
                if (++k == ex) break;
            }
            b[i] = a[bit];
        }
        for (i = 0; i < length; i++)
            a[i] = b[i];
}
```

List 14.2　二维 FFT

```
#include "StdAfx.h"
#include "BaseList.h"
#include    <stdio.h>
#include    <stdlib.h>
#include    <math.h>

void cstb(int length, int inv, float sin_tbl[], float cos_tbl[]);
void rvmtx1(float *a, float *b,      int xsize, int ysize);
void rvmtx2(float *a, float *b,      int xsize, int ysize);

/*--- FFT2 --- 二维傅里叶变换 --------------------------------------------
          （仅限于 xsize、ysize 是 2 的幂）
     a_rl:     数据的实数部分
     a_im:     数据的虚数部分
     inv:      1: DFT   -1: 逆 DFT
     xsize:    数据宽度
     ysize:    数据长度
---------------------------------------------------------------------------*/
int FFT2 (float *a_rl, float *a_im, int inv, int xsize, int ysize)
{
     float *b_rl;              //数据转置作业用配列（实数部）
     float *b_im;              //数据转置作业用配列（虚数部）
     float *hsin_tbl;          //计算水平 sin 用配列
     float *hcos_tbl;          //计算水平 cos 用配列
     float *vsin_tbl;          //计算垂直 sin 用配列
     float *vcos_tbl;          //计算垂直 cos 用配列
     float *buf_x;             //水平方向作业用配列
     float *buf_y;             //垂直方向作业用配列
     int          i;

     b_rl = (float *)calloc((size_t)xsize*ysize, sizeof(float));
     b_im = (float *)calloc((size_t)xsize*ysize, sizeof(float));
     hsin_tbl = (float *)calloc((size_t)xsize, sizeof(float));
     hcos_tbl = (float *)calloc((size_t)xsize, sizeof(float));
     vsin_tbl = (float *)calloc((size_t)ysize, sizeof(float));
     vcos_tbl = (float *)calloc((size_t)ysize, sizeof(float));
     buf_x = (float *)malloc((size_t)xsize*sizeof(float));
     buf_y = (float *)malloc((size_t)ysize*sizeof(float));
     if ((b_rl == NULL) || (b_im == NULL)
          || (hsin_tbl == NULL) || (hcos_tbl == NULL)
          || (vsin_tbl == NULL) || (vcos_tbl == NULL)
          || (buf_x == NULL) || (buf_y == NULL)) {
          return -1;
     }
     cstb(xsize, inv, hsin_tbl, hcos_tbl);     //计算水平用 sin,cos 配列
     cstb(ysize, inv, vsin_tbl, vcos_tbl);     //计算垂直用 sin,cos 配列

     int x_exp = (int)(log((double)xsize)/log((double)2));
     //水平方向的傅里叶变换
```

```
        for (i = 0; i < ysize; i++) {
            fft1core(&(*(a_rl + (long)i*xsize)), &(*(a_im + (long)i*xsize)),
                        xsize, x_exp, hsin_tbl, hcos_tbl, buf_x);
        }
        //二维数据的倒置
        rvmtx1(a_rl, b_rl, xsize, ysize);
        rvmtx1(a_im, b_im, xsize, ysize);

        //垂直方向的傅里叶变换
        int y_exp = (int)(log((double)ysize)/log((double)2));
        for (i = 0; i < xsize; i++) {
            fft1core(&(*(b_rl + ysize*i)), &(*(b_im + ysize*i)),
                        ysize, y_exp, vsin_tbl, vcos_tbl, buf_y);
        }
        //二维数据的倒置
        rvmtx2(b_rl, a_rl, xsize, ysize);
        rvmtx2(b_im, a_im, xsize, ysize);

        free(b_rl);
        free(b_im);
        free(hsin_tbl);
        free(hcos_tbl);
        free(vsin_tbl);
        free(vcos_tbl);
        return 0;
}

/*--- rvmtx1 --- 二维数据的倒置 ------------------------------------------
        a:          二维输入数据
        b:          二维输出数据
        xsize:      水平数据个数
        ysize:      垂直数据个数
-------------------------------------------------------------------------*/
void rvmtx1(float *a, float *b,
        int xsize, int ysize)
{
        int    i, j;

        for (j = 0; j < ysize; j++) {
            for (i = 0; i < xsize; i++)
            *(b + i*ysize + j) = *(a + j*xsize + i);
        }
}

/*--- rvmtx2 --- 二维数据的倒置 ------------------------------------------
        a:          二维输入数据
        b:          二维输出数据
        xsize:      水平数据个数
        ysize:      垂直数据个数
-------------------------------------------------------------------------*/
void rvmtx2(float *a, float *b,
```

```
        int xsize, int ysize)
{
        int i, j;

        for (j = 0; j < ysize; j++) {
                for (i = 0; i < xsize; i++)
                        *(b + j*xsize + i) = *(a + i*ysize + j);
        }
}
```

List 14.3　二维 FFT 结果图像化

```
#include "StdAfx.h"
#include "BaseList.h"
#include    <stdio.h>
#include    <stdlib.h>
#include    <math.h>

/*--- FFTImage --- 将二维 FFT 的变换结果图像化 -----------------------------
            （仅限于 xsize、ysize 是 2 的幂）
        image_in:    输入图像指针
        image_out:  输出图像指针(FFT)
        xsize:          图像宽度
        ysize:          图像高度
--------------------------------------------------------------------------*/
int FFTImage(BYTE *image_in, BYTE *image_out, int xsize, int ysize)
{
        float       *ar;          //数据实数部（输入输出）
        float       *ai;          //数据虚数部（输入输出）
        double      norm, max;
        float  data;
        long   i, j;

        ar = (float *)malloc((size_t)ysize*xsize*sizeof(float));
        ai = (float *)malloc((size_t)ysize*xsize*sizeof(float));
        if ((ar == NULL) || (ai == NULL)) return -1;
        //读入原图像，变换二维 FFT 输入数据
        for (j = 0; j < ysize; j++) {
                for (i = 0; i < xsize; i++) {
                        ar[xsize*j + i] = (float)(*(image_in + j*xsize + i));
                        ai[xsize*j + i] = 0.0;
                }
        }
        //二维 FFT 变换
        if (FFT2(ar, ai, 1, xsize, ysize) == -1)
                return -1;
        //FFT 结果图像化
        max = 0;
        for (j = 0; j < ysize; j++) {
                for (i = 0; i < xsize; i++) {
                        norm = ar[xsize*j + i]*ar[xsize*j + i]
                                + ai[xsize*j + i]*ai[xsize*j + i];    //计算幅度成分
```

```
                if (norm != 0.0) norm = log(norm) / 2.0;
                else norm = 0.0;
                ar[xsize*j + i] = (float)norm;
                if (norm > max) max = norm;
            }
        }
        for (j = 0; j < ysize; j++) {
            for (i = 0; i < xsize; i++) {
                ar[xsize*j + i] = (float)(ar[xsize*j + i]*255 / max);
            }
        }
        //FFT 结果变图像
        for (j = 0; j < ysize; j++) {
            for (i = 0; i < xsize; i++) {
                data = ar[xsize*j + i];
                if (data > 255) data = 255;
                if (data <     0) data = 0;
                *(image_out + j*xsize + i) = (unsigned char)data;
            }
        }
        free(ar);
        free(ai);
        return 0;
}
```

List 14.4　基于二维 FFT 的滤波处理

```
#include "StdAfx.h"
#include "BaseList.h"
#include <stdio.h>
#include <stdlib.h>
#include <math.h>

/*--- FFTFilter --- 二维 FFT 的滤波处理、滤波后的频率域图像化 ----------------------------
          （仅限于 xsize、ysize 是 2 的幂）
    image_in:    输入图像数据指针
    image_out:   输出图像数据指针
    xsize:       图像宽度
    ysize:       图像高度
    a, b:        通过区域（a 以上 b 以下的区域通过）
                    a=0, b=xsize=ysize 时，全区域通过
------------------------------------------------------------------------*/
int FFTFilter(BYTE *image_in, BYTE *image_out, int xsize, int ysize, int a, int b)
{
    float *ar;      //数据实数部（输入输出）
    float *ai;      //数据虚数部（输入输出）
    float *ff;      //滤波子的空间频率特性
    double     norm, max;
    float data;
    long  i, j, circ;

    ar = (float *)malloc((size_t)ysize*xsize*sizeof(float));
```

```
    ai = (float *)malloc((size_t)ysize*xsize*sizeof(float));
    ff = (float *)malloc((size_t)ysize*xsize*sizeof(float));
    if ((ar == NULL) || (ai == NULL) || (ff == NULL)) {
        return -1;
    }
    //读入原图像，变换二维 FFT 输入数据
    for (j = 0; j < ysize; j++) {
        for (i = 0; i < xsize; i++) {
            ar[xsize*j + i] = (float)(*(image_in + j*xsize + i));
            ai[xsize*j + i] = 0.0;
        }
    }
    //二维 FFT 变换
    if (FFT2(ar, ai, 1, xsize, ysize) == -1)
        return -1;

    //FFT 结果图像化
    max = 0;
    for (j = 0; j < ysize; j++) {
        for (i = 0; i < xsize; i++) {
            norm = ar[xsize*j + i]*ar[xsize*j + i]
                + ai[xsize*j + i]*ai[xsize*j + i];    //计算幅度成分
            if (norm != 0.0) norm = log(norm) / 2.0;
            else norm = 0.0;
            ar[xsize*j + i] = (float)norm;
            if (norm > max) max = norm;
        }
    }
    for (j = 0; j < ysize; j++) {
        for (i = 0; i < xsize; i++) {
            ar[xsize*j + i] = (float)(ar[xsize*j + i]*255 / max);
        }
    }


    //做成只通过 a 以上 b 以下成分的滤波器
    for (j = 0; j < ysize; j++) {
        for(i = 0; i < xsize; i++) {
            data = (float)((i-xsize/2)*(i-xsize/2)
                + (j-ysize/2)*(j-ysize/2));
            circ = (long)sqrt(data);
            if ((circ >= a) && (circ <= b))
                ff[xsize*j + i] = 1.0;
            else
                ff[xsize*j + i] = 0.0;
        }
    }

    //对原图像的频率成分实施滤波
    for (j = 0; j < ysize; j++) {
        for (i = 0; i < xsize; i++) {
            ar[xsize*j + i] *= ff[xsize*j + i];
```

```
                ai[xsize*j + i] *= ff[xsize*j + i];
            }
        }

        //将结果变为图像数据
        for (j = 0; j < ysize; j++) {
            for (i = 0; i < xsize; i++) {
                data = ar[xsize*j + i];
                if (data > 255) data = 255;
                if (data <    0) data = 0;
                *(image_out + j*xsize + i) = (BYTE)data;
            }
        }
        free(ar);
        free(ai);
        free(ff);
        return 0;
}
```

List 14.5　基于二维 FFT 的滤波处理、逆傅里叶变换

```
#include "StdAfx.h"
#include "BaseList.h"
#include <stdio.h>
#include <stdlib.h>
#include <math.h>

/*--- FFTFilterImage --- 图像的二维 FFT 变换、滤波处理、逆傅里叶变换------------------------
            （仅限于 xsize、ysize 是 2 的幂）
        image_in:    输入图像数据指针
        image_out:   输出图像数据指针
        xsize:       图像宽度
        ysize:       图像高度
        a, b:        通过区域（a 以上 b 以下的区域通过）
                         a=0, b=xsize=ysize 时，全区域通过
---------------------------------------------------------------------------*/
int FFTFilterImage(BYTE *image_in, BYTE *image_out, int xsize, int ysize, int a, int b)
{
        float *ar;      //数据实数部（输入输出）
        float *ai;      //数据虚数部（输入输出）
        float *ff;      //滤波子的空间频率特性
        float data;
        long  i, j, circ;

        ar = (float *)malloc((size_t)ysize*xsize*sizeof(float));
        ai = (float *)malloc((size_t)ysize*xsize*sizeof(float));
        ff = (float *)malloc((size_t)ysize*xsize*sizeof(float));
        if ((ar == NULL) || (ai == NULL) || (ff == NULL)) {
            return -1;
        }
        //读入原图像，变换二维 FFT 输入数据
        for (j = 0; j < ysize; j++) {
            for (i = 0; i < xsize; i++) {
```

```
                ar[xsize*j + i] = (float)(*(image_in + j*xsize + i));
                ai[xsize*j + i] = 0.0;
            }
        }
        //二维 FFT 变换
        if (FFT2(ar, ai, 1, xsize, ysize) == -1)
            return -1;
        //做成只通过 a 以上 b 以下成分的滤波器
        for (j = 0; j < ysize; j++) {
            for(i = 0; i < xsize; i++) {
                data = (float)((i-xsize/2)*(i-xsize/2)
                    + (j-ysize/2)*(j-ysize/2));
                circ = (long)sqrt(data);
                if ((circ >= a) && (circ <= b))
                    ff[xsize*j + i] = 1.0;
                else
                    ff[xsize*j + i] = 0.0;
            }
        }
        //对原图像的频率成分实施滤波
        for (j = 0; j < ysize; j++) {
            for (i = 0; i < xsize; i++) {
                ar[xsize*j + i] *= ff[xsize*j + i];
                ai[xsize*j + i] *= ff[xsize*j + i];
            }
        }
        //实施逆 FFT 变换，将滤波后的频率成分变回图像
        if (FFT2(ar, ai, -1, xsize, ysize) == -1)
            return -1;
        //将结果变为图像数据
        for (j = 0; j < ysize; j++) {
            for (i = 0; i < xsize; i++) {
                data = ar[xsize*j + i];
                if (data > 255) data = 255;
                if (data <    0) data = 0;
                *(image_out + j*xsize + i) = (BYTE)data;
            }
        }
        free(ar);
        free(ai);
        free(ff);
        return 0;
}
```

14.5 对话框类源代码

List 14.6 列出了傅里叶变换对话框类的源文件 FftDlg.py 的内容。

List 14.6 FftDlg.py

```
from DIPAGUI import *
from ctypes import cdll
```

```
from PyQt5 import QtCore, QtWidgets

class   FftDlg(QtWidgets.QMainWindow):
    def __init__(self, dipa_gui):
        super( FftDlg, self).__init__()
        self.dipa_gui = dipa_gui
        self.setupUi(self)
        self.retranslateUi(self)
        # 链接 dll
        self.dll = cdll.LoadLibrary("DIPAFunction.dll")
        # 定义图像
        self.img1 = self.dipa_gui.img1
        self.img2 = self.dipa_gui.img2
        self.w = self.dipa_gui.imgW
        self.h = self.dipa_gui.imgH

    def setupUi(self, Dialog):
        Dialog.setObjectName("Dialog")
        Dialog.resize(317, 130)
        self.pushButton = QtWidgets.QPushButton(Dialog)
        self.pushButton.setGeometry(QtCore.QRect(20, 10, 75, 23))
        self.pushButton.setObjectName("pushButton")
        self.pushButton_2 = QtWidgets.QPushButton(Dialog)
        self.pushButton_2.setGeometry(QtCore.QRect(120, 10, 75, 23))
        self.pushButton_2.setObjectName("pushButton_2")
        self.pushButton_3 = QtWidgets.QPushButton(Dialog)
        self.pushButton_3.setGeometry(QtCore.QRect(220, 10, 75, 23))
        self.pushButton_3.setObjectName("pushButton_3")
        self.groupBox = QtWidgets.QGroupBox(Dialog)
        self.groupBox.setGeometry(QtCore.QRect(10, 50, 291, 71))
        self.groupBox.setObjectName("groupBox")
        self.spinBox = QtWidgets.QSpinBox(self.groupBox)
        self.spinBox.setGeometry(QtCore.QRect(30, 30, 42, 22))
        self.spinBox.setMaximum(500)
        self.spinBox.setProperty("value", 10)
        self.spinBox.setObjectName("spinBox")
        self.label = QtWidgets.QLabel(self.groupBox)
        self.label.setGeometry(QtCore.QRect(90, 30, 21, 16))
        self.label.setObjectName("label")
        self.spinBox_2 = QtWidgets.QSpinBox(self.groupBox)
        self.spinBox_2.setGeometry(QtCore.QRect(120, 30, 42, 22))
        self.spinBox_2.setMaximum(500)
        self.spinBox_2.setProperty("value", 100)
        self.spinBox_2.setObjectName("spinBox_2")
        self.pushButton_4 = QtWidgets.QPushButton(self.groupBox)
        self.pushButton_4.setGeometry(QtCore.QRect(190, 30, 75, 23))
        self.pushButton_4.setObjectName("pushButton_4")

        self.retranslateUi(Dialog)
        QtCore.QMetaObject.connectSlotsByName(Dialog)
```

```
    def retranslateUi(self, Dialog):
        _translate = QtCore.QCoreApplication.translate
        Dialog.setWindowTitle(_translate("Dialog", "傅里叶变换"))
        self.pushButton.setText(_translate("Dialog", "原图像"))
        self.pushButton.clicked.connect(self.clickpushButton)
        self.pushButton_2.setText(_translate("Dialog", "频率图像"))
        self.pushButton_2.clicked.connect(self.clickpushButton_2)
        self.pushButton_3.setText(_translate("Dialog", "滤波后图像"))
        self.pushButton_3.clicked.connect(self.clickpushButton_3)
        self.groupBox.setTitle(_translate("Dialog", "通过域"))
        self.label.setText(_translate("Dialog", "到"))
        self.pushButton_4.setText(_translate("Dialog", "表示"))
        self.pushButton_4.clicked.connect(self.clickpushButton_4)

    #原图像
    def clickpushButton(self):
        # 图像显示
        self.dipa_gui.tk_img_display(self.img1)

    #频率图像
    def clickpushButton_2(self):
        #将二维 FFT 的变换结果图像化
        self.dll.FFTImage(self.img1.ctypes.data_as(POINTER(c_ubyte)), self.img2.ctypes.data_as
(POINTER(c_ubyte)),
                          self.w,self.h)
    # 图像显示
        self.dipa_gui.tk_img_display(self.img2)

    #滤波后图像
    def clickpushButton_3(self):
        nFrom = self.spinBox.value()
        nTo = self.spinBox_2.value()
        #图像的 FFT 变换、滤波处理、逆傅里叶变换
        self.dll.FFTFilterImage(self.img1.ctypes.data_as(POINTER(c_ubyte)), self.img2.ctypes.data_as
(POINTER(c_ubyte)),
                                self.w,self.h, c_int(nFrom), c_int(nTo))
        # 图像显示
        self.dipa_gui.tk_img_display(self.img2)

    #表示
    def clickpushButton_4(self):
        nFrom = self.spinBox.value()
        nTo = self.spinBox_2.value()
        #图像的 FFT 变换及滤波处理
        self.dll.FFTFilter(self.img1.ctypes.data_as(POINTER(c_ubyte)), self.img2.ctypes.data_as
(POINTER(c_ubyte)),
                           self.w,self.h, c_int(nFrom), c_int(nTo))
        # 图像显示
        self.dipa_gui.tk_img_display(self.img2)

    def closeEvent(self, event):
```

```
        reply = QtWidgets.QMessageBox.question(self, '本窗口', "是否要关闭对话框？",
                                               QtWidgets.QMessageBox.Yes |
QtWidgets.QMessageBox.No)
        if reply == QtWidgets.QMessageBox.Yes:
            #self.dipa_gui.mymenu.entryconfig('直方图', state=NORMAL)
            num_items = self.dipa_gui.mymenu.index("帮助") + 1
            for item in range(num_items):
                self.dipa_gui.mymenu.entryconfig(item, state='normal')
            event.accept()
        else:
            event.ignore()
```

第 15 章

小波变换

15.1 基本概念

小波变换具有多分辨率特性，也称作多尺度特性，可以由粗到精地逐步观察信号，也可看成是用一组带通滤波器对信号做滤波。适当地选择尺度因子和平移因子，可得到一个伸缩窗，只要适当选择基本小波，就可以使小波变换在时域和频域都具有表征信号局部特征的能力。多分辨率分析与滤波器组相结合，丰富了小波分析的理论基础，拓宽了其应用范围。

15.1.1 小波与小波变换

小波（wavelet）意思是“小的波”或者“细的波”，是平均值为 0 的有效有限持续区间的波。具体地说，小波就是空间平方可积函数（square integrable function）$L^2(R)$（R 表示实数）中满足下述条件的函数或者信号 $\psi(t)$:

$$\int_R |\psi(t)|^2 \mathrm{d}t < \infty \tag{15.1}$$

$$\int_{R^*} \frac{|\Psi(\omega)|^2}{|\omega|} \mathrm{d}\omega < \infty \tag{15.2}$$

这时，$\psi(t)$也称为基小波（basic wavelet）或者母小波（mother wavelet），式(15.2)称为容许性条件。如下函数为由基小波生成的依赖于参数(a, b)的连续小波函数(continuous wavelet transform，CWT)，简称为小波函数（wavelet function）。

$$\psi_{a,b}(t) = \frac{1}{\sqrt{a}} \psi(\frac{t-b}{a}) \tag{15.3}$$

式中，a 为尺度参数（scale）；b 为平移参数（shift）；$1/\sqrt{a}$ 是为了规范化（归一化）的系数；由于 a 表示小波的时间幅值，所以 $1/a$ 相当于频率。图 15.1 所示是小波 $\psi(t)$在水平方向增加到 a 倍、平移 b 的距离得到的图像。

对于任意的函数或者信号 $f(t) \in L^2(\mathrm{R})$，其连续小波变换为

$$W(a,b) = \frac{1}{\sqrt{a}} \int_R f(t) \psi^* (\frac{t-b}{a}) \mathrm{d}t \tag{15.4}$$

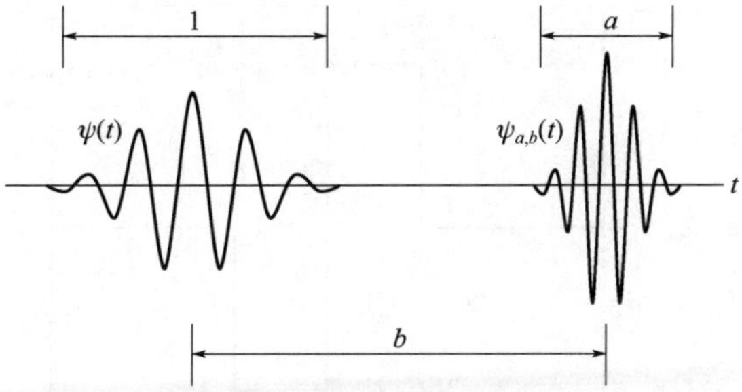

图 15.1　小波与小波函数

如果小波满足式（15.5）所示条件，则其逆变换存在，其表达式如式（15.6）所示。

$$C_\psi = \int_{-\infty}^{\infty} \frac{|\psi(\omega)|^2}{|\omega|} \mathrm{d}\omega < \infty \tag{15.5}$$

$$f(t) = \frac{2}{C_\psi} \int_0^{\infty} \left[\int_{-\infty}^{\infty} W(a,b)\psi_{a,b}(t)\mathrm{d}b \right] \frac{\mathrm{d}a}{a^2} \tag{15.6}$$

15.1.2　离散小波变换

在进行基于数值计算信号的小波变换以及逆变换时，需要使用离散小波变换。一般 a、b 按式（15.7）取二进分割（binary partition），即可对连续小波离散化：

$$\begin{aligned} a &= 2^j \\ b &= k2^j \end{aligned} \tag{15.7}$$

如 j=0, ± 1, ± 2,⋯离散化时，相当于小波函数的宽度减少一半、进一步减少一半，或者增加一倍、进一步增加一倍等。另外，使 k=0, ± 1, ± 2,⋯能够覆盖所有的变量领域。

把式（15.7）代入式（15.3）得到的小波函数称为二进小波（dyadic wavelet）:

$$\psi_{j,k}(t) = \frac{1}{\sqrt{2^j}}\psi\left(\frac{t-k2^j}{2^j}\right) = 2^{-\frac{j}{2}}\psi(2^{-j}t-k) \tag{15.8}$$

适当选取式(15.8)的 ψ 就可以使$\{\psi_{j,k}\}$成为正交系。正交系包括平移正交和放大缩小正交两种。

15.1.3　小波族

下面介绍常用的小波族。

（1）哈尔小波（Haar wavelet）

哈尔小波是最早、最简单的小波，哈尔小波满足放大缩小的规范正交条件，任何小波的讨论都是从哈尔小波开始的。哈尔小波用公式表示如式(15.9)所示，用图表示如图 15.2 所示。

$$\psi(t) = \begin{cases} 1 & 0 \leqslant t < 1/2 \\ -1 & 1/2 \leqslant t < 1 \\ 0 & \text{其他} \end{cases} \tag{15.9}$$

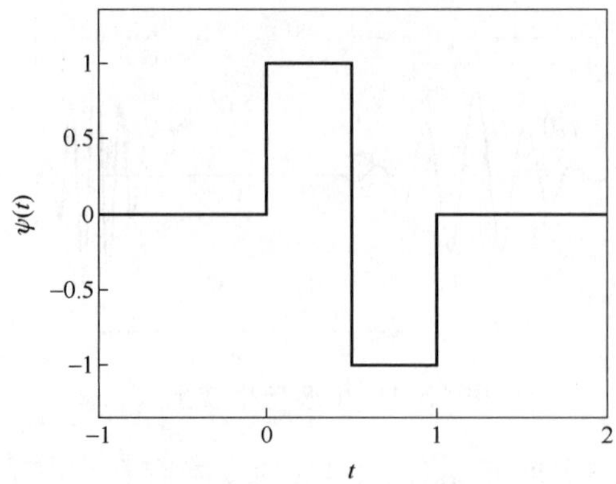

图 15.2　哈尔小波函数

（2）Daubechies 族小波

Ingrid Daubechies 是小波研究的开拓者之一，发明了紧支撑正交小波，从而使离散小波分析实用化。Daubechies 族小波可写成 db$N$，在此 N 为阶（order），db 为小波名。其中，db1 小波就等同于上述的 Haar 小波。图 15.3 是 Daubechies 族的其他 9 个小波函数。

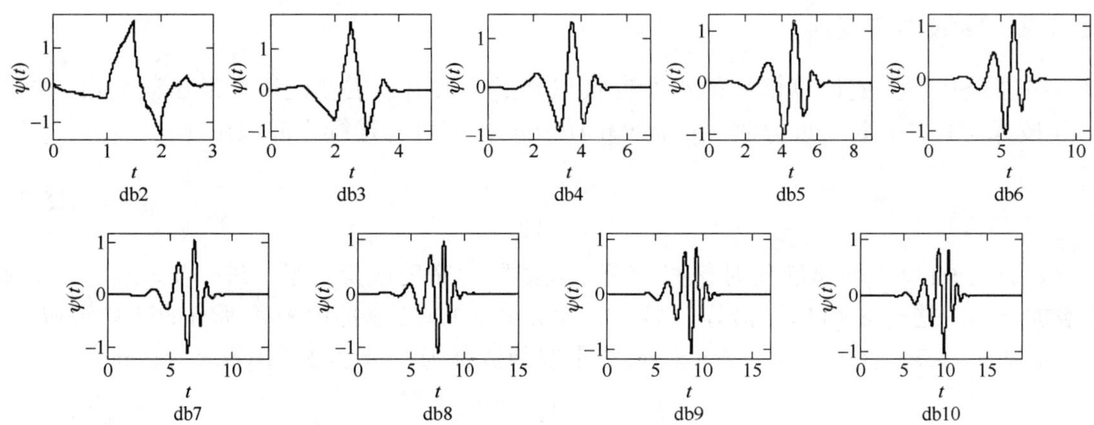

图 15.3　Daubechies 小波

另外还有双正交样条小波（Biorthogonal）、Coiflets 小波、Symlets 小波、Morlet 小波、Mexican Hat 小波、Meyer 小波等类型。

15.1.4　信号的分解与重构

由被称为尺度函数的线性组合来近似表示信号。尺度函数的线性组合称为近似函数（approximated function）。近似的精度被称为级（level）或分辨率索引，第 0 级是精度最高的近似，级数越大表示越粗略的近似。任意第 j 级的近似函数与精度粗一级的第 j+1 级的近似函数的差分就是小波。信号最终可以由第 1 级开始到任意级的小波与尺度函数的线性组合来表示。下面考虑把第 0 级的近似函数 $f_0(t)$用精度一直降到第 J 级的近似函数来表示。

$$
\begin{aligned}
f_0(t) &= f_1(t) + g_1(t) \\
f_1(t) &= f_2(t) + g_2(t) \\
&\vdots \\
f_{J-1}(t) &= f_J(t) + g_J(t)
\end{aligned}
\tag{15.10}
$$

在上式中把最下的 $f_{J-1}(t)$ 代入邻接的上式中，不断重复迭代操作直到 $f_0(t)$ 为止，可见 $f_0(t)$ 可以用 $f_J(t)$ 和 $g_j(t)$ 集合的和表示，如式(15.11)所示：

$$\begin{aligned} f_0(t) &= g_1(t) + g_2(t) + \cdots + g_J(t) + f_J(t) \\ &= \sum_{j=1}^{J} g_j(t) + f_J(t) \end{aligned} \tag{15.11}$$

式(15.11)的含义是，在把信号 $f_0(t)$ 用第 J 级的近似函数 $f_J(t)$ 来粗略近似地表示时，如果把粗略近似所失去的成分依次附加上去，就可以恢复 $f_0(t)$。也就是说，信号 $f_0(t)$ 能够表现为任意粗略级的近似函数 $f_J(t)$ 和第 0 级到第 J 级的小波成分的和。因此可以说，信号 $f_0(t)$ 能够用从第 1 级到第 J 级的 J 个分辨率即多分辨率的小波来表示。这种信号分析被称为多分辨率分析（multiresolution analysis）。

对于 Daubechies 这样的正交小波，由于函数本身及其尺度函数的形状复杂，用已知的函数难以表现。为此，Mallat 在 1989 年提出了用离散序列表示正交小波及其尺度函数的方法。在 Daubechies 小波中采用自然数 N 来赋予小波特征。表示 Daubechies 小波的尺度函数的序列 p_k 见表 15.1。表示小波的序列 q_k，是将 p_k 在时间轴方向上反转后，再将其系数符号反转得到的：

$$q_k = (-1)^k p_{-k} \tag{15.12}$$

表 15.1　Daubechies 序列 p_k

N=2	N=3	N=4
0.48296291314453 0.83651630373780 0.22414386804201 −0.12940952255126	0.33267055295008 0.80689150931109 0.45987750211849 −0.13501102001025 −0.08544127388203 0.03522629188571	0.23037781330889 0.71484657055291 0.63088076792986 −0.02798376941686 −0.18703481171909 0.03084138183556 0.03288301166689 −0.01059740178507
N=6	**N=8**	**N=10**
0.11154074335011 0.49462389039845 0.75113390802110 0.31525035170920 −0.22626469396544 −0.12976686756727 0.09750160558732 0.02752286553031 −0.03158203931749 0.00055384220116 0.00477725751095 −0.00107730108531	0.05441584224311 0.31287159091432 0.67563073629732 0.58535468365422 −0.01582910525638 −0.28401554296158 0.00047248457391 0.12874742662049 −0.01736930100181 −0.04408825393080 0.01398102791740 0.00874609404741 −0.00487035299345 −0.00039174037338 0.00067544940645 −0.00011747678412	0.02667005790055 0.18817680007763 0.52720118893158 0.68845903945344 0.28117234366057 −0.24984642432716 −0.19594627437729 0.12736934033575 0.09305736460355 −0.07139414716635 −0.02945753682184 0.03321267405936 0.00360655356699 −0.01073317548330 0.00139535174707 0.00199240529519 −0.00068585669496 −0.00011646685513 0.00009358867032 −0.00001326420289

图 15.4 为 N=3 的 Daubechies 小波及其尺度函数。比较图 15.4 和表 15.1 中的 N=3 项

会发现，表中的 p_k 仅定义了 6 个数值，而图 15.4 却表示了一个相当复杂的函数形状。在下节中将说明从 $2N$ 个离散序列直接求取展开系数的方法。

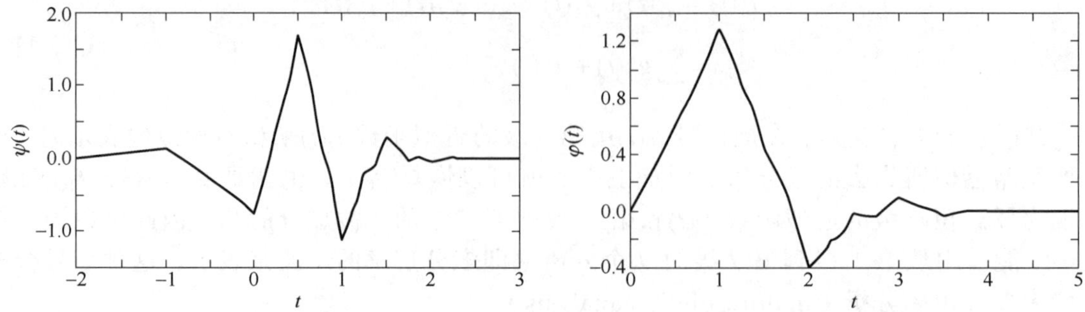

(a) 小波　　(b) 尺度函数

图 15.4　N=3 的 Daubechies 小波及其尺度函数

15.1.5　二维离散小波变换

由上面的讨论可知，由 Daubechies 小波所代表的正交小波及其尺度函数可以用离散序列表示。在这一节中，介绍 Mallat 发现的利用这个离散序列来求取小波展开系数的方法。

如 15.1.2 节所述，连续信号 $f(t)$的第 0 级的近似函数 $f_0(t)$按照式（15.13）由第 0 级的尺度函数展开：

$$f(t) \approx f_0(t) = \sum_k s_k^{(0)} \varphi(t-k) \tag{15.13}$$

其中：

$$s_k^{(0)} = \int_{-\infty}^{\infty} f(t)\varphi_{0,k}^*(t)\mathrm{d}t \tag{15.14}$$

然而，在 Daubechies 小波中，虽然 $2N$ 个离散序列被给出，但是由于尺度函数 $\varphi_{0,k}(t)$没有被给出，所以存在用式（15.14）不能计算 $s_k^{(0)}$的问题。

为了解决这个问题，Mallat 提出的方法是，把对信号采样得到的序列 $f(n)$看作 $s_k^{(0)}$。Mallat 发现由于 $\varphi_{0,k}$ 在矩形或三角形的窗口上改变 k、平移时间轴，所以对于某 k 值，$s_k^{(0)}$给出了从窗口能够看到的范围的信号中间值。这个信号的中间值相当于 $f(k)$。这意味着 $\varphi_{0,k}$ 是像 $\delta_k(t)$那样的德尔塔函数（δfunction）。Mallat 认为 $\varphi_{0,k}(t)$具有与基于德尔塔函数 $\delta_k(t)$重构相同的作用。在图像处理的应用方面，$f(n)$看作 $s_k^{(0)}$被证明实用上是没有问题的。得到了 $s_k^{(0)}$以后，就可以基于 $s_k^{(0)}$求第 0 级以外的尺度系数 $s_k^{(j)}$及小波系数 $w_k^{(j)}$。

通过式（15.15）能够从第 0 级的尺度系数 $s_k^{(0)}$，依次求取高级数（低分辨率）的尺度系数。

$$s_k^{(j)} = \sum_n p_{n-2k}^* s_n^{(j-1)} \tag{15.15}$$

使用式（15.16），能够从第 0 级的尺度系数 $s_k^{(0)}$，依次求取高级数（低分辨率）的小波系数。

$$w_k^{(j)} = \sum_n q_{n-2k}^* s_n^{(j-1)} \tag{15.16}$$

下面对使用离散小波的二维图像数据的小波变换进行说明。图像数据作为二维的离散数据给出，用 $f(m,n)$表示。与二维离散傅里叶变换的情况相同，首先进行水平方向上的离散小波变换，对其系数再进行垂直方向上的小波变换。把图像数据$f(m,n)$看作第0级的尺度系数$s_{m,n}^{(0)}$。

首先，进行水平方向上的离散小波变换。

$$\begin{aligned} s_{m,n}^{(j+1,x)} &= \sum_k p_{k-2m}^* s_{k,n}^{(j)} \\ w_{m,n}^{(j+1,x)} &= \sum_k q_{k-2m}^* s_{k,n}^{(j)} \end{aligned} \tag{15.17}$$

式中，$s_{m,n}^{(j+1,x)}$及$w_{m,n}^{(j+1,x)}$分别表示水平方向的尺度系数及小波系数。j=0时，$s_{m,n}^{(0)}$的分解如图15.5所示。

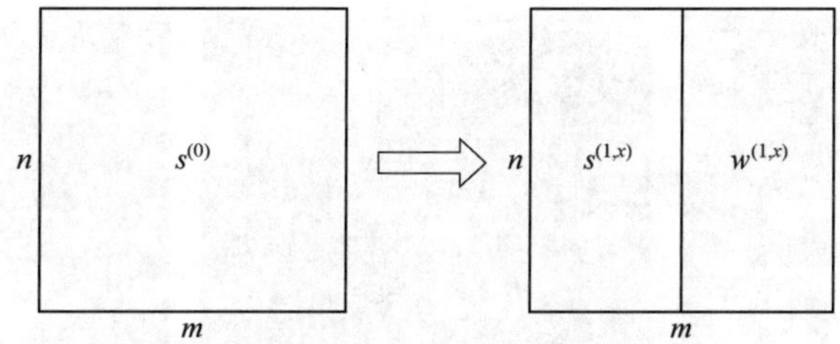

图15.5　$s_{m,n}^{(0)}$的分解

接着，分别对系数进行垂直方向的离散小波变换。

$$\begin{aligned} s_{m,n}^{(j+1)} &= \sum_l p_{l-2n}^* s_{m,l}^{(j+1,x)} \\ w_{m,n}^{(j+1,h)} &= \sum_l q_{l-2n}^* s_{m,l}^{(j+1,x)} \\ w_{m,n}^{(j+1,v)} &= \sum_l p_{l-2n}^* w_{m,l}^{(j+1,x)} \\ w_{m,n}^{(j+1,d)} &= \sum_l q_{l-2n}^* w_{m,l}^{(j+1,x)} \end{aligned} \tag{15.18}$$

式中，$w_{m,n}^{(j+1,h)}$表示在水平方向上使尺度函数起作用、垂直方向上使小波起作用的系数；$w_{m,n}^{(j+1,v)}$表示在水平方向上使小波起作用、垂直方向上使尺度函数起作用的系数；$w_{m,n}^{(j+1,d)}$表示在水平和垂直方向上全都使小波起作用的系数。j=0时，$s_{m,n}^{(1,x)}$及$w_{m,n}^{(1,x)}$的分解如图15.6所示。

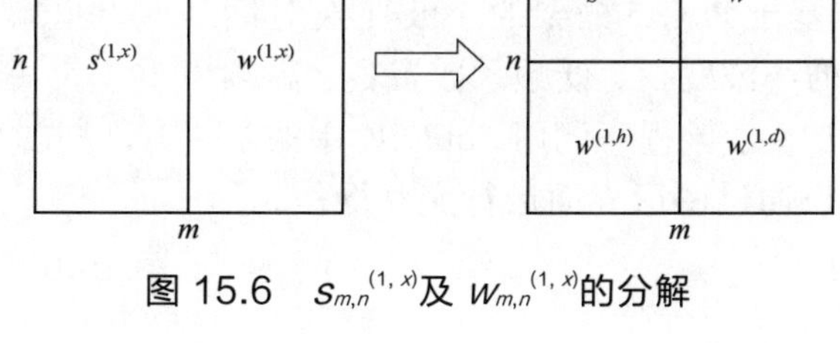

图15.6　$s_{m,n}^{(1,x)}$及$w_{m,n}^{(1,x)}$的分解

15.1.6　图像的小波变换编程

List 15.1和List 15.2表示了一维离散小波变换和其逆变换的程序。List 15.3和List 15.4表示了二维离散小波变换和其逆变换的程序。这些程序都是按照第j级的尺度系数$s^{(j)}$来求第j+1级的小波系数$w^{(j+1)}$及尺度系数$s^{(j+1)}$。接着，由$w^{(j+1)}$及$s^{(j+1)}$重构$s^{(j)}$。小波采用了Daubechies（N=2）。另外，表示小波的序列q_k，是将p_k在时间轴方向上反转后，

再将其系数符号反转得到的，如式（15.12）所示。

使用 List 15.5 的程序对图 15.7（a）所示的图像进行二维小波变换。List 15.5 使用 List 15.3 的 Wavelet2d 函数对图像信号 $f(m,n)$进行分解，使用 List 15.4 的 Iwavelet2d 函数进行重构。图 15.7（b）表示对原始图像信号分解（即一级小波分解）后的 4 个成分（或称为 4 个子图像），由图可见，$w^{(1,v)}$表现垂直方向上的高频成分，$w^{(1,h)}$表现水平方向上的高频成分，$w^{(1,d)}$表现对角线方向上的高频成分，$s^{(1)}$表现对 $s^{(0)}$平均化的低频成分。对 $s^{(1)}$再进一步分解成 4 个成分（即二级小波分解）的结果如图 15.7（c）所示。

(a) 原始图像　　(b) 一级小波分解　　(c) 二级小波分解

图 15.7　图像的小波变换示例

可见，在图像分解过程中，总的数据量既没有增加，也没有减少。但是，一个图像经过小波变换后，可以得到一系列不同分辨率的子图像，即表示低频成分的子图像及表现不同方向上高频成分的子图像。高频成分的子图像上大部分数值都接近 0，越是高频，这种现象越明显。所以，对于一幅图像来说，包含图像主要信息的是低频成分，而高频成分仅包含细节信息。因此，一个最简单的图像压缩方法是保存低频成分而去掉高频成分。

15.2　对话框功能说明

图 15.8 为小波变换的对话框功能界面。

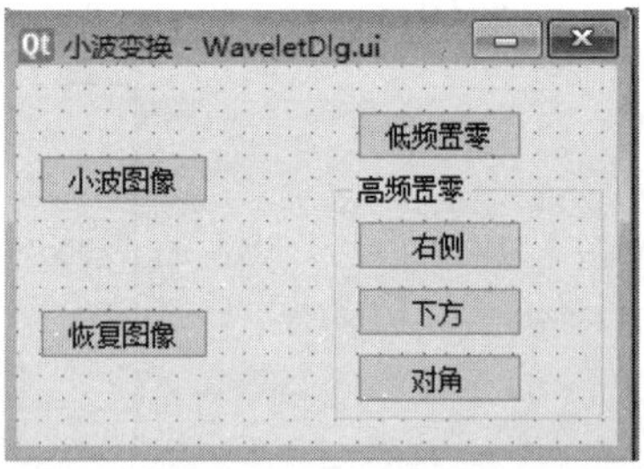

图 15.8　小波变换对话框功能界面

（1）功能概述

WaveletDlg 是一个基于 PyQt5 框架的小波变换对话框程序，旨在提供图像的小波变换、低频系数置零、高频系数置零以及图像恢复功能。该程序调用 SciPy 库中的哈尔小波变换，并允许用户通过图形界面进行交互操作。

（2）按钮功能介绍

① 小波图像。

功能：显示图像经过小波变换后的结果图像。

② 恢复图像。

功能：显示经过逆小波变换恢复后的图像。

③ 低频置零。

功能：对低频分量置零处理。

④ 高频置零。

功能：提供三个选项（右侧、下方、对角），用于选择对高频分量进行置零处理的方向。

右侧：对水平高频分量置零。

下方：对垂直高频分量置零。

对角：对对角高频分量置零。

⑤ 右上角“×”。

功能：关闭小波变换对话框。在用户尝试关闭对话框时，弹出确认对话框询问用户是否确定要关闭。如果用户确认关闭，则关闭所有 Matplotlib 窗口并恢复 DIPAGUI 主菜单中的项目状态。在对话框关闭时，恢复主菜单项的可用性。

（3）使用流程

① 读入长宽相同的灰度原图像。

② 打开小波变换对话框。

③ 点击“小波图像”按钮，查看图像经过小波变换后的结果。

④ 点击“低频置零”，或者“右侧”“下方”或“对角”按钮，对相应方向的高频分量进行置零处理。

⑤ 点击“恢复图像”按钮，查看经过逆小波变换恢复后的图像。

⑥ 完成操作后，点击“关闭”按钮，关闭对话框。

15.3 对话框功能实现

15.3.1 PyQt5 对话框 WaveletDlg.ui 的创建步骤

WaveletDlg.ui 的创建步骤如下。

① 参考第 3 章图 3.22 所示方法，打开如图 3.23 所示的 PyQt5 界面。

② 选择“新建窗体”上的“Dialog withoutButtons”，点击创建，打开新建对话框窗口（参考图 5.7）。

③ 在“属性编辑器”上，编辑“windowTitle”为“小波变换”。

④ 保存新建窗口为 WaveletDlg.ui 到指定文件夹。

⑤ 通过鼠标左键拖拽和布局如表 15.2 所列的控件，获得如图 15.8 所示的小波变换功能界面图。

表 15.2 windowTitle：小波变换

序号	test	objectName	属性设定
1	小波图像	pushButton	
2	恢复图像	pushButton_2	
3	低频置零	pushButton_6	
4	高频置零	groupBox	
5	右侧	pushButton_3	
6	下方	pushButton_4	
7	对角	pushButton_5	

15.3.2 WaveletDlg.ui 转换 WaveletDlg.py 与配置

（1）WaveletDlg.ui 转换 WaveletDlg.py

① 在 pythonDIPAX 工程中，选择保存的 WaveletDlg.ui 文件，然后点击 Tools→External Tools→PyCUI，就在与 WaveletDlg.ui 文件相同文件夹中生成了 WaveletDlg.py 文件。

② 将 WaveletDlg.py 复制到 pythonDIPAX 工程文件夹中。

③ 在 pythonDIPAX 工程中打开 WaveletDlg.py 文件，就可以看到 WaveletDlg 对话框的控件配置情况。

（2）WaveletDlg.py 的配置

① 参照 15.5 节的 List 15.6 WaveletDlg.py，修改 WaveletDlg.py 文件。主要内容包括：头部导入扩展库，修改对话框类的名称，添加初始化函数，添加控件的函数定义和函数内容，添加关闭窗口的后处理函数。

② 在主界面 DIPAGUI.py 的头部添加“import WaveletDlg as wd”。参考“List 3.2 DIPAGUI.py 全功能源代码”。

③ 在主界面 DIPAGUI.py 的 createWiget 函数中，添加“小波变换”菜单函数：

```
self.mymenu.add_command(label="小波变换", command=self.command_Wavelet)
self.mygui.config(menu=self.mymenu)
```

④ 在主界面 DIPAGUI.py 中添加小波变换菜单函数实现内容：

```
def command_Wavelet(self):
:
        ......
```

⑤ 完成上述内容后，运行 DIPAGUI，结果如图 15.9 所示。

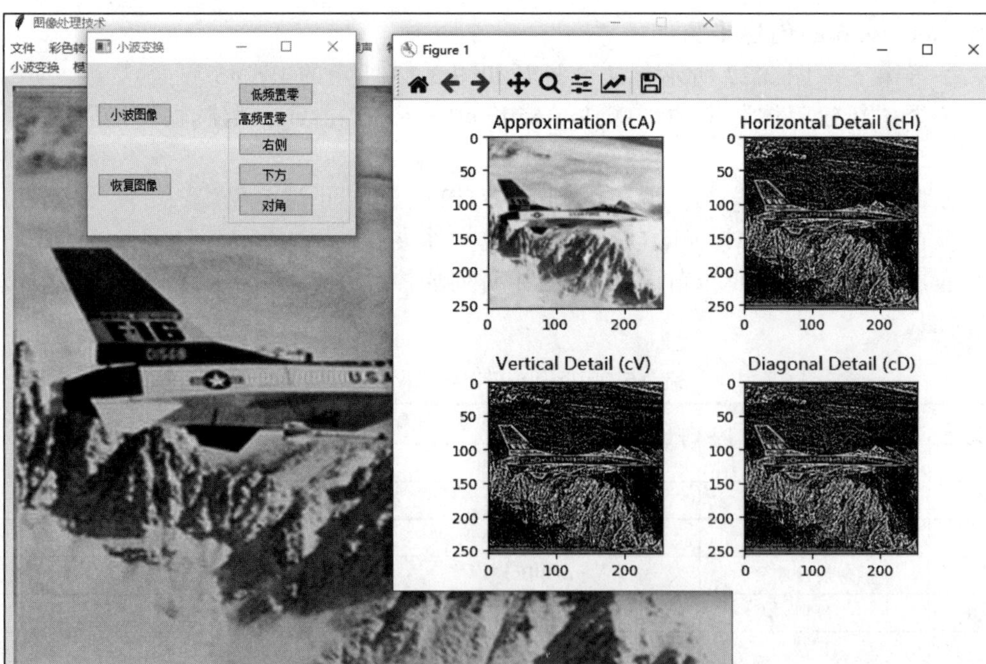

图 15.9　小波变换功能运行结果

15.4　C 语言函数源代码

本节包含以下 C 语言函数源代码：List 15.1 一维小波变换，List 15.2 一维逆小波变换，List 15.3 二维小波变换，List 15.4 二维逆小波变换，List 15.5 二维小波信号图像化。

List 15.1　一维小波变换

```
#include "StdAfx.h"
#include "BaseList.h"
#include <stdio.h>
#include <math.h>
//#include "fwt.h"

/*--- Wavelet1d --- 一维小波变换-------------------------------------------
     s0          输入信号
     s_len       输入信号长度
     p           比例配列 pk
     q           小波配列 qk
     sup         配列长度
     s1          分解信号 s1
     w1          分解信号 w1
---------------------------------------------------------------------------*/

void Wavelet1d (double *s0,int s_len,  double *p, double *q, int sup,
                    double *s1, double *w1)
{
   int n, k;
   int index;

   for (k = 0; k < s_len/2; k++) {
      s1[k] = 0.0;
      w1[k] = 0.0;
      for (n = 0; n < sup; n++) {
         index = (n+2*k)%s_len ;
         s1[k] += p[n] * s0[index];
         w1[k] += q[n] * s0[index];
      }
   }
}
```

List 15.2　一维逆小波变换

```
#include "StdAfx.h"
#include "BaseList.h"
#include <stdio.h>
#include <math.h>
//#include "fwt.h"

/*---Iwavelete1d --- 一维逆小波变换-------------------------------------------
```

```
    s1         分解信号 s1
    w1         分解信号 w1
    s_len      信号长度
    p          小波数列 pk
    q          比例数列 qk
    sup        配列长度
    s0         恢复信号
---------------------------------------------------------------------------*/
void Iwavelet1d (double *s1, double *w1, int s_len, double *p,
                 double *q, int sup, double *s0)
{
  int n, k;
  int index,ofs;

  ofs=max(1024,s_len);   //为了不使 index 为负数的补正值
  for (n = 0; n < s_len; n++) {
    s0[2*n+1] = 0.0;
    s0[2*n] = 0.0;
    for (k = 0; k < sup/2; k++) {
      index = (n-k+ofs)%s_len;
      s0 [2*n+1] += p[2*k+1] * s1[index] + q[2*k+1] * w1[index];
      s0 [2*n] += p[2*k] * s1[index] + q[2*k] * w1[index];
    }
  }

}
```

List 15.3 二维小波变换

```
#include "StdAfx.h"
#include "BaseList.h"
#include <stdio.h>
#include <math.h>

/*--- Wavelete2d --- 二维小波变换-------------------------------------------
     image_in:       输入图像数据指针
     xsize:          图像宽度
     ysize:          图像高度
     s1              j+1 级的二维比例系数
     w1v             j+1 级的二维小波系数（垂直方向成分）
     w1h             j+1 级的二维小波系数（水平方向成分）
     w1d             j+1 级的二维小波系数（对角方向成分）
---------------------------------------------------------------------------*/

void Wavelet2d (BYTE *image_in, int xsize, int ysize,
                double *s1, double *w1v, double *w1h, double *w1d)
{
  if(xsize != ysize) return;

  int i,j;
  double *s1x, *w1x;
  double *s1xt, *w1xt;
```

```
    double *s1t, *w1ht, *w1vt, *w1dt;
    double *s0;       // j 级的二维比例系数
    int s_len; //输入信号长度
    s_len = xsize;

    s0 = new double[xsize*ysize];

    s1x = new double[s_len*(s_len/2)];
    w1x = new double[s_len*(s_len/2)];

    s1xt = new double[(s_len/2)*s_len];
    w1xt = new double[(s_len/2)*s_len];

    s1t = new double[(s_len/2)*(s_len/2)];
    w1ht = new double[(s_len/2)*(s_len/2)];
    w1vt = new double[(s_len/2)*(s_len/2)];
    w1dt = new double[(s_len/2)*(s_len/2)];


    int sup = 4; //小波数列 p_k 的长度
    double p[4]   = {0.482962913145, 0.836516303738,
                     0.224143868042, -0.129409522551};
                     //分割数列 p_k (N=2)
    double q[4];   //分割数列 q_k (N=2)

    for(i=0;i<sup;i++)   //由 p_k 生成 q_k
        q[i]=pow((double)-1,i)*p[sup-i-1];

    for(j = 0; j < ysize; j++)
        for(i=0; i<xsize; i++)
            *(s0 + j*xsize + i) = (double)(*(image_in + j*xsize +i));

    for (j = 0; j < s_len; j++) {
        Wavelet1d(&(*(s0 +j*s_len)),s_len,p,q,sup, &(*(s1x + j*(s_len/2))),
            &(*(w1x + j*(s_len/2))));
    } //将 s0 分解为 s1x 和 w1x

    for(j=0;j<s_len;j++){   //行列倒置
        for(i=0;i<s_len/2;i++){
            *(s1xt + i*s_len + j )=*(s1x + j*(s_len/2) + i);
            *(w1xt + i*s_len + j )=*(w1x + j*(s_len/2) + i);
        }
    }

    for (j = 0; j < s_len/2; j++) {
        Wavelet1d( &(*(s1xt + j*s_len)),s_len,p,q,sup, &(*(s1t + j*(s_len/2))),
            &(*(w1ht + j*(s_len/2))));
          //将 s1x 分解为 s1 和 w1h
        Wavelet1d( &(*(w1xt + j*s_len)),s_len,p,q,sup, &(*(w1vt + j*(s_len/2))),
            &(*(w1dt + j*(s_len/2))));
          //将 w1x 分解为 w1v 和 w1d
```

```
    }

    for(j=0;j<s_len/2;j++){   //行列倒置
        for(i=0;i<s_len/2;i++){
            *(s1 + i*(s_len/2) + j)=*(s1t + j*(s_len/2) + i);
            *(w1h + i*(s_len/2) + j)=*(w1ht + j*(s_len/2) + i);
            *(w1v + i*(s_len/2) + j)=*(w1vt + j*(s_len/2) + i);
            *(w1d + i*(s_len/2) + j)=*(w1dt + j*(s_len/2) + i);
        }
    }

    delete [] s1x;
    delete [] w1x;
    delete [] s1xt;
    delete [] w1xt;
    delete [] s1t;
    delete [] w1ht;
    delete [] w1vt;
    delete [] w1dt;
    delete [] s0;
}
```

List 15.4 二维逆小波变换

```
#include "StdAfx.h"
#include "BaseList.h"

#include <stdio.h>
#include <math.h>

/*--- Iwavelete2d ---二维逆小波变换-------------------------------------------
      s1           j+1 级的二维比例系数
     w1v           j+1 级的二维小波系数（垂直方向成分）
     w1h           j+1 级的二维小波系数（水平方向成分）
     w1d           j+1 级的二维小波系数（对角方向成分）
      image_out:  输出图像数据指针
     xsize:        图像宽度
     ysize:        图像高度
--------------------------------------------------------------------------*/

void Iwavelet2d (double *s1, double *w1v, double *w1h, double *w1d,
                         BYTE *image_out, int xsize, int ysize)
{
    if(xsize != ysize) return;
    int i,j;
    double *s1x, *w1x;
    double *s1xt, *w1xt;
    double *s1t, *w1ht, *w1vt, *w1dt;
    double *s0;      // j 级的二维比例系数
    int s_len; //输入信号长度
    s_len = xsize/2;
```

```
s0 = new double[xsize*ysize];

s1x = new double[(2*s_len)*s_len];
w1x = new double[(2*s_len)*s_len];

s1xt = new double[s_len*(2*s_len)];
w1xt = new double[s_len*(2*s_len)];

s1t = new double[s_len*s_len];
w1ht = new double[s_len*s_len];
w1vt = new double[s_len*s_len];
w1dt = new double[s_len*s_len];

int sup = 4; //小波数列 p_k 的长度
double p[4]   = {0.482962913145, 0.836516303738,
                0.224143868042, -0.129409522551};
                //分割数列 p_k (N=2)
double q[4];    //分割数列 q_k (N=2)


for(i=0;i<sup;i++)   //由 p_k 生成 q_k
    q[i]=pow((double)-1,i)*p[sup-i-1];

for(j=0;j<s_len;j++){   //行列倒置
    for(i=0;i<s_len;i++){
        *(s1t + j*s_len + i) = *(s1 + i*s_len + j);
        *(w1ht + j*s_len + i) = *(w1h + i*s_len + j);
        *(w1vt + j*s_len + i) = *(w1v + i*s_len + j);
        *(w1dt + j*s_len + i) = *(w1d + i*s_len + j);
    }
}

for (j = 0; j < s_len; j++) {
 Iwavelet1d(&(*(s1t + j*s_len)),&(*(w1ht + j*s_len)),s_len,p,q,sup,
            &(*(s1xt + j*2*s_len)));
          //由 s1 和 w1h 恢复 s1x
    Iwavelet1d(&(*(w1vt + j*s_len)),&(*(w1dt + j*s_len)),s_len,p,q,sup,
            &(*(w1xt + j*2*s_len)));
          //由 w1v 和 w1d 恢复 w1x
}

for(j=0;j<s_len;j++){ //行列倒置
    for(i=0;i<s_len*2;i++){
      *(s1x + i*s_len + j) = *(s1xt + j*2*s_len + i );
     *(w1x + i*s_len + j) = *(w1xt + j*2*s_len + i );
    }
}

//由 s1x 和 w1x 恢复 s0
for (j = 0; j < s_len*2; j++) {
    Iwavelet1d(&(*(s1x + j*s_len)),&(*(w1x + j*s_len)),s_len,p,q,sup,&(*(s0 +j*2*s_len)));
```

```
    }

    double value;
    for(j = 0; j < ysize; j++)
    {
        for(i=0; i < xsize; i++)
        {
                value = *(s0 + j*xsize + i);
                *(image_out + j*xsize +i) = (BYTE)value;
        }
    }
    delete [] s1x;
    delete [] w1x;
    delete [] s1xt;
    delete [] w1xt;
    delete [] s1t;
    delete [] w1ht;
    delete [] w1vt;
    delete [] w1dt;
    delete [] s0;

}
```

List 15.5 二维小波信号图像化

```
#include "StdAfx.h"
#include "BaseList.h"
#include <stdio.h>
#include <math.h>

/*--- Wavelete2d_image --- 二维小波信号图像化-------------------------------------------
     s1             j+1 级的二维比例系数
     w1v            j+1 级的二维小波系数（垂直方向成分）
     w1h            j+1 级的二维小波系数（水平方向成分）
     w1d            j+1 级的二维小波系数（对角方向成分）
     image_out:     输出图像数据指针
     xsize:         图像宽度
     ysize:         图像高度

--------------------------------------------------------------------------*/
//二维小波信号图像化
void Wavelet2d_image (double *s1, double *w1v, double *w1h, double *w1d,
                                BYTE *image_out, int xsize, int ysize)
{
      int i,j;
      double value;

      double maxs = (double)0;
      double mins = (double)500;

      double maxv = (double)0;
```

```
double minv = (double)500;

double maxh = (double)0;
double minh = (double)500;

double maxd = (double)0;
double mind = (double)500;

double sizes, sizev, sizeh, sized;

for(j = 0; j < ysize/2; j++ )
{
        for(i = 0; i < xsize/2; i++ )
        {
          value = *(s1 + j*xsize/2 + i);
            if(value > maxs ) maxs = value;
            if(value < mins ) mins = value;

            value = *(w1v + j*xsize/2 + i);
            if(value > maxv ) maxv = value;
            if(value < minv ) minv = value;

            value = *(w1h + j*xsize/2 + i);
            if(value > maxh ) maxh = value;
            if(value < minh ) minh = value;

            value = *(w1d + j*xsize/2 + i);
            if(value > maxd ) maxd = value;
            if(value < mind ) mind = value;

        }
}

sizes = maxs - mins;
sizev = maxv - minv;
sizeh = maxh - minh;
sized = maxd - mind;
for(j = 0; j < ysize/2; j++ )
{
        for(i = 0; i < xsize/2; i++ )
        {
            value = *(s1 + j*xsize/2 + i);
              *(image_out + j*xsize + i) = (BYTE)( (value-mins)*(double)255 / sizes);

              value = *(w1v + j*xsize/2 + i);
              *(image_out + j*xsize + i+xsize/2) = (BYTE)( (value-minv)*(double)255 / sizev);

              value = *(w1h + j*xsize/2 + i);
              *(image_out + (j+ysize/2)*xsize + i) = (BYTE)( (value-minv)*(double)255 / sizeh);

              value = *(w1d + j*xsize/2 + i);
```

```
                    *(image_out + (j+ysize/2)*xsize + i+xsize/2) = (BYTE)( (value-minv)*(double)255 /
sized);
            }
        }
    }
```

15.5 对话框类源代码

List 15.6 列出了小波变换对话框类的源文件 WaveletDlg.py 的内容。

List 15.6 WaveletDlg.py

```
from scipy import ndimage
import matplotlib.pyplot as plt
from PyQt5 import QtCore, QtWidgets

class WaveletDlg(QtWidgets.QMainWindow):
    def __init__(self, dipa_gui):
        super(WaveletDlg, self).__init__()
        self.dipa_gui = dipa_gui
        self.setupUi(self)
        self.retranslateUi(self)
        # 定义图像
        self.img1 = self.dipa_gui.img1
        self.cA, self.cH, self.cV, self.cD = 0, 0, 0, 0

    def setupUi(self, Dialog):
        Dialog.setObjectName("Dialog")
        Dialog.resize(267, 172)
        self.pushButton = QtWidgets.QPushButton(Dialog)
        self.pushButton.setGeometry(QtCore.QRect(10, 40, 75, 23))
        self.pushButton.setObjectName("pushButton")
        self.pushButton_2 = QtWidgets.QPushButton(Dialog)
        self.pushButton_2.setGeometry(QtCore.QRect(10, 110, 75, 23))
        self.pushButton_2.setObjectName("pushButton_2")
        self.groupBox = QtWidgets.QGroupBox(Dialog)
        self.groupBox.setGeometry(QtCore.QRect(140, 50, 121, 111))
        self.groupBox.setObjectName("groupBox")
        self.pushButton_3 = QtWidgets.QPushButton(self.groupBox)
        self.pushButton_3.setGeometry(QtCore.QRect(10, 20, 75, 23))
        self.pushButton_3.setObjectName("pushButton_3")
        self.pushButton_4 = QtWidgets.QPushButton(self.groupBox)
        self.pushButton_4.setGeometry(QtCore.QRect(10, 50, 75, 23))
        self.pushButton_4.setObjectName("pushButton_4")
        self.pushButton_5 = QtWidgets.QPushButton(self.groupBox)
        self.pushButton_5.setGeometry(QtCore.QRect(10, 80, 75, 23))
        self.pushButton_5.setObjectName("pushButton_5")
        self.pushButton_6 = QtWidgets.QPushButton(Dialog)
        self.pushButton_6.setGeometry(QtCore.QRect(150, 20, 75, 23))
        self.pushButton_6.setObjectName("pushButton_6")
```

```
        self.retranslateUi(Dialog)
        QtCore.QMetaObject.connectSlotsByName(Dialog)

    def retranslateUi(self, Dialog):
        _translate = QtCore.QCoreApplication.translate
        Dialog.setWindowTitle(_translate("Dialog", "小波变换"))
        self.pushButton.setText(_translate("Dialog", "小波图像"))
        self.pushButton.clicked.connect(self.clickpushButton)
        self.pushButton_2.setText(_translate("Dialog", "恢复图像"))
        self.pushButton_2.clicked.connect(self.clickpushButton_2)
        self.groupBox.setTitle(_translate("Dialog", "高频置零"))
        self.pushButton_3.setText(_translate("Dialog", "右侧"))
        self.pushButton_3.clicked.connect(self.clickpushButton_3)
        self.pushButton_4.setText(_translate("Dialog", "下方"))
        self.pushButton_4.clicked.connect(self.clickpushButton_4)
        self.pushButton_5.setText(_translate("Dialog", "对角"))
        self.pushButton_5.clicked.connect(self.clickpushButton_5)
        self.pushButton_6.setText(_translate("Dialog", "低频置零"))
        self.pushButton_6.clicked.connect(self.clickpushButton_6)

    # 小波图像
    def clickpushButton(self):

        # 使用 SciPy 的滤波器实现类似小波变换的效果
        # 这里以简单的 Haar 小波为例
        def haar_wavelet_transform(img):
            # 近似系数（低频部分）
            cA = ndimage.gaussian_filter(img, sigma=1)

            # 水平细节系数（高频部分）
            cH = img - ndimage.gaussian_filter(img, sigma=1, mode='reflect')

            # 垂直细节系数（高频部分）
            cV – img - ndımage.gaussian_filter(img, sigma=1, mode='reflect')

            # 对角线细节系数（高频部分）
            cD = img - ndimage.gaussian_filter(img, sigma=1, mode='reflect')

            return cA, cH, cV, cD

        # 执行小波变换
        self.cA, self.cH, self.cV, self.cD = haar_wavelet_transform(self.img1)

        plt.close('all')
        # 显示结果
        plt.figure(figsize=(12, 6))

        plt.subplot(2, 2, 1)
        plt.imshow(self.cA, cmap='gray')
        plt.title('Approximation (cA)')
```

```
        plt.subplot(2, 2, 2)
        plt.imshow(self.cH, cmap='gray')
        plt.title('Horizontal Detail (cH)')

        plt.subplot(2, 2, 3)
        plt.imshow(self.cV, cmap='gray')
        plt.title('Vertical Detail (cV)')

        plt.subplot(2, 2, 4)
        plt.imshow(self.cD, cmap='gray')
        plt.title('Diagonal Detail (cD)')

        plt.show()

    # 恢复图像
    def clickpushButton_2(self):
        # 自定义逆变换函数
        def custom_inverse_wavelet_transform(cA, cH, cV, cD):
            # 恢复图像
            reconstructed_image = cA + cH + cV + cD
            return reconstructed_image

        # 使用自定义逆变换恢复图像
        reconstructed_image = custom_inverse_wavelet_transform(self.cA, self.cH, self.cV, self.cD)

        plt.close('all')
        # 显示原始图像和恢复后的图像
        plt.figure(figsize=(12, 6))

        plt.subplot(1, 2, 1)
        plt.imshow(self.img1, cmap='gray')
        plt.title('Original Image')

        plt.subplot(1, 2, 2)
        plt.imshow(reconstructed_image, cmap='gray')
        plt.title('Reconstructed Image (High Frequencies Removed)')

        plt.show()

    # 右侧
    def clickpushButton_3(self):
        self.cH.fill(0)  # 去掉水平细节
        plt.close('all')
        # 显示结果
        plt.figure(figsize=(12, 6))

        plt.subplot(2, 2, 1)
        plt.imshow(self.cA, cmap='gray')
        plt.title('Approximation (cA)')

        plt.subplot(2, 2, 2)
```

```
        plt.imshow(self.cH, cmap='gray')
        plt.title('Horizontal Detail (cH)')

        plt.subplot(2, 2, 3)
        plt.imshow(self.cV, cmap='gray')
        plt.title('Vertical Detail (cV)')

        plt.subplot(2, 2, 4)
        plt.imshow(self.cD, cmap='gray')
        plt.title('Diagonal Detail (cD)')
        plt.show()
        # 图像显示
        # self.dipa_gui.tk_img_display(self.img2)

    # 下方
    def clickpushButton_4(self):
        self.cV.fill(0)  # 去掉垂直细节
        plt.close('all')
        # 显示结果
        plt.figure(figsize=(12, 6))

        plt.subplot(2, 2, 1)
        plt.imshow(self.cA, cmap='gray')
        plt.title('Approximation (cA)')

        plt.subplot(2, 2, 2)
        plt.imshow(self.cH, cmap='gray')
        plt.title('Horizontal Detail (cH)')

        plt.subplot(2, 2, 3)
        plt.imshow(self.cV, cmap='gray')
        plt.title('Vertical Detail (cV)')

        plt.subplot(2, 2, 4)
        plt.imshow(self.cD, cmap='gray')
        plt.title('Diagonal Detail (cD)')
        plt.show()

    # 对角
    def clickpushButton_5(self):
        self.cD.fill(0)  # 去掉对角线细节
        plt.close('all')
        # 显示结果
        plt.figure(figsize=(12, 6))

        plt.subplot(2, 2, 1)
        plt.imshow(self.cA, cmap='gray')
        plt.title('Approximation (cA)')

        plt.subplot(2, 2, 2)
        plt.imshow(self.cH, cmap='gray')
```

```
        plt.title('Horizontal Detail (cH)')

        plt.subplot(2, 2, 3)
        plt.imshow(self.cV, cmap='gray')
        plt.title('Vertical Detail (cV)')

        plt.subplot(2, 2, 4)
        plt.imshow(self.cD, cmap='gray')
        plt.title('Diagonal Detail (cD)')
        plt.show()

    # 去掉低频
    def clickpushButton_6(self):
        self.cA.fill(0)  # 去掉近似系数（低频部分）
        plt.close('all')
        # 显示结果
        plt.figure(figsize=(12, 6))

        plt.subplot(2, 2, 1)
        plt.imshow(self.cA, cmap='gray')
        plt.title('Approximation (cA)')

        plt.subplot(2, 2, 2)
        plt.imshow(self.cH, cmap='gray')
        plt.title('Horizontal Detail (cH)')

        plt.subplot(2, 2, 3)
        plt.imshow(self.cV, cmap='gray')
        plt.title('Vertical Detail (cV)')

        plt.subplot(2, 2, 4)
        plt.imshow(self.cD, cmap='gray')
        plt.title('Diagonal Detail (cD)')
        plt.show()

    def closeEvent(self, event):
        reply = QtWidgets.QMessageBox.question(self, '本窗口', "是否要关闭对话框？",
                                               QtWidgets.QMessageBox.Yes |
QtWidgets.QMessageBox.No)
        if reply == QtWidgets.QMessageBox.Yes:
            plt.close('all')
            num_items = self.dipa_gui.mymenu.index("帮助") + 1
            for item in range(num_items):
                self.dipa_gui.mymenu.entryconfig(item, state='normal')
            event.accept()
        else:
            event.ignore()
```

第 16 章 模式识别

16.1 基本概念

模式识别(pattern recognition)就是当能够把认识对象分类成几个概念时，将被观测的模式与这些概念中的一类进行对应的处理。模式分类可以看作模式识别的前处理或者一部分。

图像识别是模式识别的一个分支，特指模式识别的对象是图像，具体来说，它可以是物体的照片、影像、手写字符、遥感图像、超声波信号、CT 影像、MRI 影像、射电照片等。

如果一幅图像经过特征提取，得到一个 m 维的特征向量，那么这个样本就可以看作 m 维特征空间中的一个点。模式识别的目标就是选择合适的特征，使得不同类的样本占据 m 维特征空间中的不同区域，同类样本在 m 维特征空间中尽可能地紧凑。在给定训练集以后，通过训练在特征空间中确定分割边界，将不同类样本分到不同的类别中。在统计决策理论中，分割边界是由每个类的概率密度分布函数来决定的，每个类的概率密度分布函数必须预先知道或者通过学习获得。学习分为参数化和非参数化两种，前者已知概率密度分布函数形式，需要估计其表征参数，而后者未知概率密度分布函数形式，要求我们直接推断概率密度分布函数。上述方法称为统计识别方法。统计识别方法分为几何分类法和概率统计分类法两种。以下介绍几何分类法的距离法。

距离法是最简单和最直观的几何分类方法。下面以最近邻法为例介绍一下这类方法。假设有 c 个类别 $\omega_1,\omega_2,\cdots,\omega_c$ 的模式识别问题，每类有样本 N_i 个，$i=1,2,\cdots,c$。可以规定 ω_i 类的判别函数为：

$$g_i(x)=\min_k\left\|x-x_i^k\right\| \quad k=1,2,N_i \tag{16.1}$$

式中，x_i^k 的角标 i 表示 ω_i 类，k 表示 ω_i 类 N_i 样本中的第 k 个。按照式（16.1），决策规则可以写为：

若 $g_j(x)=\min_i g_i(x), i=1,2,\cdots,c$，则决策为 $x\in\omega_j$。

其直观解释为：对未知样本 x，只要比较 x 与 $N=\sum_{i=1}^{c}N_i$ 个已知样本之间的欧氏距离，就可决策 x 与离它最近的样本同类。

k 近邻法是最近邻法的一个推广。k 近邻法就是取未知样本 x 的 k 个近邻，看这 k 个近邻中多数属于哪一类，就把 x 归为哪一类。具体来说就是在 N 个已知样本中找出离 x 最近的 k 的样本，若 $k_1,k_2,\cdots,k_c$ 分别是 k 个近邻中属于 $\omega_1,\omega_2,\cdots,\omega_c$ 类的样本，则可以定义判别函数为：

$$g_i(x)=k_i, i=1,2,\cdots,c \tag{16.2}$$

决策规则为：

若 $g_j(x)=\max_i k_i$，则决策 $x\in\omega_j$。

k 近邻法的程序见 List 16.1。下面举例说明 k 近邻法的处理过程及处理结果。

对第 8 章的图 8.3（b）的二值图像，利用第 8 章的方法进行特征测量，测得的特征数据包括圆形度、面积、周长和圆心坐标。例如，测得的圆形度的特征参数如图 16.1（a）所示，对这些特征数据利用 List 16.1 的 k 近邻法程序进行分类，数据分类结果如图 16.1（b）所示，根据数据分类结果，对不同类型的图像分别用不同的灰度值表示，如图 16.2 所示，其中圆形度较大的 0 类的橘子和梨用较明亮的灰度值表示，圆形度较小的 1 类的两个香蕉用较暗的灰度值表示。

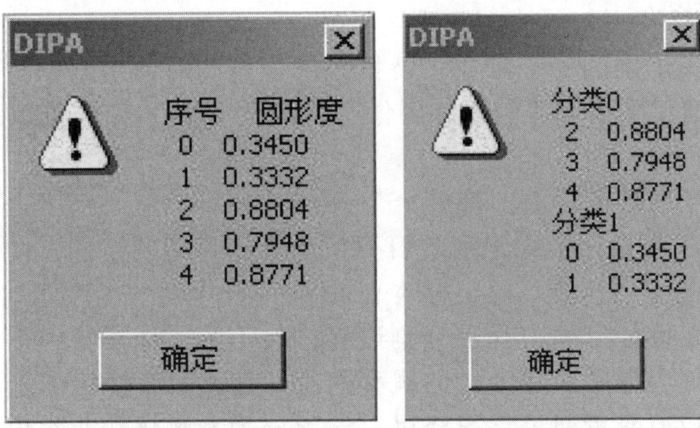

(a) 分类前　　(b) 分类后

图 16.1　圆形度特征参数

图 16.2　k 近邻法分类圆形度后的图像

也可以用测得的周长、面积以及中心坐标进行分类。选择不同的参数，分类的结果不尽相同，对于不同的图像，有些参数可能无法获得很好的分类效果。

16.2 对话框功能说明

图 16.3 为模式识别的对话框功能界面。

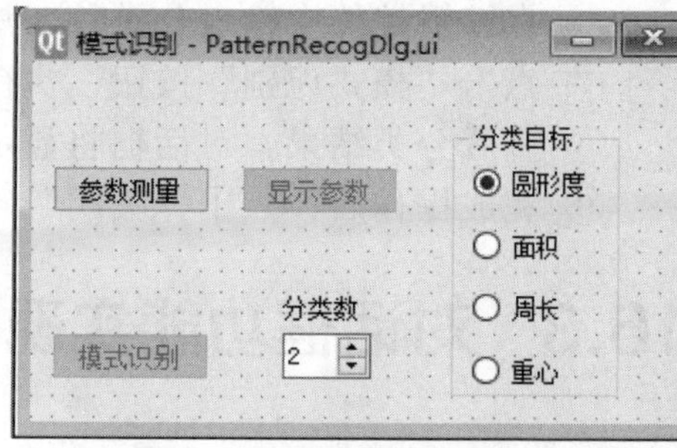

图 16.3 模式识别对话框功能界面

（1）功能概述

PatternRecogDlg 是一个基于 PyQt5 框架的模式识别对话框程序，用于图像处理中的目标特征测量与分类。用户可以通过该对话框选择分类目标（圆形度、面积、周长或重心），测量图像特征，执行模式识别，并查看分类结果。

（2）按钮功能介绍

① 分类目标。

功能：静态文本，说明接下来的操作是模式识别，指定分类的目标属性。

② 圆形度。

功能：单选按钮，用于选择以圆形度作为分类标准。

③ 面积。

功能：单选按钮，用于选择以面积作为分类标准。

④ 周长。

功能：单选按钮，用于选择以周长作为分类标准。

⑤ 重心。

功能：单选按钮，用于选择以重心作为分类标准。

⑥ 参数测量。

功能：按钮，点击后执行图像特征的测量，包括圆形度、面积、周长和重心等。

⑦ 显示参数。

功能：按钮，用于显示上一步测量的图像特征参数。该按钮在参数测量前为禁用状态。

⑧ 模式识别。

功能：按钮，用于执行模式识别操作，根据选择的分类标准对图像进行分类。该按钮在参数测量前为禁用状态。

⑨ 分类数。

功能：静态文本，提示用户输入分类的数量。

⑩ 编辑控件。

功能：用于输入分类的数量，是一个可编辑的文本控件。

⑪ 右上角“×”。

功能：用于关闭模式识别对话框。在对话框关闭时，恢复主菜单项的可用性。

（3）使用流程

① 读入二值图像。

② 打开模式识别对话框。

③ 点击“参数测量”按钮，测量图像的特征参数。

④ 测量完成后，点击“显示参数”按钮，查看测量结果。

⑤ 点击“圆形度”“面积”“周长”或“重心”单选按钮之一，选择分类标准。

⑥ 在编辑控件中输入分类数，默认为 2。

⑦ 点击“模式识别”按钮，执行分类操作。

⑧ 查看分类结果，对话框将显示分类结果，通过不同灰度值查看分类后的图像。

⑨ 完成操作后，点击“关闭”，关闭对话框。

16.3 对话框功能实现

16.3.1 PyQt5 对话框 PatternRecogDlg.ui 的创建步骤

PatternRecogDlg.ui 的创建步骤如下。

① 参考第 3 章，如图 3.22 所示方法，打开图 3.23 所示的 PyQt5 界面。

② 选择“新建窗体”上的“Dialog withoutButtons”，点击创建，打开新建对话框窗口（参考图 5.7）。

③ 在“属性编辑器”上，编辑“windowTitle”为“模式识别”。

④ 保存新建窗口为 PatternRecogDlg.ui 到指定文件夹。

⑤ 通过鼠标左键拖拽和布局表 16.1 所列的控件，获得如图 16.3 所示的模式识别功能界面图。

表 16.1　windowTitle：模式识别

序号	test	objectName	属性设定
1	分类目标	groupBox	
2	圆形度	radioButton	
3	面积	radioButton_2	
4	周长	radioButton_3	
5	重心	radioButton_4	
6	参数测量	pushButton	
7	显示参数	pushButton_3	enabled ☐
8	模式识别	pushButton_2	enabled ☐
9	分类数	label	
10		spinBox	minimum 1 maximum 5 singleStep 1 stepType Default value 2

16.3.2 PatternRecogDlg.ui 转换 PatternRecogDlg.py 与配置

（1）PatternRecogDlg.ui 转换 PatternRecogDlg.py

① 在 pythonDIPAX 工程中，选择保存的 PatternRecogDlg.ui 文件，然后点击 Tools→External

Tools→PyCUI，就在与 PatternRecogDlg.ui 文件相同的文件夹中生成了 PatternRecogDlg.py 文件。

② 将 WaveletDlg.py 复制到 pythonDIPAX 工程文件夹中。

③ 在 pythonDIPAX 工程中打开 PatternRecogDlg.py 文件，就可以看到 PatternRecogDlg 对话框的控件配置情况。

（2）PatternRecogDlg.py 的配置

① 参照 16.5 节的 List 16.2 PatternRecogDlg.py，修改 PatternRecogDlg.py 文件。主要内容包括：头部导入扩展库，修改对话框类的名称，添加初始化函数，添加控件的函数定义和函数内容，添加关闭窗口的后处理函数。

② 在主界面 DIPAGUI.py 的头部添加“import PatternRecogDlg as prd”。参考“List 3.2 DIPAGUI.py 全功能源代码”。

③ 在主界面 DIPAGUI.py 的 createWiget 函数中，添加“模式识别”菜单函数：

```
self.mymenu.add_command(label="模式识别", command=self.command_KMeans)
self.mygui.config(menu=self.mymenu)
```

④ 在主界面 DIPAGUI.py 中添加模式识别函数实现内容：

```
Def command_KMeans(self):
    ……
```

⑤ 完成上述内容后，运行 DIPAGUI，结果如图 16.4 所示。

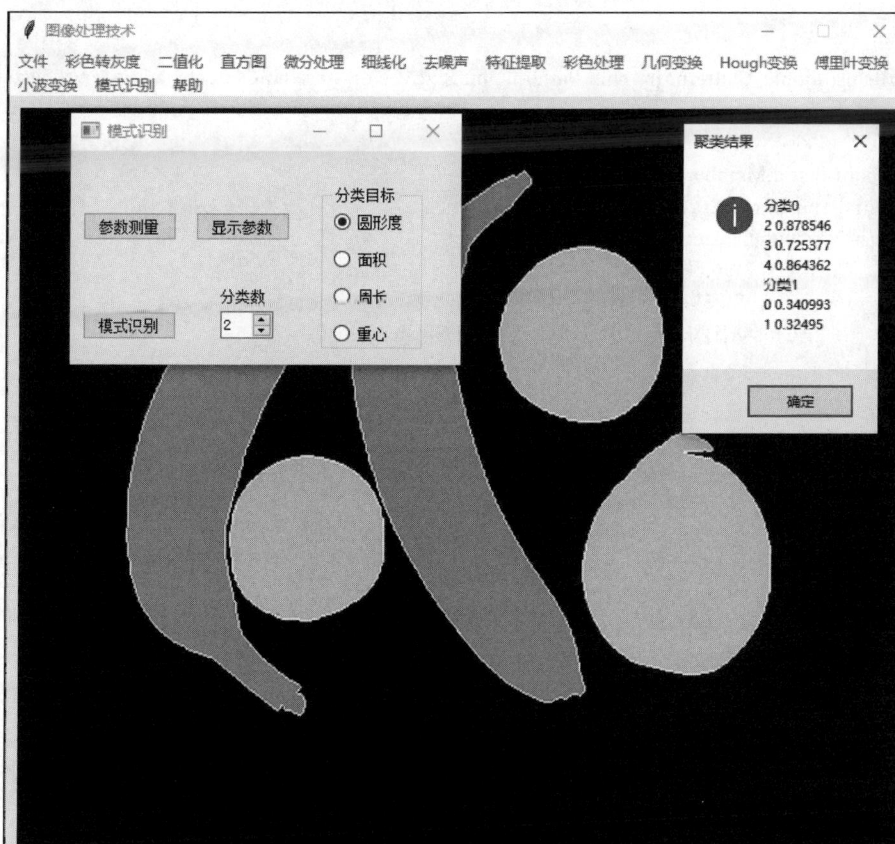

图 16.4　模式识别功能运行结果

16.4 C 语言函数源代码

本节包含以下 C 语言函数源代码：List 16.1 k 近邻法。

List 16.1 k 近邻法

```
#include "StdAfx.h"
#include "BaseList.h"

/*---- KMeans --- k 近邻法模式识别 -----------------------
    Pattern:        输入模式数据指针
    SizeVector:     输入模式数据维数
    NumClusters:    输入分类个数
    Cluster:        输出分类结果
-----------------------------------------------------------*/
// Step 3 of K-means
int   CalcNewClustCenters(double *Pattern, int NumPatterns, int SizeVector, int NumClusters, aCluster
*Cluster);

//ret indx of clust closest to pattern whose index is arg
int FindClosestCluster(int pat, double *Pattern, int NumPatterns, int SizeVector, int NumClusters, aCluster
*Cluster);

void KMeans(double *Pattern, int NumPatterns, int SizeVector, int NumClusters, aCluster *Cluster)
{
    int i,j;
    int pat,Clustid,MemberIndex;
    //Initial cluster centers
    for (i=0; i<NumClusters; i++) {
        Cluster[i].Member[0]=i;
        for (j=0; j<SizeVector; j++) {
            Cluster[i].Center[j]=Pattern[j*NumClusters + i];
        }
    }

    int converged;
    int pass;
    int SV, NC, NP;
    pass=1;
    converged=FALSE;
    while (converged==FALSE) {
        ///////////////////
        //Clear membership list for all current clusters
        for (i=0; i<NumClusters;i++){
            Cluster[i].NumMembers=0;
        }
        for (pat=0; pat<NumPatterns; pat++) {
            //Find cluster center to which the pattern is closest
            NP = NumPatterns;
```

```
                SV = SizeVector;
                NC = NumClusters;
                Clustid= FindClosestCluster(pat, Pattern, NP, SV, NC, Cluster );
                if(Clustid < 0 ) return;
                //post this pattern to the cluster
                MemberIndex=Cluster[Clustid].NumMembers;
                Cluster[Clustid].Member[MemberIndex]=pat;
                Cluster[Clustid].NumMembers++;
            }
            //////////////////////
            NP = NumPatterns;
            SV = SizeVector;
            NC = NumClusters;
            converged=CalcNewClustCenters(Pattern, NP, SV, NC, Cluster);
            pass++;
        }

    }

    int FindClosestCluster(int pat, double *Pattern, int NumPatterns, int SizeVector, int NumClusters, aCluster
*Cluster)
    {
        int i, ii, ClustID, p, c;
        double MinDist, d, dist;
        MinDist =9.9e+99;
        ClustID=-1;
        for (i=0; i<NumClusters; i++) {
        //      d=EucNorm(pat,i, Pattern, SV, Cluster);
            //////////////////
            dist=0.0;
            c = i;
            p = pat;
            for (ii=0; ii<SizeVector ;ii++){
                dist += (Cluster[c].Center[ii]-Pattern[ii*NumPatterns +
p])*(Cluster[c].Center[ii]-Pattern[ii*NumPatterns + p]);
            }
            d = dist;
            ////////////////////
            //      printf("Distance from pattern %d to cluster %d is %f\n\n",pat,i,sqrt(d));
            if (d<MinDist) {
                MinDist=d;
                ClustID=i;
            }
        }

        return ClustID;
    }

    int CalcNewClustCenters(double *Pattern, int NumPatterns, int SizeVector, int NumClusters, aCluster
*Cluster)
    {
```

```
        int ConvFlag,VectID,i,j,k;
        double tmp[MAXVECTDIM];

        ConvFlag=TRUE;

        for (i=0; i<NumClusters; i++) {                         //for each cluster

            for (j=0; j<SizeVector; j++) {                      // clear workspace
                tmp[j]=0.0;
            }
            for (j=0; j<Cluster[i].NumMembers; j++) { //traverse member vectors
                VectID=Cluster[i].Member[j];
                for (k=0; k<SizeVector; k++) {                  //traverse elements of vector
                    tmp[k] += Pattern[k*NumPatterns + VectID];          // add (member) pattern elmnt
into temp
                }
            }
            for (k=0; k<SizeVector; k++) {                      //traverse elements of vector
                tmp[k]=tmp[k]/Cluster[i].NumMembers;
                if (tmp[k] != Cluster[i].Center[k])
                    ConvFlag=FALSE;
                Cluster[i].Center[k]=tmp[k];
            }
        }
        return ConvFlag;
    }
```

16.5 对话框类源代码

List 16.2 列出了模式识别对话框类的源文件 PatternRecogDlg.py 的内容。

List 16.2 PatternRecogDlg.py

```
from DIPAGUI import *
import numpy as np
from ctypes import cdll, c_float
from PyQt5 import QtCore, QtWidgets
from PyQt5.QtWidgets import QButtonGroup, QMessageBox

class PatternRecogDlg(QtWidgets.QMainWindow):
    def __init__(self, dipa_gui):
        super(PatternRecogDlg, self).__init__()
        self.dipa_gui = dipa_gui
        self.setupUi(self)
        self.retranslateUi(self)
        # 链接 dll
        self.dll = cdll.LoadLibrary("DIPAFunction.dll")
        # 定义图像
        self.img1 = self.dipa_gui.img1
        self.img2 = self.dipa_gui.img2
        self.img_label = self.img1.copy()
```

```
        # 公用参数
        self.ncnt = c_int(0)
        self.fradio = [0.0] * 155
        self.fsize = [0.0] * 155
        self.flength = [0.0] * 155
        self.ncenter_x = [0] * 155
        self.ncenter_y = [0] * 155

        # 创建 QButtonGroup 并添加 radio buttons
        self.group = QButtonGroup()
        self.group.addButton(self.radioButton)
        self.group.addButton(self.radioButton_2)
        self.group.addButton(self.radioButton_3)
        self.group.addButton(self.radioButton_4)

    def setupUi(self, Dialog):
        Dialog.setObjectName("Dialog")
        Dialog.resize(312, 173)
        self.pushButton = QtWidgets.QPushButton(Dialog)
        self.pushButton.setGeometry(QtCore.QRect(10, 50, 75, 23))
        self.pushButton.setObjectName("pushButton")
        self.pushButton_2 = QtWidgets.QPushButton(Dialog)
        self.pushButton_2.setEnabled(False)
        self.pushButton_2.setGeometry(QtCore.QRect(10, 130, 75, 23))
        self.pushButton_2.setObjectName("pushButton_2")
        self.pushButton_3 = QtWidgets.QPushButton(Dialog)
        self.pushButton_3.setEnabled(False)
        self.pushButton_3.setGeometry(QtCore.QRect(100, 50, 75, 23))
        self.pushButton_3.setObjectName("pushButton_3")
        self.label = QtWidgets.QLabel(Dialog)
        self.label.setGeometry(QtCore.QRect(120, 110, 51, 16))
        self.label.setObjectName("label")
        self.spinBox = QtWidgets.QSpinBox(Dialog)
        self.spinBox.setGeometry(QtCore.QRect(120, 130, 42, 22))
        self.spinBox.setMinimum(1)
        self.spinBox.setMaximum(5)
        self.spinBox.setProperty("value", 2)
        self.spinBox.setObjectName("spinBox")
        self.groupBox = QtWidgets.QGroupBox(Dialog)
        self.groupBox.setGeometry(QtCore.QRect(200, 30, 81, 131))
        self.groupBox.setObjectName("groupBox")
        self.radioButton = QtWidgets.QRadioButton(self.groupBox)
        self.radioButton.setGeometry(QtCore.QRect(10, 20, 89, 16))
        self.radioButton.setObjectName("radioButton")
        self.radioButton_2 = QtWidgets.QRadioButton(self.groupBox)
        self.radioButton_2.setGeometry(QtCore.QRect(10, 50, 89, 16))
        self.radioButton_2.setObjectName("radioButton_2")
        self.radioButton_3 = QtWidgets.QRadioButton(self.groupBox)
        self.radioButton_3.setGeometry(QtCore.QRect(10, 80, 89, 16))
        self.radioButton_3.setObjectName("radioButton_3")
        self.radioButton_4 = QtWidgets.QRadioButton(self.groupBox)
```

```
        self.radioButton_4.setGeometry(QtCore.QRect(10, 110, 89, 16))
        self.radioButton_4.setObjectName("radioButton_4")

        self.retranslateUi(Dialog)
        QtCore.QMetaObject.connectSlotsByName(Dialog)

    def retranslateUi(self, Dialog):
        _translate = QtCore.QCoreApplication.translate
        Dialog.setWindowTitle(_translate("Dialog", "模式识别"))
        self.pushButton.setText(_translate("Dialog", "参数测量"))
        self.pushButton.clicked.connect(self.clickpushButton)
        self.pushButton_2.setText(_translate("Dialog", "模式识别"))
        self.pushButton_2.clicked.connect(self.clickpushButton_2)
        self.pushButton_3.setText(_translate("Dialog", "显示参数"))
        self.pushButton_3.clicked.connect(self.clickpushButton_3)
        self.label.setText(_translate("Dialog", "分类数"))
        self.groupBox.setTitle(_translate("Dialog", "分类目标"))
        self.radioButton.setText(_translate("Dialog", "圆形度"))
        self.radioButton.setChecked(True)
        self.radioButton_2.setText(_translate("Dialog", "面积"))
        self.radioButton_3.setText(_translate("Dialog", "周长"))
        self.radioButton_4.setText(_translate("Dialog", "重心"))

    #参数测量
    def clickpushButton(self):
        w = self.dipa_gui.imgW
        h = self.dipa_gui.imgH
        # 消除周围像素
        for i in range(0, w):
            self.img1[0, i] = 0
            self.img1[1, i] = 0
            self.img1[h - 1, i] = 0
            self.img1[h - 2, i] = 0
        for j in range(0, h):
            self.img1[j, 0] = 0
            self.img1[j, 1] = 0
            self.img1[j, w - 1] = 0
            self.img1[j, w - 2] = 0
        # 区域标签处理
        nRnt = self.dll.Labeling(self.img1.ctypes.data_as(POINTER(c_ubyte)),
                                 self.img_label.ctypes.data_as(POINTER(c_ubyte)),
                                 w, h, pointer(self.ncnt))
        if nRnt == -1:  # 标签个数太多
            self.ncnt = 0
            return
        if self.ncnt == 0:  # 没有测试对象
            return
        # 将 numpy 数据转换为 c 数据
        fradio_c_float = (c_float * 155)(*self.fradio)
        fsize_c_float = (c_float * 155)(*self.fsize)
        flength_c_float = (c_float * 155)(*self.flength)
```

```
            ncenter_x_c_int = (c_int * 155)(*self.ncenter_x)
            ncenter_y_c_int = (c_int * 155)(*self.ncenter_y)
            # 测算特征数据
            self.dll.Features(self.img_label.ctypes.data_as(POINTER(c_ubyte)),
self.img2.ctypes.data_as(POINTER(c_ubyte)),
                              w, h, self.ncnt, fsize_c_float, flength_c_float,
                              fradio_c_float, ncenter_x_c_int, ncenter_y_c_int)
            # 图像显示
            self.dipa_gui.tk_img_display(self.img2)

            # 将 c_float 数据转换为 numpy 数据
            self.fsize = np.array(fsize_c_float, dtype=np.float32)
            self.flength = np.array(flength_c_float, dtype=np.float32)
            self.fradio = np.array(fradio_c_float, dtype=np.float32)
            self.ncenter_x = np.array(ncenter_x_c_int, dtype=np.int32)
            self.ncenter_y = np.array(ncenter_y_c_int, dtype=np.int32)
            # 相关键可用
            self.pushButton_2.setEnabled(True)
            self.pushButton_3.setEnabled(True)

        #模式识别
        def clickpushButton_2(self):
            NumClusters = self.spinBox.value()
            selected_button = self.group.checkedButton()
            if selected_button == self.radioButton:
                nPattern = 0
            elif selected_button == self.radioButton_2:
                nPattern = 1
            elif selected_button == self.radioButton_3:
                nPattern = 2
            elif selected_button == self.radioButton_4:
                nPattern = 3
            w = self.dipa_gui.imgW
            h = self.dipa_gui.imgH
            # 将 numpy 数据转换为 c 数据
            fradio_c_float = (c_float * 155)(*self.fradio)
            fsize_c_float = (c_float * 155)(*self.fsize)
            flength_c_float = (c_float * 155)(*self.flength)
            ncenter_x_c_int = (c_int * 155)(*self.ncenter_x)
            ncenter_y_c_int = (c_int * 155)(*self.ncenter_y)
            self.dll.KMeansClassification(self.img_label.ctypes.data_as(POINTER(c_ubyte)),
self.img2.ctypes.data_as(POINTER(c_ubyte)),
                                          w, h, self.ncnt, c_int(NumClusters), c_int(nPattern),
                                          fsize_c_float, flength_c_float, fradio_c_float,
ncenter_x_c_int, ncenter_y_c_int)

            # 图像显示
            self.dipa_gui.tk_img_display(self.img2)

        #显示参数
        def clickpushButton_3(self):
```

```
        # --------------生成目标数据-----------------------
        n = self.ncnt.value
        targets = []
        for i in range(1, n + 1):
            area = self.fsize[i - 1]  # np.random.uniform(100, 500)
            perimeter = self.flength[i - 1]  # np.random.uniform(50, 200)
            circularity = self.fradio[i - 1]  # (4 * np.pi * area) / (perimeter ** 2)
            centroid = (
                self.ncenter_x[i - 1], self.ncenter_y[i - 1])  # (np.random.uniform(0, 640),
np.random.uniform(0, 480))
            targets.append({
                "id": i,
                "area": area,
                "perimeter": perimeter,
                "circularity": circularity,
                "centroid": centroid
            })
        # ------------格式化数据--------------
        # 列宽定义
        col_width = {
            'id': 6,
            'area': 10,
            'perimeter': 10,
            'circularity': 10,
            'centroid': 15
        }

        # 构建表头
        header = (
            f"{'序号':<{col_width['id']}}"
            f"{'面积':<{col_width['area']}}"
            f"{'周长':<{col_width['perimeter']}}"
            f"{'圆形度':<{col_width['circularity']}}"
            f"{'重心坐标':<{col_width['centroid']}}"
        )

        # 构建分隔线
        separator = '-' * (sum(col_width.values())) + '\n'

        # 构建数据行
        rows = [header, separator]
        for target in targets:
            row = (
                f"{target['id']:<{col_width['id']}.0f}"
                f"{target['area']:<{col_width['area']}.2f}"
                f"{target['perimeter']:<{col_width['perimeter']}.2f}"
                f"{target['circularity']:<{col_width['circularity']}.4f}"
                f"{target['centroid'][0]:.1f}, {target['centroid'][1]:.1f}"
            )
            rows.append(row)
        message_text = '\n'.join(rows)
```

```
        # ------------------------------------
        # 显示消息框
        QMessageBox.information(
            None,
            "目标特征数据",
            f"<pre>{message_text}</pre>",  # 使用 pre 标签保持格式
            QMessageBox.Ok
        )

    def closeEvent(self, event):
        reply = QtWidgets.QMessageBox.question(self, '本窗口', "是否要关闭对话框？",
                                               QtWidgets.QMessageBox.Yes | QtWidgets.
QMessageBox.No)
        if reply == QtWidgets.QMessageBox.Yes:
            #self.dipa_gui.mymenu.entryconfig('直方图', state=NORMAL)
            num_items = self.dipa_gui.mymenu.index("帮助") + 1
            for item in range(num_items):
                self.dipa_gui.mymenu.entryconfig(item, state='normal')
            event.accept()
        else:
            event.ignore()
```